建筑与土木工程博士文库

教育部人文社会科学研究项目："社会性基础设施评估机制研究：以三峡库区为例"（项目编号：19XJCZH007）
重庆市社会科学规划（博士和培育）项目："山地城镇老旧社区更新的社会性基础设施适配性研究"（项目编号：2020BS54）
重庆工商大学商科国际化特色项目资助
重庆工商大学学术专著出版基金资助

三峡库区社会基础设施协同规划理论与方法

SANXIA KUQU SHEHUI JICHU SHESHI
XIETONG GUIHUA LILUN YU FANGFA

周　琎　著

重庆大学出版社

内容提要

三峡库区作为长江经济带上特殊的地理单元，其社会基础设施建设与城镇化发展是否匹配，直接影响着库区的长治久安。本书基于协同论及系统论的视角对三峡库区社会问题的成因进行提炼，结合城乡规划、协调发展及社会经济学理论提出社会基础设施系统化的内外协同机制，通过动态诊断、宏观调控框架和适应性抉择模型构建，建立库区社会基础设施协同规划的理论观及方法论。

图书在版编目(CIP)数据

三峡库区社会基础设施协同规划理论与方法/周琎著. --重庆:重庆大学出版社,2021.6

ISBN 978-7-5689-2701-7

Ⅰ.①三… Ⅱ.①周… Ⅲ.①三峡水利工程—基础设施—城乡规划—研究 Ⅳ.①TU984.271.9

中国版本图书馆 CIP 数据核字(2021)第086686号

三峡库区社会基础设施协同规划理论与方法

周 琎 著

策划编辑:林青山

责任编辑:杨育彪　　版式设计:林青山

责任校对:谢 芳　　责任印制:赵 晟

*

重庆大学出版社出版发行

出版人:饶帮华

社址:重庆市沙坪坝区大学城西路21号

邮编:401331

电话:(023) 88617190　88617185(中小学)

传真:(023) 88617186　88617166

网址:http://www.cqup.com.cn

邮箱:fxk@cqup.com.cn (营销中心)

全国新华书店经销

重庆共创印务有限公司印刷

*

开本:787mm×1092mm 1/16 印张:12.75 字数:312千

2021年6月第1版　2021年6月第1次印刷

ISBN 978-7-5689-2701-7 定价:79.00元

前 言

社会基础设施是结构性社会关系的空间表现形式，是城镇化进程中缓解社会问题、改善市民生活质量及提高社会福利水平的城市空间载体。伴随新型城镇化进程，三峡库区进入后三峡时代，主要社会矛盾转化为人民日益增长的美好生活需要和不平衡不充分的发展之间的矛盾。故而，本书在三峡库区 19 个区县城市的城镇化进程时空背景下，以现实社会问题及人本需求为导向，将社会基础设施规划作为社会问题的治理途径，即通过城乡规划领域与系统协同论、社会学及经济学等融贯的交叉研究，以“现状问题析因—理论探索—数理模型—策略思考”为整体技术路线，运用文案逻辑、田野调查、相关计量和协调测度等综合研究方法，形成三峡库区区域、城市及社区社会基础设施协同规划的理论观及方法论的基本内容。

(1)探索构建城乡规划领域以社会治理为目标的社会基础设施协同规划理论框架(第 2、3 章)。研究表明，库区城镇化转型与社会基础设施建设不协同、库区社会基础设施需求与规划建设不协同及库区社会基础设施供给与人本需求不协同分别是库区社会问题产生的具体诱因、物质因由及本质矛盾。构建社会基础设施建设与新型城镇化进程、人本需求三个系统的协同机制、推动社会基础设施协同规划既是从理论得出的主要实践策略，亦是库区社会问题的有效治理途径。

(2)建构社会基础设施—新型城镇化协同状态诊断的技术路线和协调测度模型(第 4 章)。通过静态协调度模型对三峡库区 2000—2014 年面板数据进行测度，结果显示，从三峡工程建设整体协调时期(2000—2010 年)到后三峡时代失调时期(2010—2014 年)，库区社会基础设施建设与城镇化进程的协同状态从失调到基本协调再到失调，呈现出失调趋势逐渐增大的时空变化表征。因此，本书提出了基于诊断结果的 3 种基本发展分类，以便针对不同类别的城市探讨具体协同规划策略。

(3)提出基于适应性抉择模型的三峡库区社会基础设施区域协同规划的宏观调控框架和基于人本需求的城区具体设施协同规划策略(第 5、6 章)。在区域层面，以高等教育设施为例探讨了区域协同规划；在城市层面，以万州区为例，采用适应性抉择模型对社会基础设施的各个子系统进行规划时序识别，针对基础教育设施、医疗卫生设施及停车设施进行地域化的规划标准及设计方法研究；在社区层面，以长寿区三倒拐历史文化街区为例，对社区文化设施进行基于需求的社会问题治理途径探索。

基于以上研究，本书提出三峡库区社会基础设施协同规划的 3 点探索性策略：在现状建设实施方面，提出协同状态诊断模型来动态监控可能或已近出现的社会问题；在区域及城市层面通过适应性抉择模型对社会基础设施的各个子系统进行基于新型城镇化及经济发展阶段的协调配置，满足库区非正式经济模式的人本空间需求；在城市及社区层面试图对现行城市规划的规范标准和技术措施进行地域化，并提出空间布局规划策略，以实现社会基础设施的社会福利保障及社会问题的治理效应。

综上，三峡库区社会基础设施建设与新型城镇化进程、人本需求不匹配所引起的社会学问题既有一定的时空特质，同时也具有一定的学术普遍意义。本书尝试在三峡工程建设时期到后三峡时代新型城镇化这一特殊时段中，通过交叉学科复合构建三峡库区社会基础设施协同规划理论框架，解析社会基础设施与新型城镇化、人本需求的相关机制，建构起定性、定量相结合的社会基础设施“协同状态诊断—宏观调控框架—协同规划策略”的规划设计方法，同时探讨基于需求满足的、社会基础设施分项规划的用地布局技术、实施管理与长效维护策略。

周　琎

2021 年 5 月于重庆

目录

1 绪 论

1.1 研究选题的确定

1.1.1 选题的切入点

三峡工程的建设,不仅产生了“三峡库区”这一特殊的地理区域(图 1.1),更改变了其地域城镇化的变迁样式。在工业化程度落后、经济基础薄弱、社会阶层两极分化严重等现实制约下,三峡库区(以下简称“库区”)平均城镇化率在百万移民的推动下,经历了一个起点低、增速快的发展过程:由 1992 年工程建设前的 10.68% 剧增至 2010 年工程完结时的 42.91%,年均增幅 1.79%,远高于全国的 1.27%,2014 年更达到了 50.65%,已然进入城镇化发展的加速阶段。较之城镇化率的猛增,库区作为全国 18 个集中连片的贫困地区之一,人均 GDP 由 1992 年的 950 元增加到 2013 年的 3.94 万元,但仍低于全国平均水平 4.39 万元[1]。经济发展水平与人口转化速率的不对等,使得库区在进入后三峡时代和新型城镇化时期后,有限的社会基础设施资源与新增的城镇人口间的矛盾不断加剧,入学难、就医难、停车难等社会问题渐进衍生。从需求层次理论来看,库区城镇人口的快速膨胀,使新型城镇化进程中库区居民物质生活的提升需求成为上述问题产生的本质原因。从社会经济学角度剖析,社会基础设施作为结构性社会关系的空间表现形式,是城镇化进程中缓解社会问题、改善市民生活质量及提高公共服务水平的城市空间载体;但缘于在经济利益、效率与公平等博弈中的劣势,其建设水平常滞后于城镇化进程和人的需求。从城乡规划的视角分析,库区原有规划对社会经济发展、人口规模增速及城市布局结构等预见性不够,导致社会基础设施承载力严重不足,上述社会问题势必愈加严重。因此,要保证库区在后三峡时代能高效推进新型城镇化,合理规划社会基础设施的建设是关键途径之一。

---

〔1〕 数据来自国家统计局。

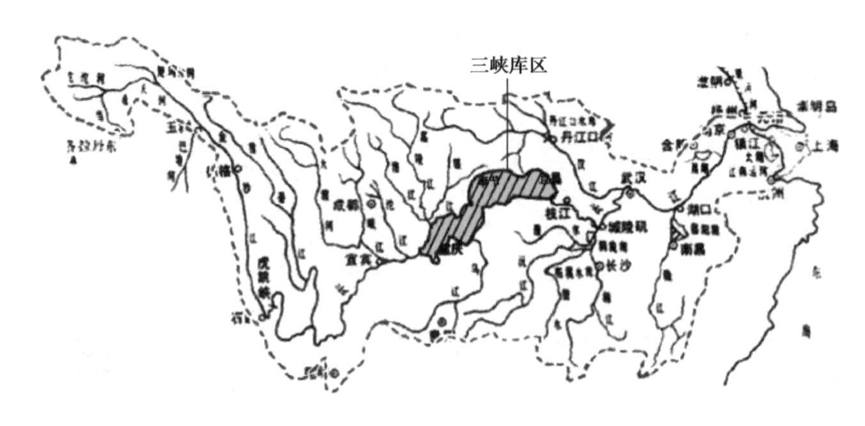

图 1.1　三峡库区在长江流域的位置示意图

而现实情况是，在三峡工程建设初期，其工作重点在于三峡工程防洪、发电和航运等工程技术问题，对库区的社会福利、公共服务及民生需求等方面欠缺系统性与综合性研究。到了三峡工程建设的中后期，移民安置和产业发展的目标使增长主义成了主导：库区城镇化的快速发展，虽然造就了经济的快速增长，但也孕育了社会、文化、生态、政府治理等交织的危机，库区城镇逐渐成为矛盾集中且尖锐的复杂场所。

进入后三峡时代，在快速、转轨、转型的新型城镇化背景下，以人为本的核心在于关注人的物质与精神的双重需求、全力改善人的生活品质。但库区经济的结构转型、原有规划的预见不足、城市治理的相对滞后，加之其独特的地域条件，使库区城镇的社会基础设施规划建设更具复杂性。而长期奉行的增长主义发展方式，地方政府往往重经济增长而轻社会发展，导致福利体系建设的步伐常滞后于经济发展[1]，从而滋生教育资源紧张、医疗资源紧缺、传统文化断裂及居住空间极化等一系列社会问题，导致经济发展与社会、文化、福利等多元目标发展之间的失衡，引起消极的外部效应，掣肘库区的可持续发展。

因此，正如十八大报告中提出的“美好中国”、十九大报告提出的“全面小康”中所述，要提高、保障和改善民生水平，需通过加强和创新社会基础设施的规划建设来对社会问题进行治理。故而，本书以社会问题为切入点、从新型城镇化路径抉择的角度，构建社会基础设施规划—新型城镇化进程—人本需求的复合理论视角切入三峡库区社会基础设施规划的协同规划研究。

1.1.2　选题背景与时空范围

要从社会问题产生的角度来讨论社会基础设施规划的建设缺失，就不能脱离社会问题所处的时空背景。社会问题扎根于具体的日常生活情境，并表现在抽象的城镇化变迁趋势中，库区特殊的时间发展背景及独特的空间地理特征，更显现出该类社会问题的客观趋势和普遍意义。

1）新型城镇化下的特殊场景

在 1994—2010 年三峡工程建设期间，水库回水共计淹没了 2 个县市 26 个区县，同时造成

[1] 张京祥，赵丹，陈浩. 增长主义的终结与中国城市规划的转型[J]. 城市规划，2013(1)：45-50，55.

百万大移民，也就此引发了一次特殊形态的城镇化，主要表现在两个方面。一是长江水位上升所引起的城市、场镇、农村的淹没并迁建，使大量农民快速转为城市人口，从而实现百万移民“居下”的目标。这种非自然的增长方式使城镇人口在一个短时期内迅速增长和集聚。如根据1992年的相关数据，其城镇化平均水平为10.68%，与全国平均城镇化水平26.00%还有较大的差距；但到2010年工程完结时，其城镇化平均水平提升至42.91%，已然接近全国平均城镇化水平49.68%。二是库区原有以农业为主的产业结构落后、工业基础薄弱、生产力水平低、公路交通不发达以及城乡建设发展缓慢等因素，城镇人口规模的迅速增长并非源于工业化的推动，因此其城镇化质量低下。但随着相关政策的指引，其产业结构和经济结构的快速转变，也导致以农业为主的产业结构逐步走向工业化，因而引来城镇化进程的加速和全面展开。

2010年后库区进入后三峡时代，以城市人口扩大为主的特殊城镇化逐步向新型城镇化转变。所谓“新”不仅是以人为本，更是由过去片面追求城市规模扩大、空间扩张的速度城镇化、广度城镇化转变为深度城镇化，将只重视规模的粗放扩张模式改变为改善人们生活品质的精明增长模式，通过提升城市的公共服务能力及社会福利水平，治理城镇社会问题，使城镇成为具有较高品质的适宜人居之所。因此，库区的新型城镇化应该是“以人为本”、以居民“居好”为本的城镇化，要坚持全面协调可持续的道路，重视社会基础设施的规划与建设，形成支撑新型城镇化的必要物质条件，让已“居下”的库区居民“居好”。

2）时间范围：三峡工程建设时期—后三峡时代（2000—2014年）

自1994年三峡工程始建以来，水利工程建设、移民安置、灾害防治、环境保护与文物保护是该时期的政策重点和工作重点。2010年10月三峡工程整体通过国家验收，就此，库区步入“后三峡时代”。国务院于2011年5月出台了《三峡工程后续工作规划(2010—2020)》，该规划围绕国家新时期确定的三峡工程及库区战略目标，重在实现三峡库区移民安稳致富、加强库区生态环境保护和地质灾害防治，并妥善处理好三峡工程蓄水运行对长江中下游河势带来的有关影响（图1.2）。

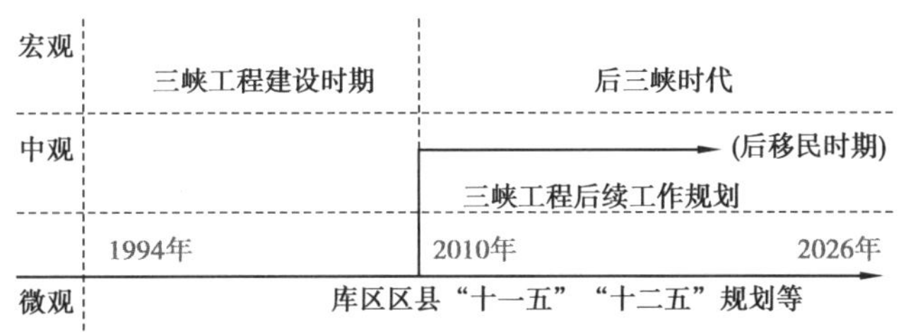

图1.2 三峡库区的时间变迁图

库区在完成大规模移民搬迁安置主体任务后，后三峡时代移民及库区工作的重心由以移民迁建为主转变为以移民搬迁、产业发展、移民就业及生态建设等的战略性推进为主。同时，根据规划，三峡工程后续工作有6个主要任务和目标，其中以移民安稳致富及促进库区经济社会发展为首要任务。在首要任务中明确提出要“实施移民安置社会保障，完善库区基础设施、社区公共服务设施……完善社区公共服务设施。通过整合资源，完善生态屏障区及移民安置社区内的就业帮扶中心、卫生室、文化室以及养老院、福利院、救助站等公共服务设施，规划教育、文化体育、医疗卫生、市政公用等设施”。

在国家层面,“十二五”规划(2011—2015 年)也在第八篇《改善民生建立健全基本公共服务体系》中提出“着力保障和改善民生,必须逐步完善符合国情、比较完整、覆盖城乡、可持续发展的基本公共服务体系,提高政府保障能力,推进基本公共服务均等化……健全覆盖城乡居民的社会保障体系,加快医疗卫生事业改革发展”,强调了公共服务体系特别是社会保障和医疗卫生的重要性和必要性。2014 年召开的“两会”对教育、医疗、社会保障等内容十分重视。十九大也指出要加快推进基本公共服务均等化。

因此,结合库区的实际情况及发展趋势,社会基础设施规划发展的可操作实施策略具有极为重要的研究价值导向。考虑到移民安置和城镇建设的实施延后性,以及数据搜集的可得性,本次研究的时间限定为 2000—2014 年。

3)空间范围:三峡库区

“三峡库区”是中国地理上相对较新的地名词,是因三峡工程的开工建设而特指的地理区域概念和空间范围,即是指长江流域因三峡水电站的修建并蓄水 175 m 水位线而被淹没的地区,主要是沿长江及其支流淹没的地区。库区建设所形成的回水共计淹没了 26 个区县[1],总面积约 5.67 km^2(图 1.3),是世界上最大的水库淹没区[2]及世界水利工程史上最大规模的移民工程。

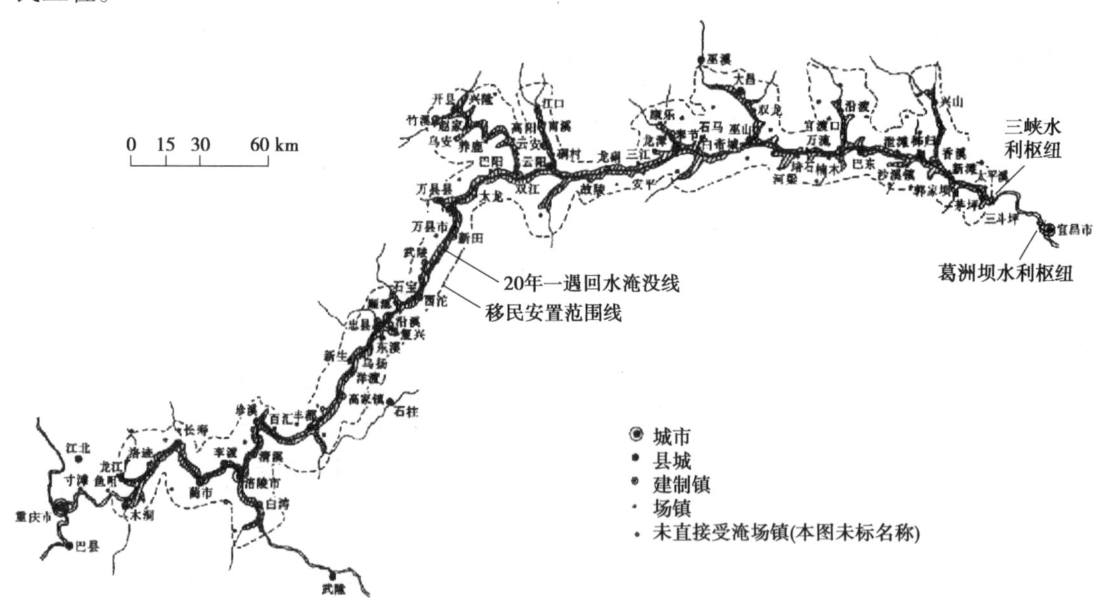

图 1.3　三峡库区受淹城镇、场镇及移民安置示意图

鉴于多年来行政辖区的变化、数据的可获得性,以及《重庆市统计年鉴》对重庆库区的界

[1] 湖北省宜昌市所辖的夷陵区、秭归县、兴山县,恩施州所辖的巴东县;重庆市所辖的巫山县、巫溪县、奉节县、云阳县、万州区、石柱县、忠县、开县(现开州区)、丰都县、涪陵区、武隆县(现武隆区)、长寿县(现长寿区)、渝北区、巴南区、江津区及重庆主城 7 区(渝中区、大渡口区、沙坪坝区、江北区、南岸区、九龙坡区、北碚区)。

[2] 据中国水利学会网站数据显示,三峡工程建成后,形成的水库回水将淹没陆地面积 632 km^2。

定，“三峡库区”的研究范围如图1.4所示，为移民直接影响的19个区县[1]，同时借鉴《三峡库区近、中期农业和农村经济发展总体规划》的分区标准，把库区按地理位置划分为库首区（夷陵区、兴山县、秭归县、巴东县）、库腹区（万州区、丰都县、开州区、忠县、云阳县、奉节县、巫山县、巫溪县、武隆区、石柱县）、库尾区（渝北区、巴南区、江津区、长寿区、涪陵区）3个区域，便于展开相应的空间对比研究。考虑到数据统计的难度，将夷陵区所在宜昌市划为本次研究范围；重庆主城7区及其他区县作为拓展区，但不计入计量研究之中。

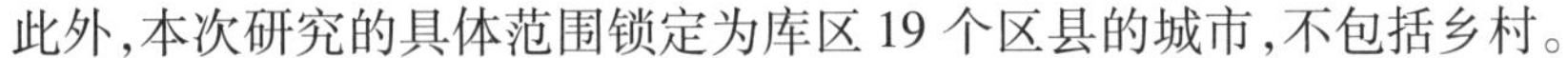

此外，本次研究的具体范围锁定为库区19个区县的城市，不包括乡村。

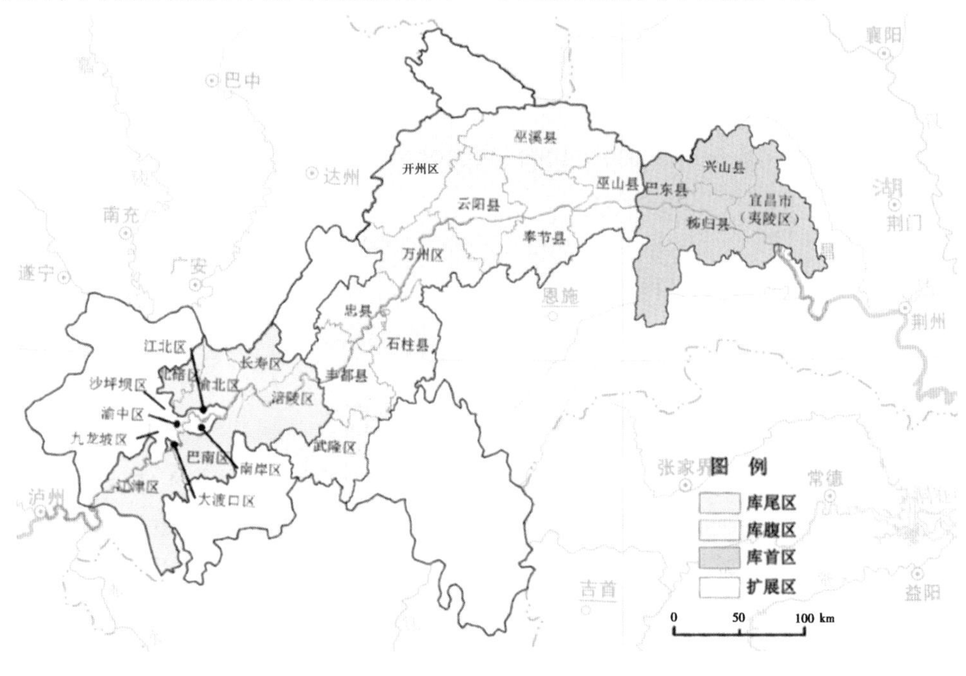

图1.4 研究范围

［审图号：GS(2016)1612号］

1.2 三峡库区社会问题的界定及梳理

如前所述，社会基础设施既是城镇化进程中城镇社会问题的诱因，也是治理社会问题的有效途径。随着新型城镇化的推进，库区城镇人口的增长对其生活方式和城市治理都产生了影响。就城乡规划领域而言，城镇人口的增长与城市结构、社会基础设施承载力等的预测是相伴而生的。库区特殊的人口城镇化进程及薄弱的经济基础导致城镇社会基础设施建设滞后于人口的需求，从而产生了一系列的社会问题。而此类社会问题使得库区在后三峡时代新型城镇化发展中面临一场治理危机。因此，良好的城市治理是一种通过缓解社会问题而有效地提高城镇人居环境品质及市民生活质量的方式。在世界各地，所有的城市政府都无一例外

[1] 《重庆市统计年鉴》将重庆库区划定为15个区县：万州区、涪陵区、渝北区、巴南区、长寿区、江津区、丰都县、武隆区、忠县、开州区、云阳县、奉节县、巫山县、巫溪县、石柱县。重点库区指8个重点移民区县，包括万州区、涪陵区、丰都县、忠县、开州区、云阳县、奉节县、巫山县。由于淹没影响相对较小，重庆主城7区（渝中区、大渡口区、沙坪坝区、江北区、南岸区、九龙坡区、北碚区）未纳入及本次的计量研究。

试图建立项目和寻求解决办法来应对社会问题。即是说,城乡规划是一个相当重要的城市治理途径,必须针对具体问题建立城乡规划学科的城市治理新模式。

因此,作为公共服务及社会福利的物质供给,社会基础设施的规划供给不光是单纯的物质实践本身,也是社会控制、产业发展或制度协调等其他社会调控实践的物质基础和实施载体。社会基础设施建设与城镇化进程的协同发展是三峡工程作为一项社会工程的核心组成部分和主要实践途径,故而,本书提出社会基础设施协同规划的理念,不仅是希望避免传统城市规划"求果"的思想与观念的表层化,亦是希冀能在时空进程中将注重技术与理性协调、宏观调控等统一考虑。

但要确定作为社会治理途径的社会基础设施协同规划的具体对象是什么,就必须以社会问题为研究切入点,就必须先厘清什么是社会问题、库区社会问题是如何变迁的以及由社会基础设施所引起的库区社会问题具体有哪些,从而以此为基础进行社会基础设施协同规划的系统性研究。

1.2.1 三峡库区社会问题的界定

1)基于不同理论视野的三峡库区社会问题内涵界定

三峡工程移民安置及城镇迁建所引起的社会变迁是库区社会问题的主要成因。因此,从社会变迁的理论视野来界定库区社会问题十分必要。主要的研究理论大致可分为以下4点。

①从进化理论的观点来看,社会问题的出现是人口聚集及社会分工之后必然出现的意识与物质矛盾的产物,而库区迁建的特殊性造就了其独具特性的社会进化模式,使得库区单位空间内人口密度、人均承担社会关系数量急剧改变,社会问题出现就更有其必然性。

②鉴于冲突理论,库区社会问题是在其社会转型过程中,"由于存在若干导致社会结构失调的障碍因素,危及相当一部分社会成员的切身利益,困扰乃至威胁社会运行安全,需要动员社会力量进行干预的社会现象"[1]。社会问题通常会导致"社会关系或环境失调,致使全体社会成员或部分成员的正常生活乃至社会进步发生障碍"[2],这也是移民迁建所导致的必然结果。

③基于结构功能理论的视角,社会结构是由不同部分组成且彼此相关的系统性整体,在稳态和变迁的动态过程中释放相应的功能[3],三峡工程建设在库区居民社会生活、制度或历史等方面产生了深远的影响,导致威胁社会多数成员价值观、利益或生存条件的公共问题出现,从而形成其独特的社会问题。

④社会心理学理论分析认为,社会变迁最终是人的变迁,是一定群体的独特个体精神变化的结果。库区移民的被动迁移,直接造成其社会日常生活的破坏,从而使原有的社会结构和功能失调,社会规范和社会生活发生紊乱。

综上,社会问题是个人与社会结构在互动共构过程中出现的功能障碍、关系失调或整合

---

〔1〕 朱力.社会问题的理论界定[J].南京社会科学,1997(12):14-21.
〔2〕 费孝通.社会学概论[M].天津:天津人民出版社,1984:308.
〔3〕 Talcott Parsons. Societies: Evolutionary and Comparative Perspectives[M]. Englewood Cliffs, NJ: Prentice Hall, 1966:21.

错位,表现为却又不等同于日常所见的社会现象或事件。它既是妨碍大部分社会成员正常生活的公共问题,也具有促进社会变迁的正面意义。而库区的社会问题不仅具有国家及地域的普遍性,更多的是源于其三峡工程建设所引起的特殊性社会变迁,导致社会日常生活的紊乱及价值、规范和利益几个方面的失调。此外,库区已然从三峡工程建设时期进入后三峡时代,其社会问题还具有一定的周期性变化。

就库区来看,三峡工程从 1992 年开始建设,其间引发的不仅是地理生态环境的变化,更是社会产业结构的变迁。从时间上来区分,可分为三峡工程建设时期(1992—2010 年)、后三峡时代(2010 年至今),前者的主要时空任务是三峡水利工程建设、移民安置及城镇迁建,后者的工作重心是移民安置和环境保护。不同的任务重心所引起的社会问题亦不相同,社会问题的产生也有一定阶段性,当库区的社会经济发展处于不同阶段时,某些矛盾的发展亦将演变激化为不同的社会问题。因此,本小节从时间发展的角度来对库区社会变迁中的社会问题进行分析和小结。

2)三峡工程建设时期的社会问题归纳

源于三峡工程的建设,库区经历了一场基于有计划的、特殊性的社会变迁:首先是库区区域内的人地关系和物质文明因城镇迁建而改变,其次是传统的社会结构和日常生活形态因移民搬迁而更替,最终导致了地域文化系统的变化。这一系列的剧变发生在短短的十几年间,从社会变迁角度分析,社会运行的深层次结构性矛盾势必导致大量库区特有的社会问题,归纳起来有三:库区社会结构失范、地域社会阶层异化及库区居民个体贫困。

(1)库区社会结构失范

由于库区移民规模大、城镇村迁建多、安置方式多样、时间长且范围大,从而导致整个库区时空解体,进而引发高强度的社会关系调整与重建,最终使得库区社会运行处于不稳定状态,各种结构性矛盾导致了库区结构失范。而农民通过移民搬迁进入城市,属非自愿性城镇化,其生活、交往、就业的方式没有彻底融入城市社会的状态,半城市化现象亦十分严重。

(2)地域社会阶层异化

顶层与中下阶层在规模上的两极分化、相关阶层占有资源的两极分化,以及以移民身份为标准的“先赋型”而不是基于市场经济体制的“后致型”阶层分化模式(图 1.5)[1],使阶层之间僵化封闭、社会流动缺少合理有序的途径,从而导致阶层异化。特别是移民政策存在一定的利益分化和不平衡,部分原来收入较高的群体成为困难群体,阶层的变迁亦成为影响库区稳定的突出因素。

(3)库区居民个体贫困

库区作为全国 18 个集中连片贫困地区之一,出现了“城镇空壳化、产业空虚化、财政拮据化、移民贫困化”[2]等问题,不仅扶贫重点县数量多[3](图 1.6),而且贫困总人口、城镇贫困

〔1〕 黄勇.三峡库区人居环境建设的社会学问题研究[D].重庆:重庆大学,2009.

〔2〕 熊鹏飞.三峡库区“产业空虚化”问题及其对策研究[J].重庆行政:公共论坛,2004(6):55-56.

〔3〕 截至 2010 年,库区共有国家级扶贫开发工作重点区县共计 11 个。

人口及农村贫困人口的比例等 3 项指标均高于全国水平，故而库区城镇贫困程度深、个体贫困现象严重。

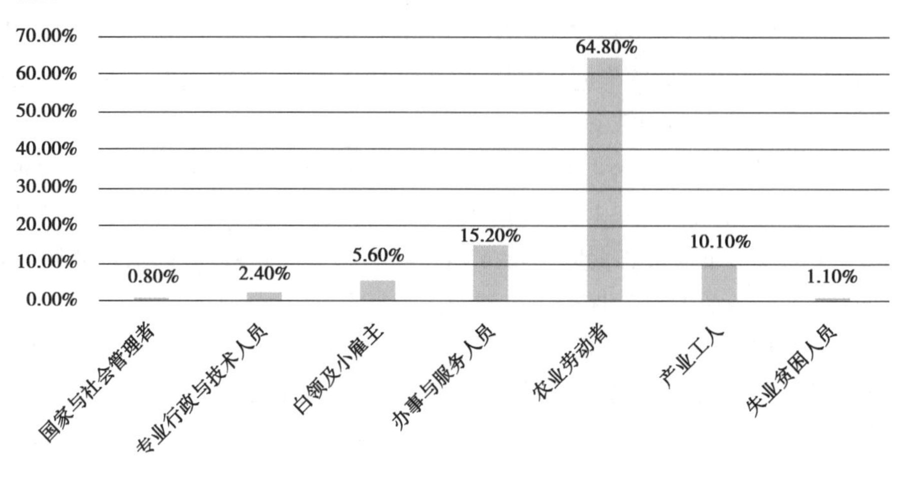

图 1.5　库区社会阶层结构变迁（1990 年与 2000 年）

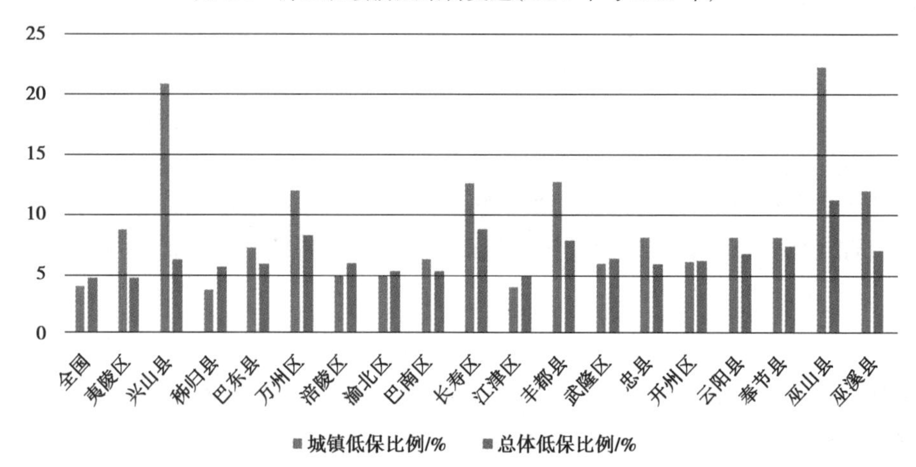

图 1.6　三峡库区各区县社会贫困程度对比图

3）后三峡时代库区社会问题举要

随着移民搬迁和城镇迁建的完结，库区进入后移民期，其原有的社会问题在库区社会重构和经济结构变化之后，经历长期的积累和沉淀逐步发展到了新的阶段，并演变更替为新的社会问题，诸如“产业空虚化综合征”、“社会心态环境脆弱”、移民“返流”、“群体性规模集访”和“移民‘利益群体’形成”等[1]，都是本身所蕴含的矛盾冲突经过多年的酝酿累积的集中表现。从社会变迁的角度来看，移民迁建之初的特殊历史条件，造成“移民搬迁遗留问题”未能妥善解决，可能存在以下潜在的社会问题。

〔1〕 孙元明. 三峡库区“后移民时期”若干重大社会问题分析：区域性社会问题凸显的原因及对策建议[J]. 中国软科学，2011(6)：24-33.

(1)经济性社会问题:库区产业空虚化综合征

三峡工程建设期间,库区诸多企业关停或转迁,导致库区积淀的产业基础几近崩溃;在移民迁建过程中,各级政府的主要精力放在人员转移上,而忽视了对新产业的培育,导致库区经济社会发展失去支撑。进入后三峡时代,通过库区产业发展基金等后期扶持政策,以及库区工作重心"由保障搬迁转向促进发展",库区群众的就业、生活水平、生活质量等有所提高,库区产业空虚化亦有所缓解,但还是未能从根本上改变。而库区移民问题归根到底是经济问题,因此,只有库区经济基础坚实了,才能满足其发展中的人本需求。

表 1.1 三峡库区社会贫困人口与比例一览表

项目	年份	全国	湖北省	重庆市	三峡库区
城镇低保人数/人	2008 年	22 739 114	1 428 257	823 631	488 208
	2010 年	23 110 962	1 370 543	607 672	354 286
	2014 年	18 801 818	1 070 921	409 839	29 643
城镇人口/万人	2008 年	57 706	2 494	1 361	604
	2010 年	66 978	2 847	1 529	712.39
	2014 年	74 916	3 238	1 783	866.34
低保比例/%	2008 年	3.94	5.73	6.05	8.08
	2010 年	3.45	4.81	3.97	4.97
	2014 年	2.51	3.31	2.3	0.34

资料来源:根据民政部全国县以上低保数据整理。

(2)独特性社会问题:库区社会心态环境脆弱

库区社会心态是库区群众在三峡工程建设和移民迁建中由于国家移民政策、经济关系乃至社会生活环境变化而引起的心理反应的总和。它从独特的角度勾勒了三峡库区群众社会精神氛围的风貌,反映了三峡库区社会安全和稳定的状况。随着库区移民回流、迁移以及二次生态移民,移民遗留问题和深层次矛盾随着长期积累导致阶层分化凸显,农村移民脱离乡村但又不完全属于城市的"半城市化",这种"城镇化的不彻底"状态带来了许多衍生的社会问题,这就不仅需要通过发展经济来改善,还需要通过社会福利水平的提升来缓解。

(3)长期性社会问题:库区社会人文环境重构困难

三峡工程造就的百万移民,不光是简单的人员迁徙、家园变换,更是经济社会及人文环境的艰辛重构。经过搬迁,库区内局部社会区域中的各种社会关系和构成要件被迫解体并被强制性地人为重组,库区多年形成的社会文化生态圈和社会支持链断裂,按照托马斯和兹纳尼茨基的生命历程理论,事实上已融入"三峡库区大迁移"的移民很难走出"一定时空中的生活",库区区域人文社会功能再造和社会关系重构、社会重组将是一个长期性的艰难历程。库区移民、二次移民及返流移民需要从生产生活、人际关系及自身心理等三个层次来克服"安土重建、故土难离的离愁",并组建和融入全新的生产、生活和交往方式。

4)对缓解三峡库区社会问题的分析

不论是三峡工程建设时期,还是后三峡时代出现的社会问题,根源都是“人”。“被动化移民”“非自愿移民”由于受经济保障、社会交往、居住环境等生产和生活方式变化的影响,导致了“因迁致贫”“社会心态环境脆弱”“返流”等社会问题。特别是返流移民没有合法的宅基地且没有被纳入当地政府管理,引发了许多新的社会问题,譬如户口问题,以及与此关联的子女教育、养老保险等,增加了库区社会问题的复杂性。因此,三峡移民不仅仅是百万人口的简单重组,更是经济、社会、文化及生态等复合要素的艰难重构。故此,要让移民搬迁之后能稳住,就要让库区居民“力者有其业、弱者有其保、惑者有其解”,不止需从社会、经济、社会福利等各个层面进行改变,亦需从改善社会民生的物质条件着手。

1.2.2　源于三峡库区社会基础设施建设的社会问题研究

库区的社会问题虽然复杂多样,但按照普遍认同的社会问题分类,在库区特有地形地貌条件下,其城镇化转型过程中由社会基础设施缺失所引起的包括教育、医疗、家庭、交通及生态等日常生活中的普遍性社会问题,既是具有社会性普遍范畴的常态问题,又是库区处于特定历史发展阶段所引起的特殊性问题。

而三峡工程建设引发的非自愿性移民,带来了激增的城镇人口、反迁移民以及大量涌入城市的农村剩余劳动力。特别是进城长期居住的非户籍人口,由于公共福利供给能力的不足,其无法享受自身及孩子所需的入托、入学、医疗等社会福利。诚然,通过库区城镇的迁建,社会基础设施的建设有极大的提升,但2010年库区进入后三峡时代,快速扩张的城镇规模及急速增加的人本需求,使得库区由于卫生、教育、养老、文娱、社会保障等社会基础设施发展不足所引起的社会问题也逐步显现出来。笔者通过实地走访调查,发现库区由于社会基础设施供需矛盾所造成的设施问题主要有以下几点。

1)三峡库区社会问题之教育拥挤

学前教育(公办幼儿园)容量不足,导致入学需排队、交付高额赞助费及费用相对较高;基础教育(中小学)资源(校舍、师资等)相对紧缺[1],特别是重点学校更是供不应求;高等教育学校较少且布局主要集中在万州、涪陵及宜昌等大城市;职业技术学校数目有限、工业经济技术基础有限等现状使得库区教育事业呈现出基础教育落后、高等教育薄弱、职业教育发展后劲不足等问题,同时还存在教学设施差、教育经费匮乏等现象。而库区城镇建设用地缺乏、城镇人口非线性剧增、经济基础薄弱及发展滞后等特殊背景,更加剧了教育设施不足引起的全国普适性社会问题。根据笔者的实地调研,库区迁建时期修建的中小学多存在现状容量不足、原址扩容无地等问题(图1.7),并且与居民就近入学、择优入学的需求之间的矛盾与日俱增。

[1]　2015年基础教育发展调查报告——中国教育在线。

图 1.7 万州望江小学鸟瞰卫星图及现状照片

2)三峡库区社会问题之医需矛盾

首先,医疗卫生服务设施覆盖不足,我国 80% 的医疗资源集中在大城镇,中小城镇医疗资源短缺,城镇社区卫生服务机构(包括社区卫生站或卫生室)亦不足[1],三峡库区尤是如此——万州、涪陵作为库区大城市,拥有的医疗资源远高于其他区县(图 1.8);其次,库区人口增多、二孩政策出台及国家医改等现状使得公办(重点)医院、妇幼卫生保健院、社区卫生服务中心及基层卫生设施等医疗卫生设施供不应求,根据笔者的走访发现,库区三甲医院、医生、护士、设备及床位等均严重匮乏;最后,人口老龄化带来许多相应的医疗及社区卫生服务需求。故而,库区看病难、看病贵的问题突出。

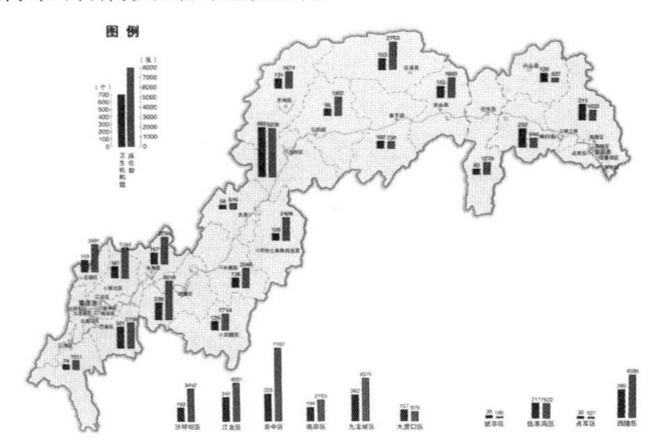

图 1.9 三峡库区卫生机构与床位数分布图

资料来源:《三峡库区地图集》。

3)三峡库区社会问题之文娱匮乏

要保持库区社会的安定,除了要注重物质基础、经济发展等方面,还要重视移民的社会适应和文化融合,即通过人文关怀和社区适应,加强移民社区归属感的培养,其中很重要的一方面就是加强文化娱乐设施的配置建设。其一,库区地处西南地区,受巴渝传统文化的影响,茶馆文化是普通百姓特别是中老年人社会交往的重要组成部分,但由于库区城镇迁建,很多茶馆都被消费水平更高的茶楼取代,而社区活动中心(室)的缺乏,更使得原茶馆的主要消费群体缺少喝茶、聊天、打麻将等社交活动的场所,故而“街头麻将”等现象频现(图 1.9)。其二,

[1] 王元京,张潇文.城镇基础设施和公共服务设施投融资模式研究[J].财经问题研究,2013(4):35-41.

公共图书馆等设施较少,基本只能保证一个区县标配一个,并且图书馆藏书也偏少,如重庆库区15个区县公共图书馆共计16所,藏书共183.64万册,人均拥有图书0.126 1本,仅为重庆市平均水平(0.242 3本)的52.04%[1]。其三,文化馆、青少年宫、儿童活动中心等文化活动设施配置较少,无法满足人们日益增长的文化娱乐需求。

(a)20世纪90年代巫山老茶馆

(b)巫山大昌古镇内小贩自娱

图1.9 传统茶馆与"街头麻将"对比

4)三峡库区社会问题之养老困境

随着人口老龄化的加速,2014年我国65岁以上老年人口已占总人口的10.5%,老年人抚养比上升到13.7%[2]。据全国老龄办预测,我国老龄化进程将持续到2050年,届时抚养比将达到27.9%(表1.2)。

表1.2 四国人口老龄化发展趋势预测

国家	2014年65岁及以上老年人口占全国人口之比/%	预计到2050年65岁以上老年人口占全国人口之比/%
中国	10.5	33.2
美国	12.5	20.7
日本	25.9	33.7
韩国	11.7	38.2

资料来源:根据相关资料绘制。

之前由高出生率造成的人口年轻化掩盖的人口老龄化现象已成为急需关注的一项重大社会问题,这不仅会给社会、政治、经济带来一系列影响和问题,更会要求社会生产、消费、分配、投资、社会保障及福利等城镇化进程中的相关组成部分有相应的调整,而作为其物质载体的城乡规划亦要协同调整。就库区重庆范围而言,65岁以上老年人口已占总人口的19.03%,老年人抚养比上升到16.78%。[3](图1.10)

---

[1] 詹培民,王文波.三峡库区教育发展的现状及对策研究[J].重庆三峡学院学报,2007,23(5):1-5.

[2][3] 中华人民共和国国家统计局.中国统计年鉴2015[M].北京:中国统计出版社,2015.

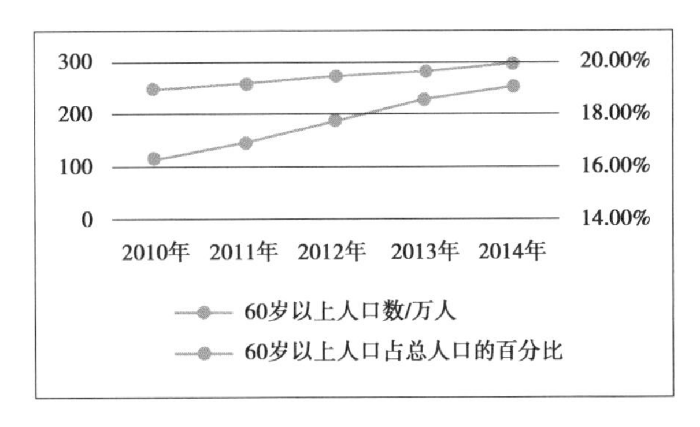

图 1.10　三峡库区重庆范围 15 个区县 60 岁以上人口及比例(2010—2014 年)

库区的老龄化现状具有人口基数庞大、递增速度迅猛及高龄趋向明显等特点。与发达国家在城市化及工业化发展到一定程度、经济比较发达的情况下迎来人口老龄化相比,库区在综合经济实力偏弱且社会心态环境脆弱的情况下迎来了人口老龄化,人口红利在加速递减,“未富先老”,但老龄人口对社会福利服务的需求却是与日俱增。除去人口老龄化带来的卫生服务需求,养老方式和需求的变化对养老设施的规划建设要求也逐步被重视。

通过笔者的走访调查发现,库区现有的养老方式还是以传统的家庭养老为主,即在家中由老人的子女及子女的配偶承担主要照顾任务,且子女几乎都为在职者,故而他们需同时承担抚育子女与侍奉老人的双重负担。但调查亦显示,多数中老年人(特别是即将步入 65 岁的人)对养老问题没有过多考虑,且在心理上排斥去养老院,因此基本还是认为以后将是传统的在家养老模式,而对养老院等专业养老机构的需求不高。造成此种情况的原因有二:一是库区城镇普遍的生育年龄较为年轻,孙辈长大时老人身体都基本较好,生活能自理而无需人特别护理;二是传统的家庭养老思想使老人乃至其子女认为送老人到养老院养老,既花钱又不孝顺。

与之相反,笔者通过在万州、长寿、丰都、云阳、秭归及夷陵区等多个区县的民政局进行走访发现,多数区县的公办养老院有且只有 1 个,床位较少,供不应求,致使能入住的老人基本以五保户、严重无法自理者及家庭养老确实存在困难者为主。而民营的养老院由于成本因素,多布局在远离市中心的地方,社区养老基本缺失或是价格超出普通收入者的承受范围;此外,根据库区的经济水平,民营养老院所能提供的服务水平、硬件配置及屋外环境等普遍偏低,但就是如此,养老现状还是供小于求。

总体来说,库区民众的养老观念虽仍需时间进行调整及转变,但养老需求与日俱增的趋势对养老设施的规划建设提出了新的要求。

5)三峡库区社会问题之停车难

受山地地形的限制,库区城市建设用地紧缺,且多为顺应山势而成的阶梯式布局;同时由于库区过往受经济的限制,以及对城市社会、经济、人口等变化增长的预计不足,库区的停车场配置尤显不足。通过笔者的实地调研发现,库区 2000 年以前修建的住宅(含搬迁城镇),基本未配置地下停车库,而地面亦只是结合地形、利用高差布局少量停车位;2000 年之后修建的小区根据国家相关规范进行了停车位的设计,但却无法匹配剧增的车辆数;公共建筑如政府、医院等亦未配置足够的停车位;公共停车场更是少之又少。

但随着经济的发展、居民收入及生活水平的提高，重庆居民的人均车辆拥有比已从2010年0.039猛增至2014年的0.134，增幅3.4倍（图1.11），故而库区城镇出现了车位缺失、停车困难的普遍现象，而马路及人行道变成停车场、消防通道被车辆堵塞、小区绿地及公共广场停满车等现象已成为让人抱怨却又无奈的常态。故而，看似小事的停车问题业已成为库区亟待解决的民生困境。

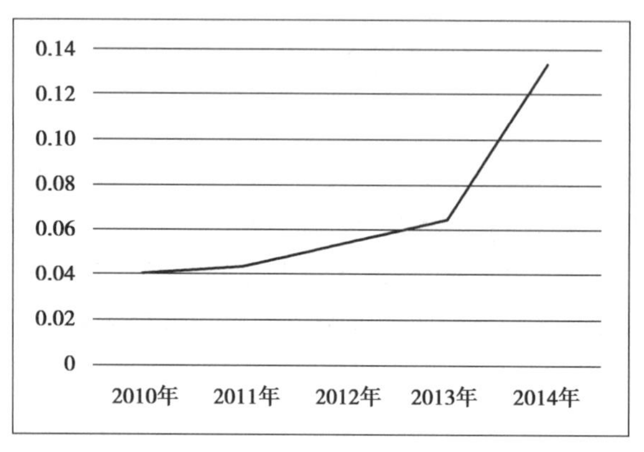

图1.11　重庆人均车辆拥有比（2010—2014年）

6）三峡库区社会问题之其他

除上述5类问题外，笔者在对政府职能部门的走访中发现，诸如公共厕所、垃圾搜集点等小型环卫设施的规划布局存在需求与建设的矛盾。以万州区为例，应使用群众的要求，环卫部门准备在滨江广场上建设公共厕所，但在公示规划方案时遇到了滨江广场附近居民的强烈反对，认为其影响风水及环境，甚至还告到了市长信箱，虽然最后在诸多协调下终于建成了既便于广场健身者使用又让周边居民满意的公厕，却让管理者大叹管理不易。为了规避相同的麻烦，一些新建的厕所安置在了人流较少的僻静之处，导致使用率低下而基本处于闲置状态（图1.12）。其他诸如公共厕所难找、厕所及厕位不足、垃圾搜集点选位难等问题，既是重庆市乃至全国的普遍问题，更是在库区地形地貌、经济发展水平、特殊城镇化进程等特有因素综合作用下不容忽视的特有问题。

图1.12　位于万州区某支路上的公厕

通过上述归纳总结可见，对社会基础设施的需求存在于城镇化进程中各个阶段城镇居民的日常生活之中，其缺失所引起的社会问题，如不进行及时有效的治理，必然会对推进库区城镇化发展及提升市民生活品质造成影响。

1.3 研究对象的选取

1.3.1 社会基础设施协同规划的调控对象维度

根据前文对库区社会问题的归纳,本书的主要研究对象确定为社会基础设施。要通过社会基础设施协同规划来治理由其缺失所引起的城镇社会问题,关键是要协调、控制影响社会基础设施规划建设的相关系统及因素。城市作为一个多要素、多层次及多结构的动态复杂巨系统,其社会基础设施是现代城市基础设施体系中的重要构成子系统,与社会、经济、文化、土地及生态环境等其他子系统密切相关。另外,社会基础设施自身亦是由教育设施、医疗设施、文化设施等构成的完整系统。而传统的公共服务设施规划在一定程度上是相互割裂的,虽诸多研究将其作为一个整体来研究,但较少考虑其系统内部各个子系统与社会福利提升及人本需求之间的相关性和系统性。因此,仅从空间形态或布局结构的角度孤立地研究社会基础设施规划,显然是无法全面有效地治理其存在的问题的。故而,本书研究的社会基础设施协同规划将从系统的协作层次进行三个结构维度的研究。

1)主体维度:社会基础设施系统

社会基础设施并非单一的概念,它来源于发展经济学中基础设施的细分,由美国经济学家汉森首次提出,包括教育、医疗、文化、社会福利与环保等设施,具有高度的综合系统性,迄今为止其接受度较为广泛的定义出自《1994 年世界发展报告:为发展提供基础设施》。社会基础设施是人本需求的物质载体,服务于社会市场、政策及目标,旨在提高城市的社会福利水平,亦深受社会(福利)政策的影响(具体概念详见 2.1.1—2.1.2)。社会基础设施作为“城市基础设施”的一部分进入我国城乡规划学界的研究,但其概念尚未得到学界的公认,也还未在管理实践领域中广泛应用,目前使用最多的仍是以《城乡规划法》为依据的“公共设施”概念,或是“公共服务设施”。公共服务设施是指为社会公众参与社会经济、政治、文化活动等提供保障服务的设施,即指加强和促进教育、科技、文化、卫生、体育等公共事业发展的设施。两者的实质内容基本一致[1]。此外,对比与社会基础设施相对应的“经济基础设施”[2],亦不难看出,社会基础设施的社会属性及经济学意义使其旨在承接公共服务政策、提高城市社会福利水平和改善城市生活品质,而有别于源于公共经济学的公共服务设施的公共性。故而本书从社会治理的角度出发,以缓解“人民日益增长的美好生活需要和不平衡不充分的发展之间的矛盾”为最终目的,选择社会基础设施作为研究主体,并进行系统化研究。但在进行相关研

---

〔1〕 如高军波等在《广州城市公共服务设施供给空间分异研究》就认为:“公共服务设施是城市社会性服务业的依托载体,是指城市中呈点状分布并服务于社会大众的教育、医疗、文体等社会性基础设施。”由此可看出,社会基础设施与公共服务设施在物质构成上基本一致。

〔2〕 社会基础设施是指服务于社会市场、社会政策与社会目标的设施,经济基础设施则是服务经济市场、经济政策及其目标的设施。两者构成了现代社会基础设施体系,助力于城镇、国家的社会、经济全面共同发展。

究综述时,社会基础设施的内容可等同于公共服务设施。

2)调控维度:新型城镇化系统

新型城镇化系统常用来衡量城镇化水平的城镇化率,从表象来看其是人口分布在农村和城市地区动态演进的一个事后表现结果。然而,要全面衡量及评价城镇化发展的水平及品质,还需要综合考虑影响人口迁移的经济、社会、政策制度、生态环境和土地资源等因素。新型城镇化(具体概念详见2.1.3—2.1.4)的提出,就是要通过"以人为本,公平共享"来逐步解决以往依靠土地等自然资源推动的粗放型城镇化所造成的市民化进程滞后、土地城镇化快于常住人口城镇化、大城市拥挤而中小城市人口集聚不足以及城市基础设施和基本公共服务供给不足等问题。由此可见,社会基础设施的规划配置及建设供给是新型城镇化进程中提升城镇化质量、改善城镇福利水平及提高公共服务水平的重要内容。因此,本书以社会基础设施为研究主体,从新型城镇化过程中存在的相关困境出发,将新型城镇化作为外部系统与社会基础设施系统进行两方面的协同研究,一是在区域层面协调城镇资源配置,合理调控区域社会基础设施规划建设;二是在城市及社区层面协调需求供给关系,综合治理具体社会问题。

3)调适维度:人本需求

正如韩愈在《与孟尚书书》中道:"何有去圣人之道,舍先王之法,而从夷狄之教,以求福利也!",亦如庇古在《福利经济学》中将社会福利定义为全社会居民获得的幸福感和满足感的总和,《新型城镇化规划》正式提出的"市民化"概念,正是基于以人为本的核心目标提出的,让城镇居民通过公共服务供给共同享有城市福利,在医疗保健、子女入学、老人赡养、社会交往及社会保障等方面的需求得以全面满足。简而言之,就是要在新型城镇化的进程中,通过城镇物质空间的规划建设,特别是社会基础设施的建设,满足人多方面的本质需求,即人本需求(具体分类详见2.4.1)。

有别于发达国家成熟的城镇化过程,库区的城镇化具有其制度和历史特殊性,因而也出现了特有的市民化过程。快速的城镇建设、紧迫的移民安置、薄弱的经济基础无一不让社会基础设施的建设供给与人本需求存在不容忽视的矛盾。因此,在库区新型城镇化进程中,协同社会基础设施规划与人本需求,将是缓解前文所述社会问题的有效治理途径。

1.3.2 社会基础设施协同规划的协作空间层次

基于协同论的观点,一个系统的发展不仅取决于其内部结构及其联系,亦会受外部环境和其他系统的影响和干预。据此,社会基础设施协同规划可分为两个协作层次:一是强调社会基础设施系统与外部环境及其他系统的协调,其源于新型城镇化及人本需求对社会基础设施规划建设的空间布局、建设时序及发展方向等方面的影响和干预;二是强调社会基础设施系统内部各个具体设施的协作,其源于各类社会基础设施不同功能机理对应的建设需求及规划建设中的制约机制,在有限的资金和特定的城镇化进程中所造成的相互影响和干预。

综上,结合研究选定的时空背景,基于城乡规划学科的本质,本书对社会基础设施协同规划主要从两个层次进行探讨：

①在三峡库区区域层面，主要从外部协调机制入手，进行社会基础设施与新型城镇化的宏观调控研究。

②在三峡库区城镇及社区层面，主要从内部协作机制入手，结合具体城镇或社区的相应问题，进行不同类别的社会基础设施协同规划治理策略的探讨。

1.3.3 社会基础设施协同规划的核心关系

按照字面意思，"协同规划"即是指协调两个或两个以上的不同规划或规划参与个体完成预期目标的过程。"协同规划"有两个要点：一是界定了协同的维度，即是有两个或两个以上的对象，可以是不同规划，亦可是规划的参与者；二是协调不同维度对象的是一个动态的过程，而非简单的静态目标。鉴于此，不同于以往强调物质空间形态的城乡规划学科领域内的协同规划，本书所指的协同规划是以协同论[1]为理论基础，通过建立规划协同平台，在规划过程中对两个或两个以上的不同系统或者受众不断进行协调、优化与整合，最终使之相互协作达到同向发展的双赢效果和动态平衡的循环过程。

就城乡规划本身而言，其本质特征体现在规划的实时调控性及未来导向性。库区社会基础设施协同规划的目的在于，针对库区短时期内城镇化水平急速提高的时空背景，以满足人的需求为目标，确保社会基础设施的规划建设与城镇化的各个进程建立良好的发展模式，进而解决或缓解社会基础设施建设与城镇化发展不协调所引起的社会问题、调节社会基础设施建设、优化城镇化进程及实现城市良性可持续发展。基于此，结合协同规划原理的相关阐释，以下对库区社会基础设施的协同规划概念做出详细界定。

1）以协同发展为核心目标

考虑到规划动态平衡性，以社会基础设施建设与城镇化进程协调发展为规划核心目标，构建融合"目标—问题—理论—规律—策略"集成的规划思维导向，秉承以人为本的规划宗旨，挖掘社会基础设施与新型城镇化体系之间、社会基础设施子系统之间的关联，从而在规划编制层面上提出城镇化进程中社会基础设施的规划路径及层次。

2）以系统协调为技术手段

基于规划的协调性，从宏观的库区区域发展战略到中观的城市总体规划的各层面规划和环节中，建立社会基础设施体系与城镇化体系之间紧密联系的协同控制模式，便于统筹各方

〔1〕 协同论（Synergetics）由西德斯图大学物理学家哈肯（H. Hake）于1976年创立。协同论认为客观世界存在着各种各样的系统：社会的或自然界的，有生命或无生命的，宏观的或微观的系统，等等。这些看起来完全不同的系统，却都具有深刻的相似性。因此，其基于系统论"很多子系统的合作受相同原理支配而与子系统特性无关"的原理，设想在跨学科领域内，考察其类似性以探求其规律，在研究事物从旧结构转变为新结构的共同规律上形成和发展的，其着重探讨各种系统从无序到有序时的相似性，深刻地反应出自然界、人类社会不断发展与演化的机理，经过四十余年的发展现已推广到广泛的、跨学科的领域。故而，哈肯在阐述协同论时讲到："我们现在好像在大山脚下从不同的两边挖一条隧道，这个大山至今把不同的学科分隔开，尤其是把'软'科学和'硬'科学分隔开。"

利益主体;基于微观的地块控制的具体规划,对社会基础设施各个子系统进行规划编制、规划管理和政策保障等协同规划策略研究。

3)以相关政策和规范技术指标为引导支撑

城市规划作为一个系统,具有整体性和层次性,不同层次的规划分工明确,社会基础设施的规划和建设离不开相关政策和规范技术指标的引导和支撑,且其规划的制定应是横向和纵向互动协调的过程。因此,库区社会基础设施的建设需要通过规划整合并落实到具有承载人口、社会、经济及生态环境等物质载体空间中,实现规划引导社会基础设施与城镇化之间的整体联动协同,有效缓解相关社会问题。

1.4 选题的研究逻辑及技术框架

在新型城镇化的进程中,社会基础设施对改善居民生活质量、提高社会福利有着巨大的推动作用。反之,社会经济的发展程度也将制约社会基础设施的建设水平,只有当社会基础设施的建设规模及时序与城镇化进程、城市社会经济活动所产生的需求压力相适应,才能发挥彼此间的最大作用力。故而需要形成一种研究机制及评价系统来评价和诊断社会基础设施建设与城镇化进程的协调发展。如上节已有研究综述所示,目前学术界还没有成形的研究来关注新型城镇化、人本需求与社会基础设施规划之间协同发展。由于社会基础设施的社会属性及经济学本源,本节在具体研究方法和研究框架的选取上,将对城乡规划学科、经济学及社会学进行交叉,丰富城乡规划科学的三峡库区地域性研究。

1.4.1 逻辑结构与研究方法

本书试图在三峡工程建设—后三峡时代库区这一特殊时空背景下解答以下几个问题:①库区社会基础设施建设的现状及困境如何?②库区的相关困境源于何因?③基于协同理论,社会基础设施与新型城镇化进程、城镇居民的人本需求有着怎样的相关机制?④如何诊断解析库区社会基础设施与城镇化进程协的协同发展状态及成因表征?⑤在区域层面,针对库区城镇化发展状态,如何编制科学的适应性规划优化区域社会基础设施的配置?⑥在城市、社区层面,针对库区城镇不同的城镇化发展阶段及具体社会问题,如何通过规划提出治理策略来满足居民人本需求?要回答上述问题,构建合理有效的逻辑结构必须先行。

合理的逻辑构架源于对研究范式的选择。传统的城乡规划多源于对以往经验的归纳及提炼,而近年来亦有重视数理研究的趋势。总体来看,数理研究通过测度、计算和分析对研究对象的“本质”进行把握,而质性研究则是对研究对象进行长期深入、细致的体验后形成一个整体性的、解释性的理解,两者各有优势和弱点,互为补充。因此,本书从城乡规划学科的传统研究范式出发,以质性研究为逻辑主线,并通过量的研究作为社会学及经济学交叉学科的补充手段。鉴于研究的需要,本书运用“循环性过程”(Circular Process)研究,即在研究的所有阶段,都采用质性和数理分析两种模式,并通过这两者间不同程度的组合对资料加以处理,使质性资料通过计量分析达到客观性、标准化性与可概推性,或通过量化资料进行学科专业特性的质性分析。

"研究方法的落后必然会限制学科的发展""工欲善其事必先利其器"。在界定了研究范围、确立了研究目标以及划定了研究阶段的基础上,还得选择合适的研究方法。因此,本书结合研究的目的及不同的研究阶段,采用质性与数理研究交互、多学科融贯的研究方法。

(1)常规研究方法

发现问题必须实地调研,要回答问题①、②,应采用田野调查法、问卷调查法、文献法,即通过实地走访、调研拍照、问卷调查及收集相关文献资料与数据统计资料,为开展理论和实证研究积累必要的基础资料,并以期从中提炼出核心问题。其研究逻辑框图如图 1.13 所示。

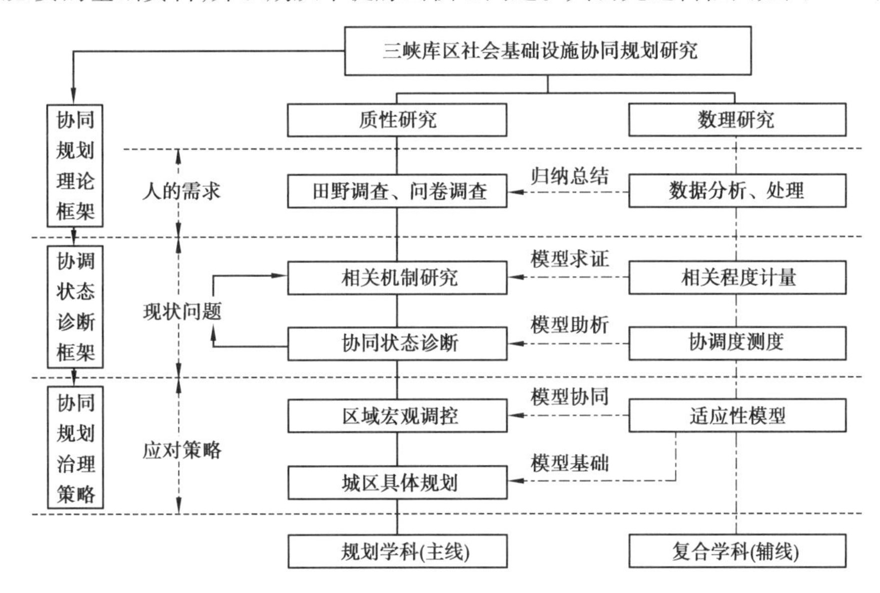

图 1.13 研究逻辑框图

(2)数理分析方法

为回答问题③、④,即社会基础设施建设水平和三峡库区城镇发展进程之间存在互动作用,除在特定时空背景下对原始资料进行梳理解析外,还可以从客观上剖析其间的规律。因此,以协同论中的绝热消除法为基础,首先选择以"偏相关分析法"为研究方法,拟通过偏相关分析,利用 SPSS 软件,从定量的角度分析说明两者之间的相关程度,即确定各阶段与城镇发展密切相关的社会基础设施类别。其次,通过动态与静态相结合的分析法,在静态分析的基础上,着重研究其发展趋势及空间布局的动态。

为回答问题⑤,以协同论中的竞争与协同方法为基础,本书拟通过主成分分析把原来多个变量划为少数几个彼此独立的综合指标,从而分析与城镇发展水平密切相关的社会基础类别,以及对社会城镇发展的贡献和影响,明确社会基础设施与城镇发展的内在作用机理,并构建与之相对应的模型。此外,论文拟通过多元线性回归分析预测法,得出回归方程,其重点是回归模型的参数估计,此项工作的目的在于判定估计值是否满意、可靠。

(3)实证分析方法

本书以现行规划及标准为基础,对其进行地域化标准建议,选取典型城市进行实证研究,从而对问题⑥进行有效解答。

1.4.2 研究框架及主要内容

为回答前文的6个问题,秉持前述研究目的,论文可分为四大部分(图1.14)。

第一部分,问题指引(第1章)。在"新型城镇化"和"三峡库区"的具体时空背景下,寻找和描述当前社会基础设施建设存在的问题,以此回答问题①。通过对相关政策、契机的研究,从社会问题治理的角度出发,选择社会基础设施协同规划作为本书的研究选题。

第二部分,问题解析与理论构架(第2、3章)。在确立以三峡库区社会基础设施建设所引起的社会问题的基础上,通过现状调研、问卷分析及史料解析,明确社会基础设施协同规划的对象及理论框架,以此回答问题②。

第三部分,模型建构与数理测度(第4章)。通过建构三峡库区社会基础设施与新型城镇化协调诊断框架,定量化验证社会基础设施核心问题的内涵以及与新型城镇化的逻辑关系。以期形成一个可视化,可评判的综合技术体系来探寻协同规划对象之间的内涵、成因、关系、规律,以此回答问题③、④。

第四部分,分层次协同与治理策略(第5、6章)。为回答问题⑤、⑥,根据城乡规划学科和社会学、经济学、需求心理学等各自的学术框架,论文以社会学视角的结构、要素和个体3个层面对应社会基础设施规划的区域、城市及社区3个层次,提出基于城市规划学科库区社会基础设施的规划技术体系。

鉴于科学理论不适用于普世,只能做间接评测(Karl Popper,1934,1963),而社会基础设施建设水平以及社会经济发展程度的高低不是由单一因素导致,而是由技术、制度、文化理念及地域特征等多种因素交织非均衡累积而成。因此,第三、四部分引入数理研究,作为对质性研究主线的量化印证。

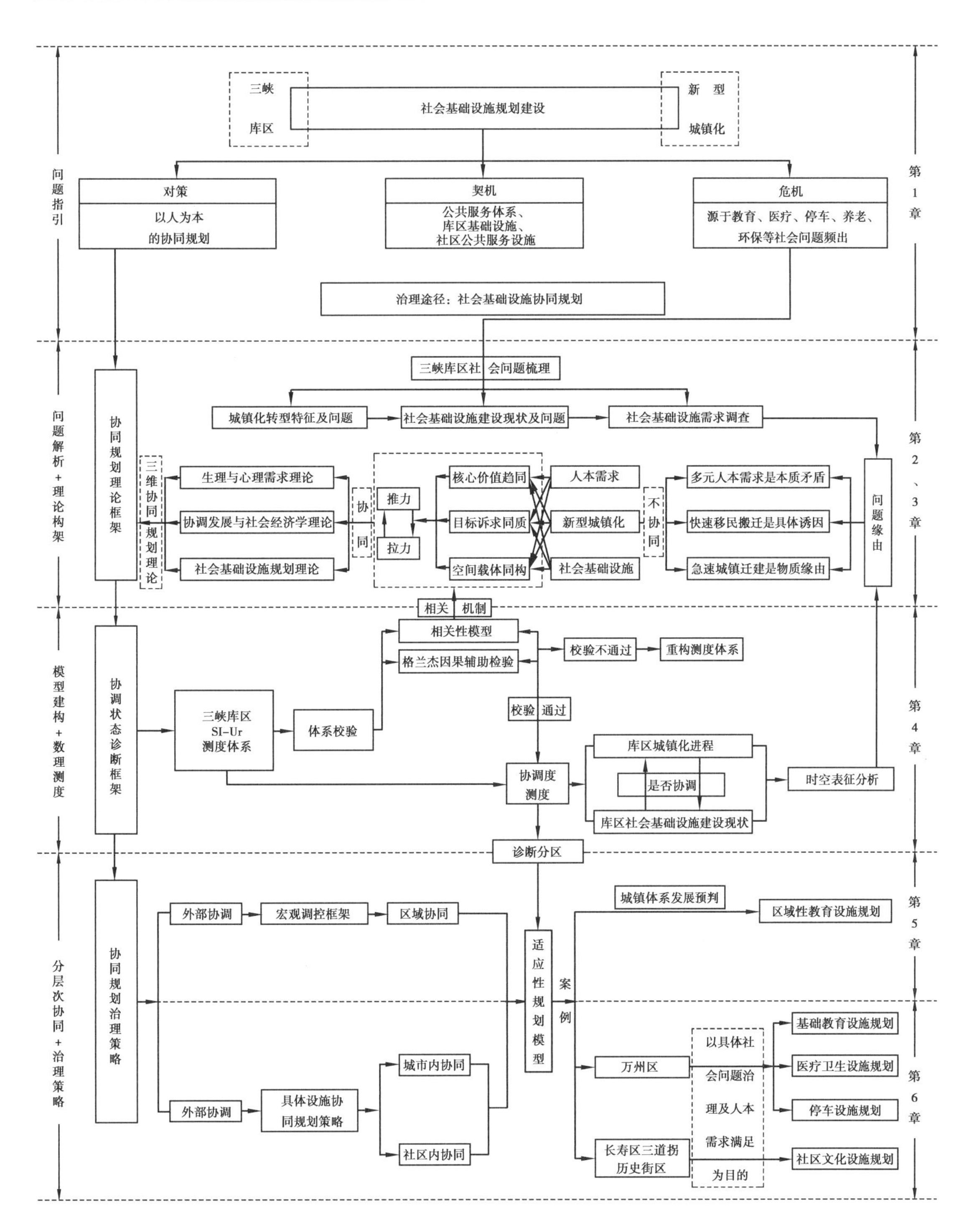

图 1.14　论文研究的技术路线

人们来到城市是为了生活，人们居住在城市是为了生活得更好。

——亚里士多德《政治学》，古希腊

保障家庭安全，提高家庭生活水平是社会文明的首要目标，也是一切努力的最终目的。

——埃利奥特

2

困境与成因：三峡库区社会基础设施建设现状梳理

1994年12月14日，三峡工程正式开建，揭开了多座城镇迁建和百万移民搬迁的序幕。在这样繁杂的历史、自然、经济、社会背景下展开和推进的库区城镇化，其特殊性在于：库区城镇化不是以农业现代化及工业化带动城镇发展而吸引农村人口转移的、主动的渐进式城镇化，而是为实现三峡工程建设、在国家政策推动下因移民迁建而导致的一种人口波动集聚的跨越式城镇化。在这种非典型的城镇化时间背景下，库区城镇迁建不仅涉及社会、经济、人文、城市建设、环境保护等多个层面的变迁及重构，更涉及人的需求层次的非常规式变化。随着2010年后三峡时代及新型城镇化的到来，有限的社会基础设施资源与新增的城市人口间矛盾不断加剧，入学难、就医难、停车难、文化断层等社会问题渐进衍生。这不仅是社会经济发展相对缓慢地区的普遍问题，更是三峡库区后期建设亟须解决的重要矛盾。由于特殊城镇化过程及山地复杂工程条件，库区城镇在社会基础设施的规划布局、用地规模、多样配置及建设时序等方面需解决的问题更具特殊性及突出性。为此，要在库区新型城镇化进程中推进社会基础设施协同规划，首先应对库区的城镇化发展历程、社会基础设施建设状况及人本需求进行系统梳理，明确影响其协同规划的具体问题，并解析其存在的内因。

2.1 三峡库区社会基础设施及新型城镇化的内涵辨识

要研究库区的城镇化发展历程及社会基础设施建设状况，必须首先对其内涵进行界定，如此才能对其进行全面的梳理及评述，便于厘清问题所在。

2.1.1 社会基础设施的概念辨识

1)社会基础设施概念的发展

作为本书的研究对象和评价对象,"社会基础设施(Social Infrastructure)"字面下指代什么内涵、包含什么内容,是需要厘清的。而了解社会基础设施概念的发展历程是厘清其内涵的前提。社会基础设施是基础设施的构成部分,其概念是随着"基础设施"一起发展的。因此,从基础社会的发展来逐步梳理社会基础设施的发展将有助于更加完整地了解社会基础设施的概念和内涵。

基础设施(Infrastructure)作为正式文献用词提出是在20世纪40年代后期,北约组织在研究一国的军事能力时使用了基础设施概念,随着社会经济的发展,经济学家将"基础设施"一词引入经济结构和社会再生产理论研究中[1]。从此,基础设施的概念范围及分类层次就随着经济社会的发展而不断深化和扩大。"社会基础设施"在经济学领域的延展和细分,使其逐步发展出社会属性及社会服务功能(附录2.1)。

2)社会基础设施的概念和内涵

通过对社会基础设施概念发展的梳理可看出,在当今世界已然进入"后工业化社会"和"后福利国家时代"的全球化背景下,我国也全面进入小康社会建设,追求生活质量和提高社会福利水平也已成为社会活动的最高目标,社会协调发展与社会政策议题应运而生。在全球化与地域化的交织发展状态下,本书认为:

社会基础设施泛指由国家与社会兴办的公共服务、社会服务和社会福利服务体系与设施,主要指直接服务于社会大众、间接作用于经济发展,并为其提供基本生活、社会福利、公共服务等保障的各种机构和设施,如教育设施、医疗设施、文化设施及社会福利设施等。社会基础设施处于城乡建设的基础性、先导性和战略性地位,发挥社会性、公共性和服务性功能,成为理解社会制度运作机制的核心概念。

2.1.2 三峡库区社会基础设施的内容细分

社会基础设施的具体内容细分,有两点需要注意:一是社会基础设施的具体内容并非一成不变,而是随着社会经济发展和人本需求提升在不断变化,但在一定时期内可形成相对稳定的普遍看法;二是世界各国的国情不同,对社会基础设施的理解也并不完全相同。因此本书应立足于我国的国情,以城乡规划学科为研究范围,从三峡库区的实际需求出发进行内容细分。

[1] 王丽辉.基础设施概念的演绎与发展[J].中外企业家,2010(4):28-29.

1）基于社会福利的社会基础设施细分

根据现阶段我国社会福利供给的内容，可将社会基础设施分为如下几类：

①公共福利和集体福利设施：医疗保健、妇幼保护和文化、教育、娱乐等福利设施。

②儿童福利设施：提供儿童保护，孤儿照料，残疾儿童的收养、医疗、康复、教育，以及失足青少年教育等福利设施。

③老年人福利设施：社会福利院、敬老院、老年公寓、老年活动中心、老年康复中心等福利设施。

④残疾人福利设施：为残疾人提供就业、教育、康复、文化娱乐的福利设施。

2）城乡规划学界对社会基础设施的细分

（1）按使用性质分类

在《城市规划理论·方法·实践》一书中，毛其智先生将城市社会基础设施按使用性质分为11类：①行政管理；②金融保险；③商业服务；④文化娱乐；⑤体育运动；⑥医疗卫生；⑦教育；⑧科研；⑨宗教；⑩社会福利；⑪大众住房。该分类与《城市用地分类与规划建设用地标准》（1990年版）中对“公共设施”用地的分类基本相同，只是对其中的几类进行了拆分，并增加了“大众住房”。虽毛其智指出“这种归纳方法并不完全，有些内容、项目还可进一步商讨、酌情增减”，但此11类可谓是一个城市健全发展所必需的社会性服务的设施。

（2）按用地性质分类

建设部1990年颁布的《城市用地分类与规划建设用地标准》使用“公共设施”这一概念，将社会基础设施从规划用地的角度分为8类：①行政办公；②商业金融业；③文化娱乐；④体育；⑤医疗卫生；⑥教育科研；⑦文物古迹；⑧其他（宗教、社会福利等）。

住建部2012年颁布的《城市用地分类与规划建设用地标准》使用“公共管理与公共服务”及“商业服务业设施用地”，将社会基础设施从规划用地的角度分为11类：①行政办公；②文化；③教育科研；④体育；⑤医疗卫生；⑥社会福利；⑦文物古迹；⑧外事；⑨宗教；⑩商业；⑪商务。较之1990年版，该分类内容反映了我国当下在城市规划实务中对社会需求的关注和提升。

对比三种目前规划学界较为认同的分类可见，社会基础设施基本可分为9类（除文物古迹、外事及大众住房外）。随着社会分工的精细化及社会生活的多元化，社会基础设施的具体的内容也在逐步细化，如2012版的《城市用地分类与规划建设用地标准》就将社会福利设施从1990年版中的其他设施中单独细分出来，而与毛其智先生的分类一致，这也是与社会现行需求相适应的具体表现，也从另外一个侧面反映出社会基础设施对于人民本质需求而言的重要性。

3）三峡库区社会基础设施的研究细分

在基于城乡规划学科对社会基础设施分类的基础上，针对三峡库区所急需解决的社会问题

(详见1.2.3),本书研究的社会基础设施界定为5大类11小类,其具体分类及功能详见表2.1。

表2.1 社会基础设施分类及其功能一览表

<table>
<tr><th colspan="2">类 别</th><th colspan="2">分 类</th><th rowspan="2">具体设施</th><th rowspan="2">功能类别细分</th><th rowspan="2" colspan="2">人本需求层次</th></tr>
<tr><th>设施大类</th><th>用地类别代码</th><th>设施中类</th><th>用地类别代码</th></tr>
<tr><td rowspan="2">文化设施</td><td rowspan="2">A2</td><td>图书展览设施</td><td>A21</td><td>公共图书馆、博物馆、科技馆、纪念馆、美术馆和展览馆、会展中心等</td><td>满足文化赏析、评鉴的公共需求,提供社会交往的机会</td><td rowspan="2">社会交往</td><td rowspan="2">归属需求</td></tr>
<tr><td>文化活动设施</td><td>A22</td><td>综合文化活动中心、文化馆、青少年宫、儿童活动中心、老年活动中心等</td><td>提供文化娱乐活动、培训的多重供给及社会交往的机会</td></tr>
<tr><td rowspan="4">教育设施</td><td rowspan="4">A3</td><td>高等院校</td><td>A31</td><td>大学、学院、专科学校、研究生院、电视大学、党校、干部学校</td><td>提高高素质人才培养的可能性</td><td rowspan="3" colspan="2">自我实现</td></tr>
<tr><td>中等专业学校</td><td>A32</td><td>中等专业学校、技工学校、职业学校等</td><td>提供多元化教育、培训的机会</td></tr>
<tr><td>中小学</td><td>A33</td><td>中学、小学</td><td>保障义务教育的基本需求</td></tr>
<tr><td>特殊教育</td><td>A34</td><td>聋、哑、盲人学校及工读学校等</td><td>为聋、哑、盲等特殊人群提供受教育的机会</td><td colspan="2">道德保障</td></tr>
<tr><td rowspan="2">医疗卫生设施</td><td rowspan="2">A5</td><td>医院</td><td>A51</td><td>综合医院、专科医院、社区卫生服务中心</td><td>为社会大众提供就医资源</td><td rowspan="2" colspan="2">安全需求</td></tr>
<tr><td>特殊医疗</td><td>A53</td><td>对环境有特殊要求的传染病、精神病等专科医院用地</td><td>提供特殊需求的就医资源</td></tr>
<tr><td>社会福利设施</td><td>A6</td><td>—</td><td>—</td><td>福利院、养老院、儿童福利院等</td><td>保障社会弱势群体的基本生活保障及福祉</td><td colspan="2">尊重需求</td></tr>
<tr><td rowspan="2">其他</td><td rowspan="2">—</td><td>社会停车场</td><td>S42</td><td>公共停车场和停车库</td><td>满足日益增长的停车需求</td><td rowspan="2" colspan="2">生活需求</td></tr>
<tr><td>环卫设施</td><td>U22</td><td>生活垃圾转运站、公厕</td><td>保障生活垃圾及时清理,提供便利的如厕需求</td></tr>
</table>

2.1.3 城镇化的演进及新型城镇化的内涵

城镇化(Urbanization)又称城市化、都市化,可概括为涵盖社会、经济、文化、政治等的动态演进的过程，亦是人类生产和生活活动在区域空间上的聚集，是现代化过程的主要内容和表现形式[1]。根据国内外学术界对城镇化的界定对比，城镇化主要有以下三个方面的内涵：

①"人"的城镇化：农业人口不断转移为城镇人口。具体表现为非农人口向具有城市特征的地区聚集，非农人口比例不断增大；城镇内人口在生活方式、行为特征、价值观念等方面不断变化，并逐渐形成具有城市人格特征的人群。

②"产业结构"的城镇化：第一产业比重下降，第二、三产业比重提高。具体表现为在人口转移聚集的过程中，城镇的区域与产业不断升级演进，并产生相应的经济演进动态、城镇空间构成及现代文明社会。

③"土地空间"的城镇化：农业用地转化为非农业用地。具体表现为：从自然环境转变为以人工环境为主的空间形态；城镇形态的成长和城市空间的增大；由松散、低密度居住模式变为高密度居住模式。

因此，本研究中新型城镇化作为校核社会基础设施建设水平的一个标准，其核心价值取向指引了社会基础设施协同规划框架体系的建立。

2.1.4 三峡库区新型城镇化的内涵层次

新型城镇化的核心是"以人为本"。以此为目标，关注人的物质与精神的双重需求，着力于追求社会、经济及土地的优化协调、可持续发展，反思旧有城镇化道路中以经济效益为首要目标，通过全面提升城镇化质量来拉动经济发展，全力改善人们的生活品质。为了凸显"人"在新型城镇化中的主体性，笔者基于仇保兴的《新型城镇化：从概念到行动》及其他相关文献，选择人口城镇化、经济城镇化、社会城镇化、生态环境城镇化和土地空间城镇化 5 个方面作为库区新型城镇化的子系统，新型城镇化对传统城镇化的内涵创新如下：

①人口城镇化：从非农人口数量增长转型为以人口素质提高为导向的城镇化，人口城镇化是人的城镇化的首要任务子系统。

②经济城镇化：从粗放型发展转型为精细化发展的城镇化，提升人的经济基础，经济城镇化是其动力和支撑子系统。

③社会城镇化：从城市优先发展转型为城乡一体化协调发展的城镇化，改进人的生活方式，社会城镇化是衡量社会福利公平的子系统。

④生态环境城镇化：从高环境影响、高能耗转型为低环境影响、节约环保的城镇化，改善人的生态环境。

⑤土地空间城镇化：从低密度、分散化转型为集约利用的城镇化，优化人的物质生活空间。

---

[1] 国务院发展研究中心课题组. 中国城镇化：前景、战略与政策[M]. 北京：中国发展出版社，2010.

2.2 三峡库区城镇化转型特征及问题

2.2.1 人口城镇化:移民驱动型过渡至平稳聚集型

1)库区人口迁移及城镇化率变动

“三峡工程成败的关键在移民。”(李鹏,2002)三峡移民作为三峡工程的前提和基础,能否安置好百万移民,关系到三峡库区乃至全国的社会稳定和经济发展。按照移民工程与枢纽工程的进度衔接要求,库区移民搬迁安置起于1993年,共分为4期。自1994年正式实施移民搬迁安置工程至2010年移民搬迁全部完工,共搬迁、安置移民130余万人,相当于一个欧洲中等国家的人口。随着三峡工程成功蓄水175 m,到2013年12月底,三峡工程建设移民安置工作全部完成,累计达129.64万人。其中县城、城市搬迁人口58.17万人,集镇搬迁人口15.68万人,合计73.85万人,占总搬迁人口的57%,如果包括进城镇安置的农村移民15.78万人,则在城镇安置的移民总人口为89.63万人,占总搬迁人口的69.1%。[1]

库区移民的强制性和计划性,使其城镇化有别于自然演化过程,这使得在三峡工程建设时期,库区人口内迁(包括就地安置城乡移民和乡村人口向本地城镇迁移)成为库区城镇化进程中人口变迁的主要特征,从而导致人口在库区内快速流动,促使库区城镇化水平在短期内得到快速提升:1994年三峡工程开工时库区平均人口城镇化率为9.72%,2008年提高到33.67%,进入快速增长区间。而截至2014年达到了50.65%,与同期的全国平均城镇化相比(1993年28.14%,2008年45.68%,2014年54.77%),年均增幅1.79%,比全国年均增幅1.27%的水平高出近0.68个百分点(图2.1),但仍低于湖北省(55.67%)和重庆市(59.60%)的平均城镇化率。

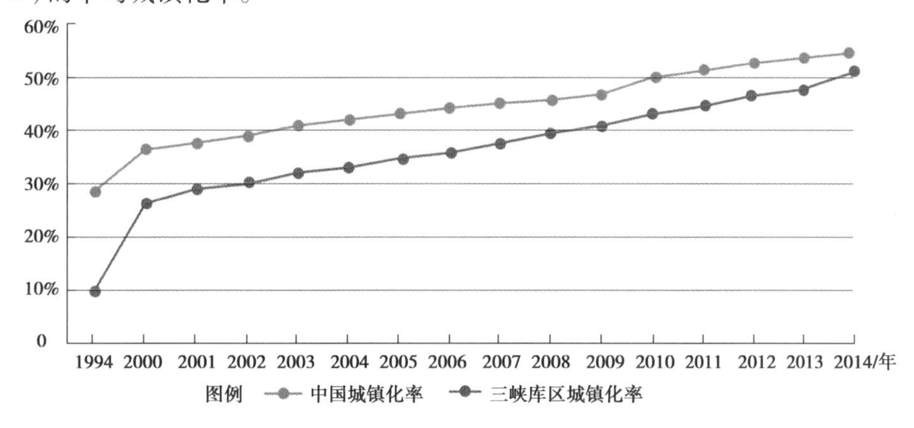

图2.1 中国及三峡库区历年城镇化率对比

从空间分布来看,库区各区县城镇化率的地域性差异较大(表2.2)。

〔1〕 蒋建东,宋红波. 三峡库区城镇化发展状况及应对策略[J]. 人民长江,2015(19):67-70,89.

表 2.2　库区各区县城镇化进程一览表

区县	城镇化水平/%				区县	城镇化水平/%			
	1994	2008	2010	2014		1994	2008	2010	2014
涪陵	17.6	53.91	55.8	62.18	巫山	5.7	25.52	30	35.84
长寿	14.5	48.7	53	59.94	巫溪	—	20.1	25.4	31.3
巴南	—	69.39	72.9	77.59	奉节	7.3	28.16	32.3	38.2
夷陵	—	23.38	20.22	55.65	云阳	6.6	28.4	32.2	38.18
万州	14.8	51.02	55	61.11	忠县	6.9	28.9	32.9	38.89
开州	6.5	32	35.9	42.14	石柱	—	23.03	32.3	38.36
渝北	—	66.44	73.3	78.74	丰都	7.9	28.51	34.5	40.66
兴山	—	23.26	23.05	43.19	武隆	—	29.94	33	38.7
秭归	—	14.52	12.59	36.53	江津	—	53.8	55.7	61.99
巴东	—	10.79	28.12	33.27	库区	9.72	39.16	42.91	50.65

资料来源：重庆市统计年鉴、湖北省统计年鉴及各区县统计年鉴。

就城镇等级而言，渝北、巴南属于重庆特大城区；万州是大城市，夷陵已经纳入宜昌城区，也可算大城市；涪陵、长寿、江津是中等城市；其余为中小城镇。库区初步形成了 1∶2∶3∶11 的城镇规模结构（图 2.2）。快速城镇化增长极有 3 个，分别是江津、长寿和涪陵等库尾区域，库首的宜昌城区和库区腹地万州；余下地域则是广大农村。由此反映出通过大规模的移民搬迁，库区城镇化率虽实现了跨越式发展，但“大城市带大农村”的二元格局仍将长时间持续。[1] 如此剧增的城镇化率，对库区城市的生产生活配给能力、公共服务供给水平及社会福利普及程度带来了巨大压力。

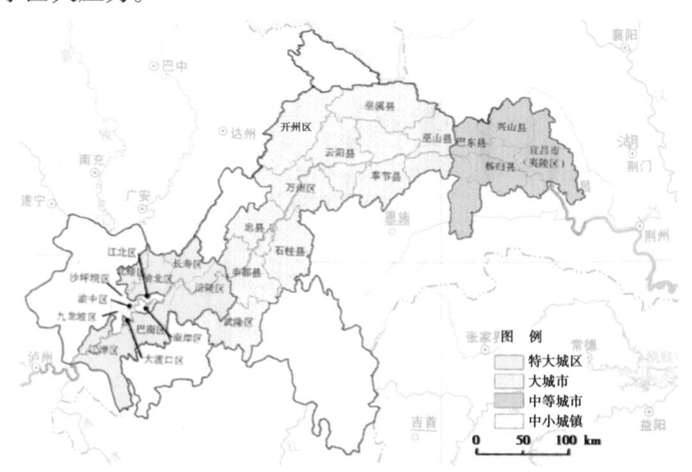

图 2.2　三峡库区现状城镇规模结构图（源于 2014 年数据及分类标准）

［审图号：GS(2016)1612 号］

〔1〕 黄勇．三峡库区人居环境建设的社会学问题研究［D］．重庆：重庆大学，2009．

2)库区人口结构变化及问题

(1)人口城镇化虚高

我国目前的人口城市化率是根据城市常住人口来计算的,库区城市的户籍人口与常住人口之间存在着较大的差距,易造成“半城市化”问题,影响城市化的质量。以全国为例,2012年我国的常住人口城市化率为52.6%,而户籍人口的城市化率只有35.3%,二者之间相差17.3%。常住人口和户籍人口之间巨大的差额就是我国规模庞大的在城市务工的农村剩余劳动力(或者称为“进城务工人员”)。从图2.3可以看出,近年来库区重庆段常住人口与户籍人口的城市化率之间的差距呈逐渐加大的趋势,主要表现为户籍人口远高于常住人口。

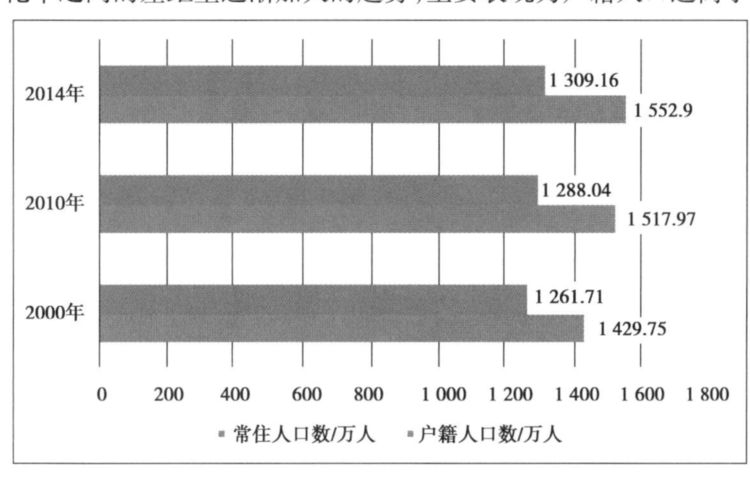

图2.3　重庆市常住人口与户籍人口变化趋势

(2)技术性人才短缺

库区原有企业迁建导致破产,使得有技术、有学历的人力资源外迁,不利于库区产业结构的转型升级。以万州区为例,2006年,重庆万州区劳动力就业者平均受教育年限达到8.2年,相当于初中二年级文化水平,比2000年提高了3.13年,但是大专学历仅占就业人口的5.45%,比2005年下降了2.8个百分点[1]。2000年三峡湖北库区人口中高中以上文化程度的只占21.31%,近80%的库区人口文化程度在初中和初中以下水平;三峡库区大专以及大专以上学历的人口只占总人口的1.2%,文盲人口却占到7.9%。[2]

(3)非劳动力人口沉淀

城乡青壮年劳动力大量外迁,儿童、少年、老年人口、残病患者、妇女等人口比重加大,加快了城乡的老龄化进程,使得城市失去发展的价值积累,社保、医疗等难以可持续发展,人的社会心理发生变异,更有甚者加大了城市发展的负担。重庆市的老年抚养比在2015年已跃居全国首位(图2.4)。以万州区为例,据相关部门统计,2006年其老年人口系数为13.2%,已

[1]　杨庆育.三峡库区建设与重庆和谐发展[M].重庆:重庆出版社,2007.

[2]　邓佑玲.关于三峡库区移民学校布局调整现状的调查[J].民族教育研究,2007(2):73-79.

经进入老龄化社会,老年抚养比高达20%[1]。

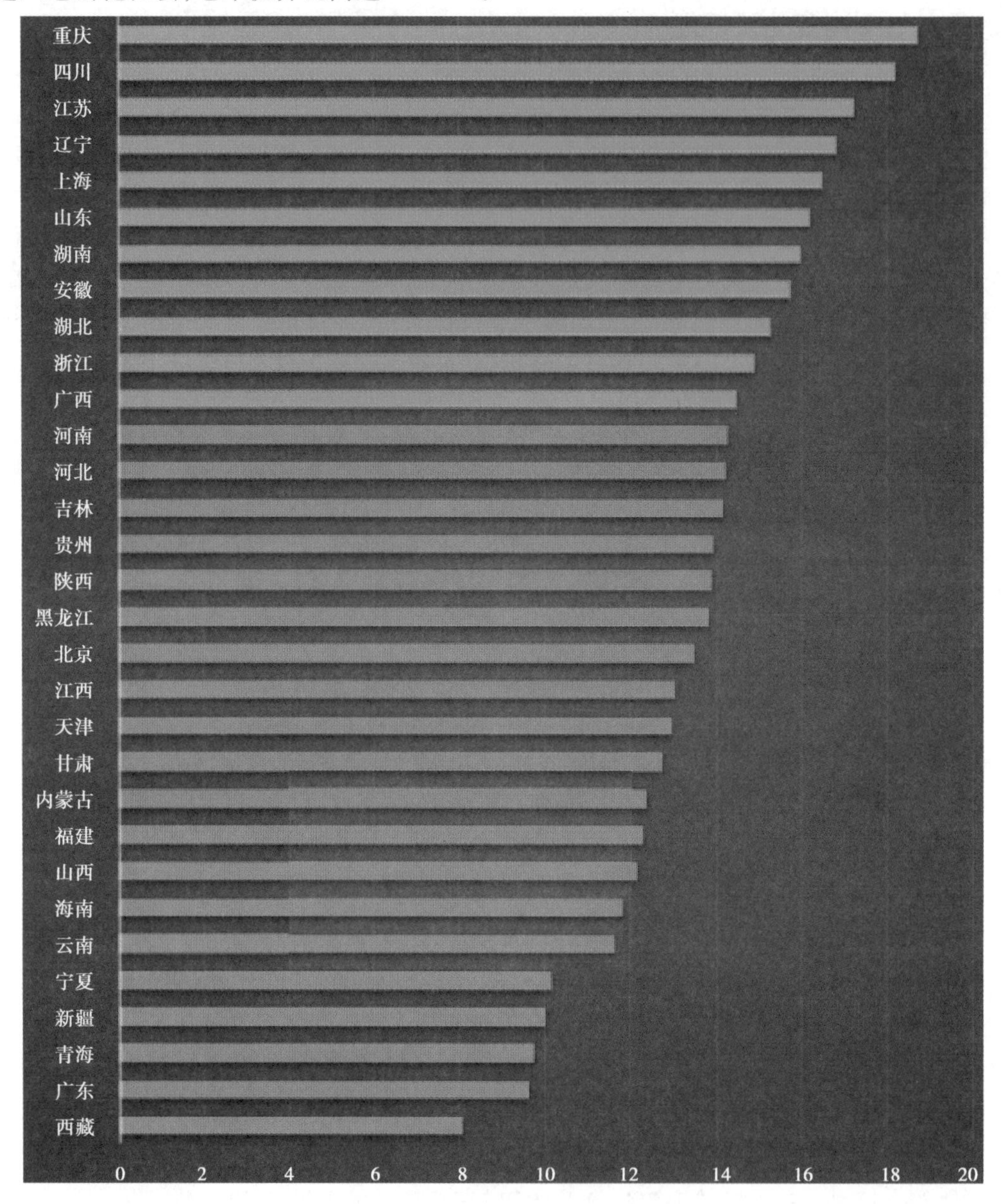

图2.4 2015年全国各省、市、区老年抚养比

[1] 数据来源:

王卫,汪锋,张宗益.基于人口特征的收入差距分解分析:以重庆市为案例[J].统计研究,2007(3):62-67.

王卫,张宗益,徐开龙.劳动力迁移对收入分配的影响研究:以重庆市为例[J].人口研究,2007(6):55-66.

2.2.2　经济城镇化:经济逐步转型,但工业化低于城镇化

1)库区经济发展及产业结构变迁

(1)经济总量发展

从2000年到2014年,库区经济总量发展迅速,其GDP由849亿元增加到6 222亿元;全社会固定资产投资由261亿元增加到539亿元;区县级一般预算收入由26亿元增加到365亿元。特别是2010年进入后三峡时代后,在相关政策的扶持下,其经济增速更为迅猛(表2.3)。

表2.3　2000—2014年库区经济总量发展一览表

年份	GDP/亿元	第二产业增加值/亿元	第一产业增加值/亿元	第三产业增加值/亿元	区县级一般预算收入/万元	全社会固定资产投资/万元
2000	849.22	377.15	184.26	274.01	261 081.00	2 611 357.00
2001	922.44	375.45	176.76	276.33	291 586.00	3 157 803.00
2002	794.81	351.93	172.52	270.96	323 921.00	4 043 901.00
2003	1 131.71	404.55	184.44	434.86	369 672.00	4 907 169.00
2004	994.45	479.11	214.53	346.40	402 494.00	6 225 330.00
2005	1 183.93	493.89	229.88	460.40	475 484.00	7 833 458.00
2006	1 353.10	595.49	234.59	523.23	589 288.00	9 746 849.00
2007	1 674.07	786.86	291.82	595.38	771 640.00	12 573 572.00
2008	2 093.97	1 059.88	322.60	711.50	1 075 939.00	16 694 334.00
2009	2 751.18	1 338.14	342.56	1 070.56	1 363 790.00	22 057 696.00
2010	3 414.12	1 779.94	388.02	1 246.18	1 955 072.00	28 607 651.00
2011	4 424.56	2 452.81	483.34	1 488.47	2 867 113.00	31 489 418.00
2012	4 969.12	2 717.66	544.23	1 707.23	3 307 524.00	38 534 665.00
2013	5 567.59	2 804.93	535.45	1 825.64	3 157 406.00	45 085 411.00
2014	6 222.24	3 026.18	518.41	1 967.97	3 651 674.00	53 944 960.00

资料来源:重庆市统计年鉴、湖北省统计年鉴及各区县统计年鉴。

(2)经济结构变化

城镇化率的跨越式发展推动了库区经济结构的转变。第一、二、三产业的比重由1992年的40:30:30[1],调整到2014年的10:57:33,第二、三产业占经济的比重由60%调整到90%,增长了30个百分点。由此说明库区经济结构由以第一产业为主转变为第一、二、三产业协调

〔1〕　蒋建东,宋红波.三峡库区城镇化发展状况及应对策略[J].人民长江,2015(19):67-70,89.

发展,并逐步向以第二、三产业为主转变,经济结构愈加合理。值得指出的是,2004 年三峡工程三期移民迁建全面展开后,工作中心开始由"搬得出"向"稳得住、逐步能致富"转移,库区大部分第二、三产业和规模以上工业企业都布局在城镇,尤其是迁建城市和县城以及一些区位条件优越的中心集镇,在这些城镇发展起来了一批环保、清洁能源、新材料、电子信息等新型工业,以及旅游业和物流业,使库区城镇的经济实力逐步增强,为库区加速推进城镇化提供了坚实的经济基础。这种经济结构的转变客观上可为移民(特别是农村入城安置移民)提供更多的就业机会,在一定程度上缓解了库区劳动力过多的矛盾。在大规模移民搬迁结束后,国家及时批准了三峡后续工作规划,使三峡库区经济在一定时期内保持了一定的高速增长,但不具有可持续性,且由于基础条件较差,工业企业的发展速度仍然落后于重庆市的平均发展速度。

2000—2014 年库区产业结构比重变化见表 2.4。

表 2.4　2000—2014 年库区产业结构比重变化一览表

年份	第一产业增加值占 GDP 比重	第二产业增加值占 GDP 比重	第三产业增加值占 GDP 比重
2000	0.22	0.45	0.33
2001	0.21	0.45	0.33
2002	0.22	0.44	0.34
2003	0.18	0.40	0.42
2004	0.21	0.46	0.33
2005	0.19	0.42	0.39
2006	0.17	0.44	0.39
2007	0.17	0.47	0.36
2008	0.15	0.51	0.34
2009	0.12	0.49	0.39
2010	0.11	0.52	0.37
2011	0.11	0.55	0.34
2012	0.11	0.55	0.34
2013	0.10	0.55	0.35
2014	0.10	0.57	0.33

资料来源:重庆市统计年鉴、湖北省统计年鉴及各区县统计年鉴。

(3)居民经济收入水平

总体来看,与移民搬迁之前相比,库区移民生活水平有所提高,基本实现了规划目标。纵向来看,库区城镇居民可支配收入、人均储蓄存款余额等指标都较搬迁前增长较多。如 2011 年重庆库区城镇移民家庭人均可支配收入为 11 207 元,同比增长 20.1%[1]。2013 年底,重

〔1〕 陈仁安,张婷,向秀美.三峡库区"四化"同步发展研究[J].经济研究导刊,2013(30):132-135.

庆市库区城镇移民人均可支配收入 17 010 元,同比增长 23.3%,增速高于全市城镇居民人均可支配收入 13.5 个百分点。通过横向比较可知:库区移民搬迁后生活水平改善幅度较地区整体水平高。1997—2007 年,重庆库区城市居民人均可支配收入增长了 1.8 倍,而重庆市同期增长水平为 1.59 倍[1],再到 2013 年库区城镇移民人均可支配收入 23 204 元,与同期全国增长水平基本一致。

2)库区工业化发展阶段及问题

(1)库区整体经济发展的工业化阶段:工业化滞后与城镇化

根据钱纳里、赛尔奎等对工业经济从不发达到成熟过程的经济发展阶段的划分,2000 年库区人均 GDP 为 5 662 元,三次产业结构为 22∶45∶33,为工业化前期阶段;2010 年为 20 565 元,三次产业结构为 11∶52∶37,为工业化中期阶段;2014 年为 36 381 元,三次产业结构为 10∶57∶33,为工业化后期阶段。但库区城镇化的发展速度快于工业化,与一般的“工业化发展快于城市化发展”的城市化发展理论观点不一致(图 2.5)[2],使得城市人口过度集中,工业化难以吸纳过多的城市人口。可见现阶段库区经济总体不发达,工业化带动城镇化的作用较小。

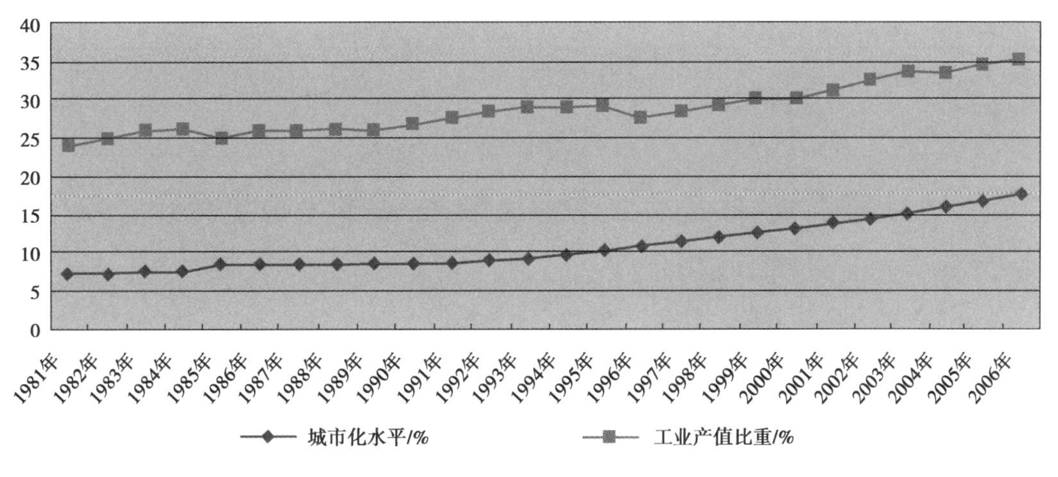

图 2.5 库区城镇化—工业产值比重变化图示

(2)库区各区县经济发展的工业化阶段

按照工业化阶段判别标准,可把库区各区县进行以下两种方式的划分。

①按人均 GDP 划分:前工业化包括丰都县、忠县、云阳县、奉节县、巫山县、巫溪县、恩施州巴东县;工业化前期包括石柱县、武隆区、万州区、开州区、宜昌市秭归县、宜昌市兴山县;工业化中期包括江津区、巴南区、渝北区、长寿区、涪陵区、宜昌市夷陵区。

②按产业结构划分:前工业化包括巫溪县、巫山县;工业化前期包括石柱县、丰都县、忠县、开州区、云阳县、奉节县、宜昌市秭归县、恩施州巴东县;工业化中期包括江津区、巴南区、渝北区、长寿区、武隆区、涪陵区、万州区、宜昌市兴山县。

〔1〕 齐美苗,蒋建东.三峡工程移民安置规划总结[J].人民长江,2013,44(2):16-20.

〔2〕 甘联君.三峡库区人口迁移与城市化发展互动机制研究[D].重庆:重庆大学,2008.

基于以上两种划分，考虑到人均 GDP 存在人民币折算成美元的过程中可能被低估的情况，对库区区县工业化阶段的综合评价划分以产业结构为主要标准，人均 GDP 为辅助标准，其 19 个区县各自的工业化阶段划分详见表 2.5。

表 2.5　库区区县工业化阶段划分一览表

发展阶段		1994 年	2010 年	2014 年
前工业化社会		秭归、巴东、忠县、巴南、石柱、云阳、巫山、巫溪、奉节、开州、武隆、丰都	—	—
工业化社会	工业化前期	兴山、夷陵、渝北、长寿、涪陵、江津、万州	巴东、秭归、丰都、开州、奉节、巫溪、云阳、石柱、巫山	巴东、秭归、奉节、巫溪、云阳、巫山
	工业化中期	—	兴山、夷陵、江津、忠县、武隆	兴山、夷陵、丰都、江津、忠县、石柱、开州、武隆
	工业化后期	—	巴南、渝北、长寿、涪陵、万州	渝北、长寿、涪陵、万州
后工业化社会		—	—	巴南

资料来源：根据相关资料整理。

2.2.3　社会城镇化：社会事业逐步复苏、生活水平稳步提升

1）库区居民消费结构分析

从经济城镇化的相关分析可看出，库区城镇居民的人均可支配收入得到了大幅度的提升，由于收入水平决定消费水平，故而库区居民的消费内容和消费结构也发生了较大变化。以恩格尔系数来对库区居民消费结构和富裕程度进行衡量，并将三峡库区与重庆市及全国进行比较（图 2.6，表 2.6），可以看出，从三峡工程建设时期到后三峡时代，库区居民生活水平普遍提高，居民家庭恩格尔系数总体上呈现出下降趋势，但其间略有回升。

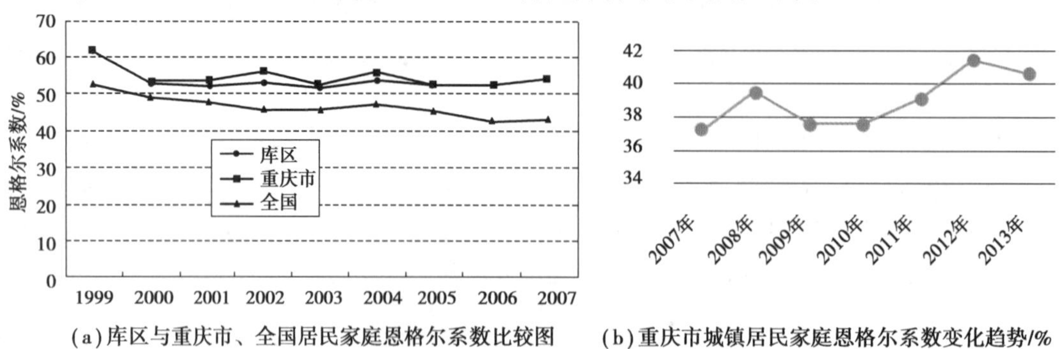

(a)库区与重庆市、全国居民家庭恩格尔系数比较图　(b)重庆市城镇居民家庭恩格尔系数变化趋势/%

图 2.6　库区与重庆居民市恩格尔系数变化图

表 2.6 全国和重庆市城市居民家庭恩格尔系数变化数据

地 区	1994 年	2000 年	2010 年	2014 年
全国	50%	39.40%	35.70%	31%
重庆市	51.90%	42.20%	37.60%	34.50%

资料来源:中国统计年鉴、重庆市统计年鉴。

随着库区居民收入水平的提高及家庭消费结构的优化,库区居民在教育、医疗及文化娱乐等方面的支出也逐渐增多,车辆的购买量也逐渐攀升。以宜昌市为例,其车辆保有量从2000 年的 5.8 万辆,增至 2014 年的 86.3 万辆,14 年翻了近 14 倍。由此可见,库区对教育、医疗、文化娱乐及停车场等社会基础设施的需求巨大。

2) 库区社会事业发展分析

库区移民搬迁及城镇迁建,使得库区城镇百废待兴、社会生活有待重构。在国家政策的扶持下,库区社会经济发展,使得库区社会事业有了长足的进步。但由于库区长久以来经济欠发达、地少人多以及国家在三峡工程论证期间对库区社会事业投入较少等原因,社会事业基础较为薄弱,存在设施缺失、管理体制落后、专业人才缺乏等问题,导致库区社会事业发展较为缓慢,滞后于经济发展步伐。[1] 但进入后三峡时代,以人为本的新型城镇化对社会福利事业投入的重视程度逐渐加大,其支出比重逐步增大(表 2.7,图 2.7),库区社会事业开始迅速发展。

表 2.7 库区教育、医疗及社会保障支出占 GDP 比重的变化一览表

年份/年	教育支出占 GDP 比重 /%		医疗卫生支出占 GDP 比重 /%		社会保障和就业支出占 GDP 比重/%	
	三峡库区	重庆市	三峡库区	重庆市	三峡库区	重庆市
2010	2.32	3.03	1.01	1.20	1.79	2.99
2014	2.29	3.30	1.52	1.73	1.73	3.53

资料来源:重庆市统计年鉴、湖北省统计年鉴及各区县统计年鉴。

(1) 教育事业虽仍存问题,但持续稳步发展

库区教育事业越来越受重视,虽然源于 GDP 的迅猛增长,其支出占 GDP 比重由 2010 年的 2.32% 降为了 2014 年的 2.29%,但教育支出由 2010 年的 79.33 亿元,提升为 2014 年的 142.57 亿元,同比增幅达到了 79.72%。九年义务教育在库区内基本普及,小学在校学生数 2010 年有 91 万人,但到 2014 年仅有 90.6 万,普通中学在校学生数 2010 年有 87.6 万人,但 2014 年减少至 75.4 万人,这与生育率下降有关;高等院校及职业技术学院亦实现了跨越式发展,重庆三峡学院(宜昌市西陵区)、重庆海联职业技术学院(渝北区回兴街道)、重庆信息技

[1] 甘联君.三峡库区人口迁移与城市化发展互动机制研究[D].重庆:重庆大学,2008.

术职业学院(万州区金龙平湖路)、重庆工程职业技术学院(江津区滨江新城)、重庆工业职业技术学院(渝北区)、重庆三峡职业学院(万州区科龙路)、重庆市重庆正大软件职业技术学院(巴南区)、长江师范学院和涪陵职业技术学院等技术学校的相继办学,丰富了库区高等教育种类。但库区教育结构仍稍欠合理,由于普通教育与职业教育的比例较为失调,库区基本只有"小学、初中、高中"的纵向结构,而没有形成"多种类+多层次+多形式的"教育网络,教育事业呈现出单一化、起步早、发展慢、规模小、效益差等特点。[1]

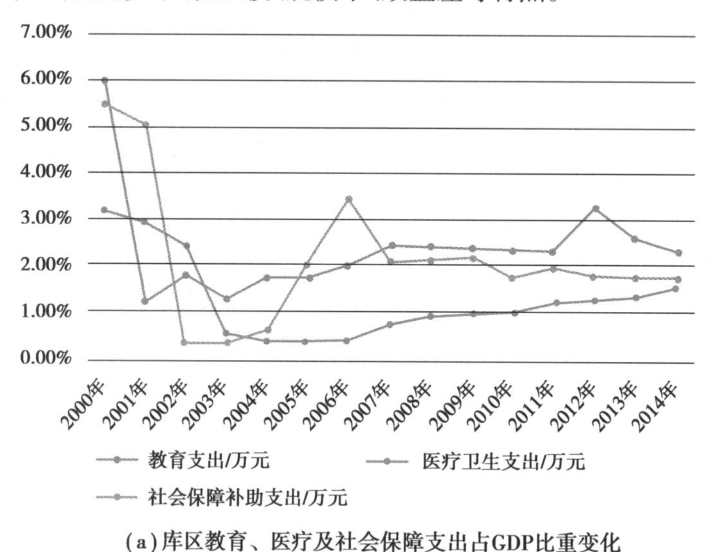

(a)库区教育、医疗及社会保障支出占GDP比重变化

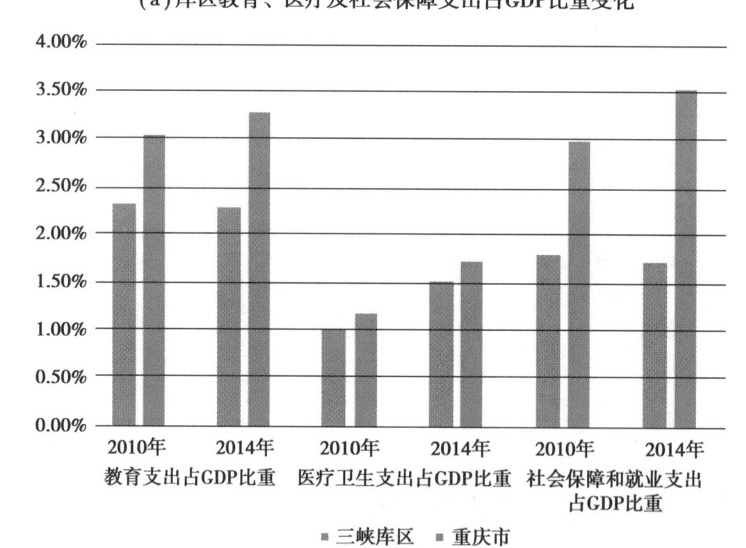

(b)库区及重庆市教育、医疗及社会保障支出占GDP比重

图2.7 库区教育、医疗及社会保障支出占GDP比重的变化

(2)医疗卫生体系建设改善居民就医条件

库区医疗卫生事业建设投资增多,其支出占财政支出比重由2000年的27亿元提升为2010年的34.69亿元,2014年达到了94.54亿元;其支出占GDP比重亦由2000年的3.17%

〔1〕 马文斌,文传浩,曹军辉.三峡库区基本公共服务均等化研究[M].北京:科学出版社,2016.

下降为2010年的1.01%,2014年达到了1.2%,但与重庆市同期相比较,依然有较大差距。基本养老保险逐步完善,医疗保险稳步推进。随着医疗救治体系、疾病预防控制体系及农村基层医疗卫生体系的相继建设,库区医疗卫生机构数由2000年的2 245个增加到2010年的3 726个,到2013年达到了9 926个。库区整体医疗卫生水平得到提高,库区居民就医条件明显改善。

(3)文体事业建设步伐加快

截至2008年底,库区11个移民迁建区县的23个县级文化馆、图书馆迁建项目全部启动,已建文化站627个。[1] 到2014年,除了涪陵区有2个公共图书馆以外,其他区县均为1个,馆内藏书也由2001年的170万册提升为2014年的299.37万册。库区重点文物得到了及时抢救发掘和保护;广播电视覆盖率除石柱县外,其他区县都达到了100%或者接近100%;体育娱乐事业亦得到了全面发展。

(4)社会福利事业保障范围有所扩大,社会保险体系初步建立

2002—2012年,全库区的社会保障和就业支出水平年均增幅为45.52%,人均社会保障支出水平年均增幅为44.59%。社会保障补助支出2010年为61.42亿元,2014年提高至107.55亿元;社会福利收养单位2010年为41 198个,2014提高至78 407个。

2.2.4　生态环境城镇化:生态破坏型转向生态保护型

库区地处扬子准地台构造单元,位于大巴断褶带、川东断褶带和川鄂湘黔隆起褶皱带的交汇处。受地质构造控制,库区内地势沟壑崎岖、峰峦溪河密布,呈现出东部高、中西部低的层状地貌,并逐级往长江河谷倾降。库区的基本地貌包括山地、丘陵、台地及平地,其中山地和丘陵占总面积的70%以上。此外,库区水资源丰富,总计有流域面积大于50 km^2 的河流约374条;植被及生物多样性丰富度极高,且珍稀濒危物种较多;矿产资源丰富,具有显著的开发组合优势。总体来说库区原始自然生态良好,但十分脆弱。

作为生态环境脆弱区域,三峡工程导致的大规模、高强度的城镇搬迁建设和经济开发等工程活动对库区的生态环境带来了一定的破坏,同时也影响到生态环境容量和地质稳定性,在国家、重庆市和湖北省政府投入大量的人力物力改善后,虽然相关问题仍然存在,但库区环境恶化趋势得到初步控制,生物多样性保护、水污染整治、地质灾害防治、水土流失治理及退耕还林等不良状况有所好转。由于基础条件的复杂性,在人类活动、库区蓄水与地质环境达到新的平衡之前,须坚持加强地质灾害防治及生态环境保护工作。

1)自然环境保护与产业发展的矛盾

(1)特殊自然条件使产业发展受限

一方面,由于库区地质结构复杂,其水土流失和石漠化现象严重,旱涝等自然灾害频发,如伏旱发生率高达60%~80%,常持续超过30天。同时库区农田水利设施缺弱导致农田蓄

---

[1] 甘联君.三峡库区人口迁移与城市化发展互动机制研究[D].重庆:重庆大学,2008.

水能力较差,保灌面积比例不到50%,“靠天吃饭”的传统农业在满足居民基本生存需要之后,难以积累起剩余财富支撑产业升级。另一方面,库区山地和丘陵居多导致一些新建县城被迫向山内迁移,如巴东新县城就因地质灾害而两度搬迁,而因缺地使其缺乏发展工业的必要空间承载条件,用地条件的艰巨使得基础设施投入成本过高,导致基础设施薄弱,使得库区产业招商引资困难重重,严重制约其经济的发展。

(2)产业发展导致水污染防治困难仍存

作为水体敏感区,库区近1.5亿总人口产生的生活污染,与农业污染、工业污染相交织,使得库区水体污染严重。三峡迁建前,多数城镇没有污水和垃圾处理设施,两岸城镇和游客排放的污水和生活垃圾都未经处理直接排入长江。由于蓄水导致的水流静态化,回水区水流减缓引起扩散能力减弱,污染物无法及时下泄而蓄积在水库中,使库区近岸水域及库湾水体纳污能力下降,造成了水质恶化和垃圾漂浮;加之移民开垦荒地及农业发展,不仅加剧了水体污染,更衍生出水土流失。特别是库区重庆段污染问题有七成是农业生产以及城镇生活对环境造成的污染,并超过了工业污染水平。随着“青山绿水”工程的实施,城镇绿化覆盖率达37%;县城和部分集镇开始采用雨污分流制,并建设了污水处理厂和垃圾处理厂,城镇生活污水集中处理率超过70%,城镇生活垃圾处理率更是达到了90%以上[1],库区环境污染问题有所缓解。

随着2001年11月《三峡库区及其上游水污染防治规划》的批复,一些污染严重的工矿企业在三峡工程建设期间被关、停、并、转,对库区生态环境保护有一定效果。但基于库区经济发展的需求,一大批重化工产业相继在万州、长寿、涪陵等城区落地壮大,由于粗放的经济增长方式,工业污水及固体废物无害化处理低,加之环保历史“欠账”多以及技术、政策、资金、管理等原因,随着大量产业项目陆续实施,库区污染负荷还将继续加重。

2)地质灾害防治与城镇建设的矛盾

(1)水土流失严重,防治工作需重视

库区城镇适宜建设用地少,导致局促的可用土地长期超负荷承载密集的人口,人地矛盾突出;库区农村土地环境容量亦严重不足,移民搬迁后人均耕地只有0.051 3 hm^2,扣减25°以上坡耕地后,人均耕地仅为0.036 hm^2。库区“人多地少”的基础性矛盾比三峡工程建设前更为突出。而库区居民的生态保护意识不强,加之部分区县执法监管乏力,山区农民大面积毁草地开荒及坡地越垦越多,致使库区水土流失面积高达60.5%,其中强度和极强度侵蚀面积达50%以上[2],这使得水土流失不仅成为库区生态环境保护中尤为突出的问题,也让下游地区深受其苦。

(2)地质灾害频繁,城镇选址需谨慎

由于所处的地质构造和地貌环境的复杂性,库区的地质灾害主要表现为:崩塌、滑坡和泥石流。随着三峡工程建设过程中的大规模开山动土以及不断增加的其他人类工程活动,造成

〔1〕 数据来源于《三峡工程移民安置规划总结》及《三峡库区城镇迁建总结性研究》。

〔2〕 杜榕桓,史德明,袁建模,等.长江三峡库区水土流失对生态与环境的影响.[M]北京:科学出版社,1994.

库区周围的建筑裂缝、山体滑坡加剧，地质灾害发生较为频繁和严重。虽然通过《三峡库区地质灾害防治总体规划》[1]的规划实施，有效地降低了部分地质灾害隐患，但从库区 175 m 试验性蓄水以来，截至 2010 年 5 月，新生突发地质灾害增多，其中形变或地质灾害灾（险）情 132 起，塌岸 97 段长约 3.3 km，紧急转移群众近 2 000 人[2]。地质灾害的隐患造成多数库区城镇常年受滑坡、坍塌的影响，尤以巫山和奉节的县城最为突出：其地形地貌坡度大、沟谷多，且地质差，规划建设区内仅滑坡就有四十多处，陡峭地貌造成所修道路和场坪不论大小均形成高切坡、高边坡，治理难度大；地质破碎，掘进十几米见不到基岩，可用地系数仅在 40% 以内[3]。因此，在城镇规划选址时，需要对所选地进行详细的地质灾害评价及预测，而急促的搬迁过程造成许多城镇在复建中遭遇到次生地质灾害，如成库之初秭归县的沙镇及溪镇搬迁滑坡移民近 300 户；巴东县黄土坡和奉节县宝塔坪都由于严重滑坡，使新县城不得不易址，从而造成巨大的经济损失。此外，对可能发生的地质灾害也要密切关注和及时处理，如奉节县安坪镇藕塘出现了较明显的整体滑坡变形，有整体复活的迹象。

2.2.5　土地空间城镇化：移民政策迁建型过渡至人居环境改善型

1）土地利用开发现状

（1）库区土地利用种类分析

利用 ArcGIS 10.0 对 2012 年库区土地开发利用数据进行分类统计（表 2.8），城市建设用地较多的区县有长寿区、江津区、涪陵区、万州区、恩施州巴东县及宜昌市秭归县，耕地是长寿区、江津区及忠县较多（图 2.8）。库区地质条件复杂、土地资源稀缺，居住用地和生产用地十分稀缺，制约发展空间、人地矛盾突出。

表 2.8　库区 2012 年土地开发利用面积统计分类一览表

参数	建设用地	耕地	林地	草地	未利用地	水域
面积/km^2	1 623.60	21 528.46	31 317.76	1 396.55	21.35	1 509.90
比例/%	2.83	37.51	54.56	2.43	0.04	2.63

资料来源：陈海燕，等. 三峡库区发展概论[M]. 北京：科学出版社，2016：96.

（2）问题：土地资源稀缺，人地矛盾突出

就耕地而言，三峡工程开建前，库区人均耕地仅为 0.78 亩（1 亩 = 666.67 m^2），较全国人均耕地少 0.55 亩左右，库区蓄水后淹没耕园地共计 41.83 万亩[4]，且库区移民迁建工程也占用了大量土地。据相关数据显示，截至 2000 年库区重庆段淹没土地共计 70 万亩，其中耕地

[1]　国务院于 2002 年 1 月 25 日批复同意（国三峡办发规字〔2001〕127 号）。

[2]　李峰，张效亮，刘华国. 重庆市主要构造地震危险性评价[J]. 地震地质，2013，35（3）：518-531.

[3]　甘联君. 三峡库区人口迁移与城市化发展互动机制研究[D]. 重庆：重庆大学，2008.

[4]　齐美苗，兰荣蓉，李文军. 三峡工程移民安置规划工作总结与启示[J]. 人民长江，2015（19）：62-66.

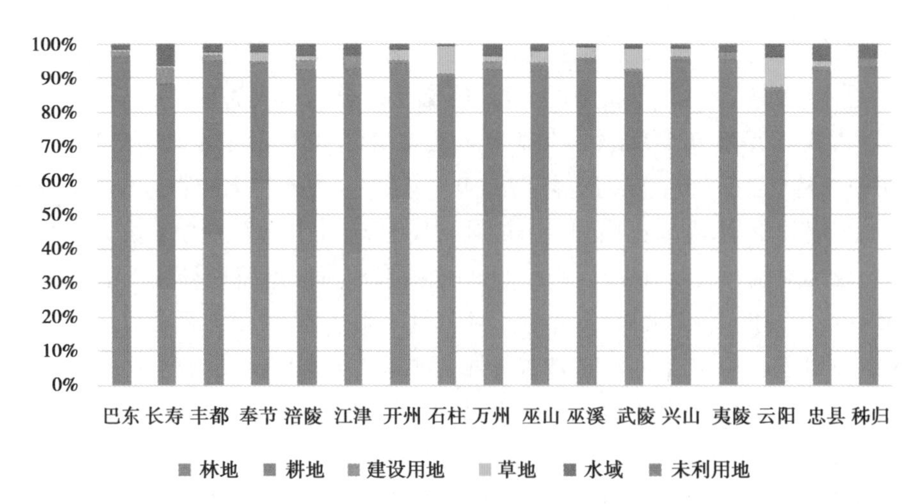

图 2.8 2012 年库区各区县土地开发利用面积

30 余万亩，而 1996 年其人均耕地仅为 0.69 亩，虽经过土地开荒整理，2003 年上升为 0.92 亩，但仍只及全国平均水平的 75%[1]，远低于联合国规定的最低警戒线 0.8 亩/人，且库区平地少、坡地多，水田少、旱地多，成片地少、零星地多、山高坡陡、土地瘠薄，土地生产条件差，农民为增加产出不得不深度垦殖，复种指数高达 225%，对生态环境的破坏力巨大。以万州区为例，作为库区移民迁建任务最重的区县之一，库区蓄水后导致淹没各类土地 4 万多亩，三峡工程建设前原来人均耕地已不足 1 亩，2000 年总人均耕地 0.59 亩，2005 年总人均耕地 0.51 亩[2]，2011 年总人均耕地 0.06 亩[3]，耕地面积严重不足。

就城市建设用地而言，由于要保证耕地面积及质量不得不重新平整地质复杂的山坡用地，不仅存在地质隐患，还导致开发成本高。库区人口密度为 320 人/km^2，已远高出全国水平，库区重庆段人口密度更高达 391 人/km^2。范月娇[4]、唐晓平[5]等通过建立数量经济模型，对库区土地资源的人口承载力进行量化研究，一致认为库区土地人口过载。以库区首淹首搬的巫山县为例，其新县城建设规模为 6 km^2，其中 3.79 km^2 的移民迁建用地实际可建用地不足 2.68 km^2。[6]

2）城镇迁建情况简述

三峡工程的建设导致库区受淹城市 2 座、县城 10 座、集镇 116 个（建制调整后为 114 个），其中既有万州、涪陵等中型城市（按受淹时城市规模进行统计）；也有一般小场镇，以县城、建制镇、乡集镇居多。移民搬迁过百万，其中移民迁移线下城镇总人口 52.35 万人（县城 39.56 万人，集镇 12.79 万人），占三峡库区淹没总人口的 61.77%。由于库区迁建的城镇多是其周边区域的政治经济文化中心，17 年的规划迁建，不仅涉及区域中心重建、经济格局重组、交通网络调整，更对三峡库区社会、经济、文化等发展产生深远影响。

---

〔1〕 黄勇．三峡库区人居环境建设的社会学问题研究[D]．重庆：重庆大学，2009.

〔2〕 数据来源于《重庆市万州区农业和农村经济情况分析（2005 年综合数据）》，重庆市万州区农业局。

〔3〕 张玉启，郑钦玉．三峡库区农业面源污染控制的生态补偿政策研究[J]．农机化研究，2012，34(1)：230-233.

〔4〕 范月娇．三峡库区的土地人口承载力[J]．国土与自然资源研究，2002(3)：10-12.

〔5〕 唐晓平，舒克盛．长江三峡地区人口承载力与库区移民拓展[J]．重庆工商大学学报，2007，17(3)：42-45.

〔6〕 甘联君．三峡库区人口迁移与城市化发展互动机制研究[D]．重庆：重庆大学，2008.

(1)城镇迁建阶段

三峡库区城镇淹没程度和特点不尽相同,淹没影响也各有不同。因此,根据受淹城镇淹没程度、淹没特点及淹没影响,在综合考虑本区域的经济社会及交通、资源等各种因素后,归纳起来库区采用的搬迁方式主要有4种(表2.9):

①后靠建设。这类城镇主要是部分受淹,且主体功能区基本完整保留,如万州、涪陵均是部分受淹城市,也都是采取就近后靠建设;后靠建设可以最大限度地实现新老城镇紧密结合,降低淹没损失,加快建设进度,迅速恢复城镇功能。

②易地迁建。全部受淹或大部分受淹的城镇,在该城镇所辖区内或经济腹地范围内择址重建,如丰都、巫山、兴山、秭归等县城均是如此;易地迁建赋予了选址更大的灵活性,可以在本区域内选择建设条件好的新址,如丰都县城迁到老县城的长江对岸地形开阔地,也可以选择区位条件优越的新址,如秭归县城从原归州镇迁至区位条件更好的三峡大坝右岸的茅坪。

③合并建设。本行政区域内全部或大部分受淹而基本丧失功能的城镇,合并到发展前景好的城镇,如云阳县的云安镇、双江镇并入云阳县城,巫山县的龙柱、洋溪并入大昌镇;合并建设可以迅速壮大中心城镇,提高聚积效应。

④工程防护。如兴山县的高阳镇,采取原址垫高回填就地重建的方式完成迁建;工程防护可以缓解用地紧张。[1]

表2.9 库区部分县城移民迁建规划一览表

城镇	受淹类型	受淹人数/人	迁建人数/人	迁建用地/hm^2	迁建投资/亿元	迁建方式及选址	迁建规划图
长寿	半淹	3 896	6 127	42.81	1.02	县城北部黄葛湾	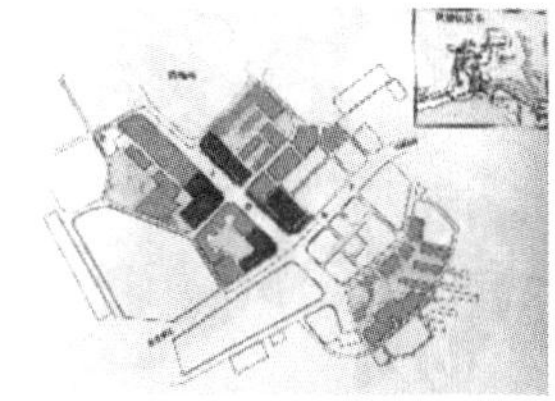
涪陵	半淹	36 301	60 684	491	10.87	就近后靠	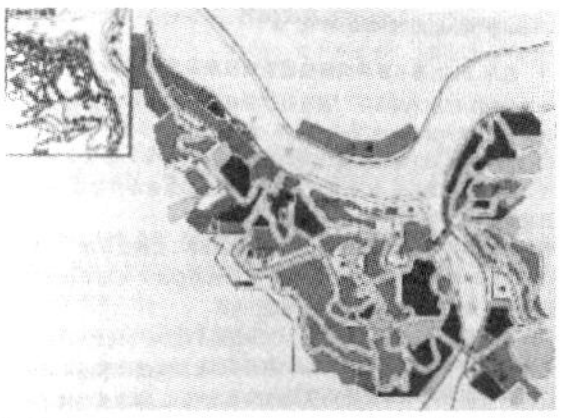
忠县	半淹	19 337	30 639	214.5	4.55	后靠东移	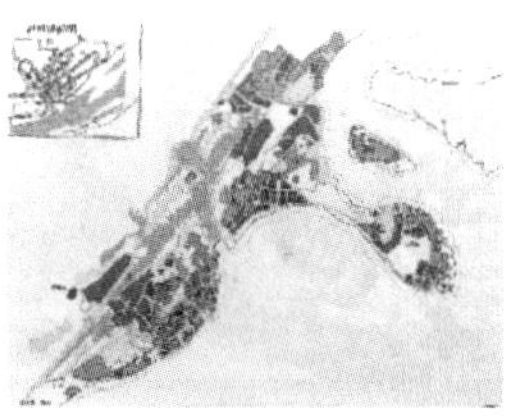

〔1〕 蒋建东,宋红波.三峡库区城镇化发展状况及应对策略[J].人民长江,2015(19):67-70,89.

续表

城镇	受淹类型	受淹人数/人	迁建人数/人	迁建用地/hm^2	迁建投资/亿元	迁建方式及选址	迁建规划图
万州	部分受淹	113 443	182 478	1 425	31.85	就近后靠,龙宝靠旧城、天成靠周家坝、五桥跨江至百安坝	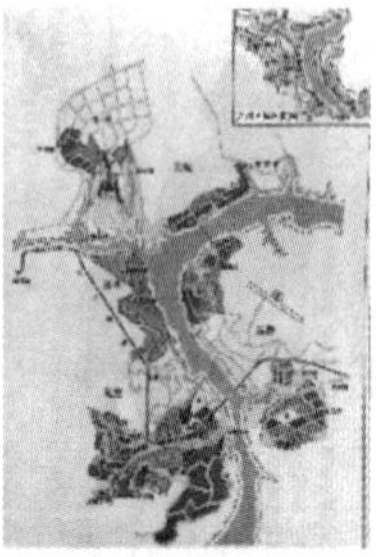
开州	全淹	41 667	70 079	490.6	12.9	南河南岸安康村	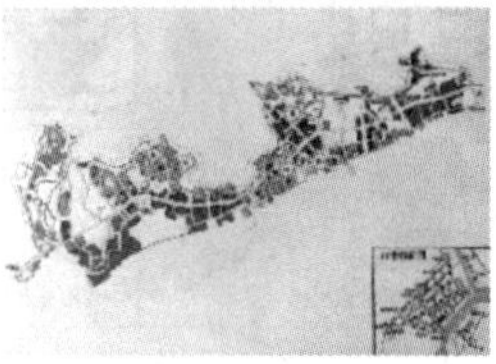
云阳	全淹	30 202	65 049	462	10.21	合并建设,新城三镇合一迁往双江镇	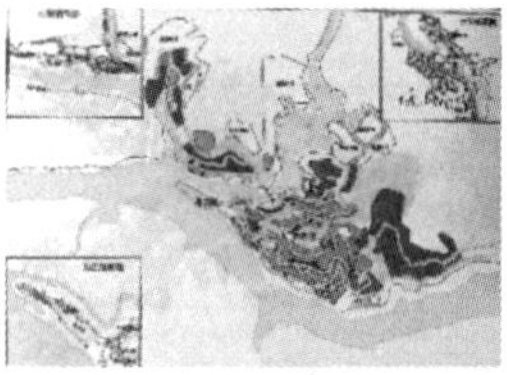
奉节	全淹	38 359	64 172	454.2	11.07	易地迁建,长江北岸头道河至宝塔坪	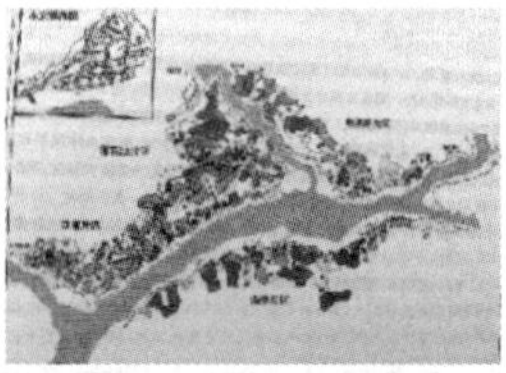
丰都	全淹	33 791	50 792	356	8.66	易地迁建,长江南岸王家渡	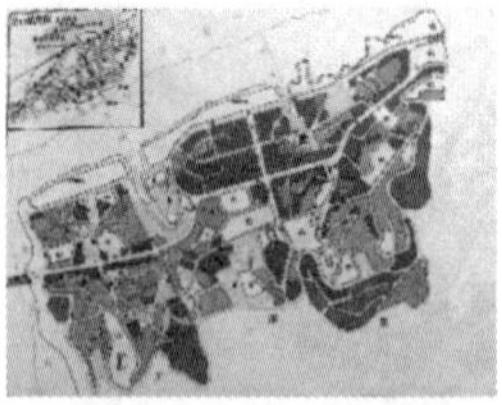
巫山	全淹	20 183	37 458	270.7	5.87	易地迁建,西坪大宁河西岸	

图纸来源:蒋建东.三峡库区城镇迁建总结性研究[M].武汉:长江出版社,2012.

数据来源:重庆市城市总体规划修编领导小组.重庆市城镇体系规划总结报告[Z].2000:100.

(2)城镇总体规划阶段

移民迁建的城市和县城，在当地政府组织编制的城市总体规划指引下，提纲挈领地总览城市建设大局，制订城市发展战略，明确城市性质，指引城市发展方向，确立近远期建设目标和空间布局、规划年限及人口和用地规模，安排近远期建设用地。此后，根据《长江三峡工程水库淹没处理及移民安置规划大纲》和相关政策法规、技术标准开展移民迁建区的详细规划。总体规划与移民迁建详细规划是两个不同的规划阶段，总体规划既考虑城镇的远期发展，也安排了近期建设计划(主要是移民迁建部分)。远期规划期限一般为20年，它是宏观的、指导性的。移民迁建详细规划以移民安置为主要目标，兼顾近期发展，其规划期限根据三峡工程施工期分期蓄水时段和受淹城镇高程综合确定。集镇由于规模较小，除重要的或规模较大的建制镇开展了总体规划外，一般直接进行移民迁建详细规划，但在规划中综合考虑了集镇的远期发展，特别是在基础设施的规划指标制订上，较之迁建前有较大的提升，且与同期国家标准相比，也普遍偏高(表2.10)。

表2.10　库区迁建城市县城基础设施规划标准与迁建前对比表

县(市)名	人均用地面积/(m^2·人$^{-1}$)			主干道路红线宽/m		人口规模/人		用地规模/hm^2	
	淹没前	规划	国家标准(GB 137—90)	淹没前	规划	淹没前	规划	淹没前	规划
秭归	57	70		8	20	13 997	20 476	79.78	143.33
巴东	42	70		8	18	19 164	29 200	80.99	204.4
兴山	59	70		12	20	11 180	149 301	65.96	104.51
巫山	50	70		10	20	20 183	37 485	100.92	263.4
奉节	37	70		12	20	40 205	66 018	148.76	462.13
云阳	44	68	60 ~ 75	9.5	20	42 585	65 049	187.37	455.34
万州	53	78		18	24	113 443	182 925	601.25	1 426.82
开州	53	70		18	20	44 098	70 079	233.72	490.55
忠县	43	70		12	20	13 337	30 639	57.35	214.47
丰都	33	70		14	24	33 791	49 593	111.51	347.15
涪陵	54	80		18	24	37 341	62 198	201.64	497.58
长寿	49	70		16	35	3 896	6 127	19.1	42.89

资料来源：蒋建东.三峡库区城镇迁建总结性研究[M].武汉：长江出版社，2012.

3)迁建前后城镇建设对比

库区城镇迁建在1999年前定的移民安置标准为："移民和安置区人民的生产和生活条件较现状有一定的提高，并有奔向小康的条件。"在当时的经济水平及时间限制下，库区城镇迁建规划既要合理地确定和控制集镇规模，又要充分保证集镇的发展弹性，还要保证集镇能够顺利地搬迁安置,并为搬迁安置后的长远发展奠定基础。因此,最先在确定的搬迁安置的人口规模和用地规模基础上,规划建设恢复和改善城镇整体功能,生态环境已有所改善,产业结构逐步优化,经济实力提升较快,移民生产生活水平整体上得到了发展和提高。这在笔者的走访中,得到了大多数移民,特别是中老年移民的肯定。

由于地形地质条件和历史原因,库区 129 个受淹城镇(建制调整后为 126 个)[1]在迁建前均存在空间规模小、人口密度大、道路交通拥挤、基础设施配套较差以及城乡规划滞后造成的空间布局不合理、功能分区不明确等问题。受三峡工程建设的推动,移民城镇新址占地面积比淹没面积平均扩大 2 倍多,人均用地由 30 ~ 40 m^2 增至 70 ~ 80 m^2;主干道道路红线宽度由原来的 10 ~ 15 m 增加至 20 m 以上;城镇市政公共设施得以大幅改善;学校、医院、环卫设施、园林广场、市场等公共服务设施配套齐全[2]。城镇人居环境整体水平得到了发展与提高。

具体来看,对 12 个区县的城镇常住人口及建成区面积进行迁建前后的对比可发现,迁建城镇均以搬迁为机遇,快速扩大空间规模,加速推进土地城镇化。建库以前库区城镇人均用地不足 40 m^2,如云阳仅 28 m^2/人、奉节 29 m^2/人、丰都和忠县都是 37 m^2/人、巫山 42.5 m^2/人。建库以后按照移民大纲城镇人均用地 75 ~ 85 m^2/人的安置标准,常住人口规模较搬迁前增加了 2.58 倍;建成区面积较搬迁前扩大了 5.52 倍。具体见表 2.11。

表 2.11　库区迁建城市(县城)常住人口及建成面积一览表

区　县	城市(县城)建成区常住人口/万人		城市(县城)建成区面积/km^2		人均城市(县城)建成区面积/(m^2 · 人$^{-1}$)	
	1992 年	2013 年	1992 年	2013 年	1992 年	2013 年
三峡库区合计	78.81	282.54	39.73	259.20	50.41	91.74
湖北库区小计	5.20	16.24	2.85	15.99	54.81	98.46
秭归县	1.50	7.17	1.00	7.80	66.67	108.79
兴山县	1.55	3.45	0.95	3.17	61.29	91.88
巴东县	2.15	5.62	0.90	5.02	41.86	89.32
重庆库区小计	73.61	266.3	36.88	243.21	50.10	91.33
巫山县	3.40	8.50	1.70	5.82	50.00	68.47
奉节县	4.20	17.20	1.56	9.50	37.14	55.23
云阳县	2.18	19.80	1.40	14.63	64.22	73.89
万州区	24.14	80.30	13.03	57.60	53.98	71.73
开州区	4.70	22.00	2.50	22.00	53.19	100.00

[1] 其中受淹城市 2 座、县城 11 座(原万县合并到万州区后为 10 座)、受淹集镇 116 个(建制调整后为 114 个)。

[2] 蒋建东. 三峡库区城镇迁建总结性研究[M]. 武汉:长江出版社,2012:131.

续表

区 县	城市(县城)建成区常住人口/万人		城市(县城)建成区面积/km^2		人均城市(县城)建成区面积/(m^2·人$^{-1}$)	
	1992 年	2013 年	1992 年	2013 年	1992 年	2013 年
忠县	6.20	18.00	2.64	13.03	42.58	72.39
丰都县	3.79	10.50	1.12	12.50	29.55	119.05
涪陵区	14.50	43.10	7.80	55.30	53.79	128.31
长寿区	10.50	46.90	5.13	52.83	48.86	112.64

资料来源:

①1992 年:蒋建东. 三峡库区城镇迁建总结性研究[M]. 武汉:长江出版社,2012.

②2013 年:各区县规划局。

4)问题:城镇人地矛盾突出,物质形态扩张平原化

由于库区建设用地较少,城镇规模扩张受限,而随着人口城镇化的加速发展,城镇人地矛盾日益凸显。除去历史原因,三峡库区移民导致的长江沿岸稠密人口的后靠安置,加重了后靠安置地的人口密度。库区 19 个县市区总面积 5.6 万 km^2,人口约 1 590 万人,人口密度为 283.9 人/km^2,不仅高于西部,而且比中部地区的 262.2 人/km^2 还要高出 21.7 人/km^2,比邻近的宜昌市要高出 91.1 人/km^2。而根据表 2.11 数据显示,2013 年库区 12 座迁建区、县建成区人口密度高达 1.1 万人/km^2,中心城区平均建筑容积率达 2.1,最高容积率更高达 6.8,远高于 1.5 ~2.5 的国家标准,人口密度和建筑密度过大导致的发展空间不足、空间超载严重等问题已逐渐成为危及城镇安全的严重问题。

相比于平原城镇形态主要受制于经济社会的影响力,库区山地城镇形态是顺应地形地貌和生态系统等自然力的影响,其城镇建设形态大致可分为水平切割、垂直梯度和综合引导等 3 种类型(表 2.12)。但三峡工程开工以来,由于土地资源的短缺及扩张压力的严峻,山地城镇顺应自然生长的扩张方式,被现代化、计划性的工程模式取而代之,这不仅造成库区城镇建设不再考虑沟谷山体对自然地形的切割作用及坡面垂直梯度的限制引导,将山地简化为平地予以利用而导致平原化建设倾向,也导致自然生态环境的人工化模式。[1] 因此,山地城镇形态不仅对库区城镇特有形态内涵破坏严重,更是有着严重的生态问题隐患。

随着三峡工程完结,后三峡时代库区发展目标的改变,新型城镇化对库区经济社会发展以及城镇基础设施、社会基础设施和城镇安全等方面提出了新的要求。由于受限于历史条件,库区移民基础设施和社会基础设施虽较搬迁前有很大的提高,但配建标准偏低、整体功能仍显不足,难以适应新形势下经济社会的发展及移民群众对提高生活质量的新期待。截至 2013 年底,库区迁建城市、县城人均道路面积 7.1 m^2,不足全国平均水平的一半;部分城镇应急避险能力建设不足,只有一条对外安全出口通道,且等级低,存在安全隐患;生均校舍面积

[1] 黄勇. 三峡库区人居环境建设的社会学问题研究[D]. 重庆:重庆大学,2009.

4.3 m^2，每千人拥有卫生机构床位数3.4张，低于全国平均水平〔1〕。由于城镇社会基础设施和公共服务不配套、不完善，大量农村转移人口难以融入城镇社会，直接影响到库区城镇化推进。

表2.12　基于自然力作用的三峡库区城镇形态变迁一览表

类　型	自然力作用方式	城镇结构及变迁特点	典型城镇	图　示
水平切割型	平坦地受到山体、河流的水平切割	静态结构：平坦用地是城镇建设用地的主体，坡地作为辅助，山体、河流成为限定建设用地发展的生态边界。空间肌理为格网型，建筑天际线相对平缓 变迁结构：城镇形态在生态边界内以团状方式集中紧凑发展，溢出生态边界后则以组团、星座、带状等方式发展，并可能变型为综合引导型	宜昌、丰都、石柱、秭归、兴山、巫溪、开州	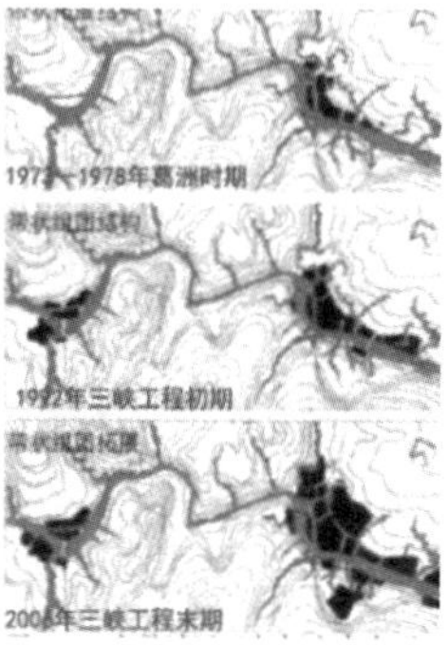 宜昌水平切割型
垂直梯度型	山坡地受到山体、河流的垂直限定	静态结构：山坡地是城镇建设用地的主体，顺应坡面、山梁（谷）呈阶梯状布局。空间肌理以带型或自由网络型为主，建筑天际线变化丰富 变迁结构：根据坡向、坡度、高程以及水位变化等坡降因素，城镇形态多以带状、树枝状等方式扩展，并有可能变型为综合引导型	巴东、云阳、西沱、归州、奉节、忠县	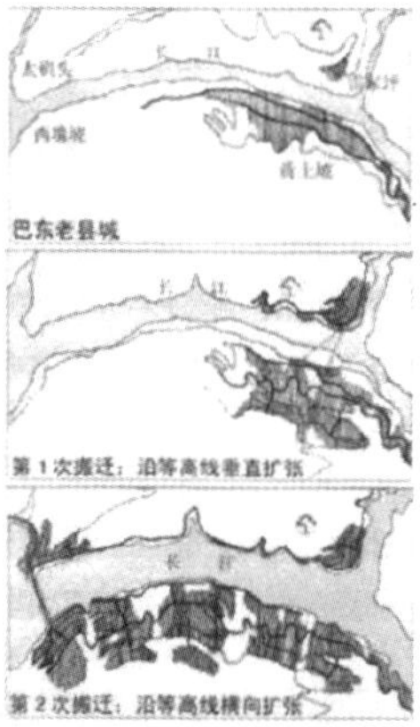 巴东垂直梯度型
综合引导型	山体、河流对发展用地的综合作用	城镇规模较大，通常基于水平切割和垂直梯度两种类型的城镇扩张和发展而形成。河流作为建设用地发展的生态边界作用比较稳定，山体则根据需要改造为建设用地或保留为生态边界。城镇形态基本上以多组团、多中心方式发展。空间肌理以自由网络型为主，建筑天际线变化丰富	重庆、涪陵、万州、长寿、巫山	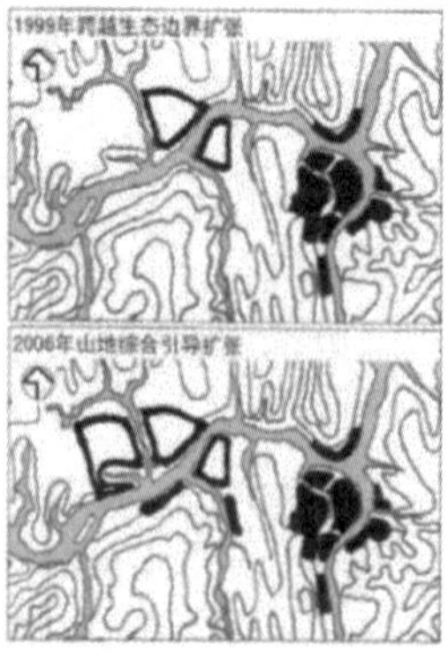 涪陵综合引导型

〔1〕　蒋建东，宋红波．三峡库区城镇化发展状况及应对策略［J］．人民长江，2015(19)：67-70，89．

2.2.6　小结:库区城镇化转型对社会基础设施的需要与日俱增

在库区移民如期完成“搬得出”目标之后,库区城镇化由快速搬迁转化为安稳致富。随着库区城镇化模式的转变,其社会主要矛盾已逐渐从移民安置转为人民日益增长的美好生活需要和不平衡不充分的发展之间的矛盾。这是库区进入后三峡时代的重要特征,也是库区社会、经济及生产力水平总体提高的必然结果。通过对库区城镇化转型进程的梳理可发现:人口城镇化的转型,不仅是城镇人口的持续扩大,也是对社会基础设施的需求猛增;随着库区移民迁建结束,社会事业复苏,对社会基础设施的要求提高;环保意识的加强,对环卫环保设施的需求也加剧。但库区经济基础薄弱,对社会基础设施的支撑受限;而建设用地缺乏,也使得社会基础设施的空间落地困难。库区城镇化进程中对社会基础设施的需求及供给已然矛盾频生。

2.3　三峡库区社会基础设施建设现状及问题

2.3.1　文化设施现状:偏重大中型设施,欠缺社区级设施

文化设施是指向公众开放、展示,用于传播知识、宣传教育、文化娱乐、文化艺术培训的博物馆、图书馆、群众艺术馆、文化馆、文化站、电影院、剧院等文化活动设施的总称,在《城市用地分类与规划建设用地标准》(GB 50137—2011)中为 A2 文化设施设施用地,其中又分为 A21 图书展览设施用地(包括综合文化活动中心、文化馆、青少年宫、儿童活动中心、老年活动中心等设施用地)及 A22 文化活动设施用地(综合文化活动中心、文化馆、青少年宫、儿童活动中心、老年活动中心等设施用地)。文化设施建设是推进文化大发展大繁荣国家战略的重要抓手,随着新型城镇化的推进,文化产业及其物质载体文化设施的建设也开始备受重视。

通过笔者在库区区县规划局的走访调查发现,在库区城镇迁建初期,除了图书馆、博物馆等大型文化设施以外,其他文化设施的规划建设相对薄弱。进入后三峡时代,随着文化产业的发展及市民文化需求的增加,社区文化活动中心等基层文化设施建设薄弱的问题逐渐凸显,而专门针对文化设施的专项规划也较为缺乏,虽然各个区县的文广新局及规划部门都表示有进行文化设施专项布局规划的意愿,但形成正式规划文件的却基本没有,截至 2014 年底,仅有重庆主城区于 2016 年编制通过了《主城区公共文化设施布局规划》,万州区正在进行公共文化设施专项规划的编制。缺乏统一的规划布局,使得文化体系建设的物质载体缺乏系统性。由于社会福利设施更注重的是群体居民的普世需求,因此选取普及度及使用度相对较高的大型文化设施和社区文化活动设施来进行现状研究。

1)大型文化设施建设情况

城市文化设施不仅能反映出一个城市的地域特征,还承载了城市历史发展的文脉。三峡

(a)三峡博物馆

(b)涪陵区白鹤梁水下博物馆

(c)宜昌市博物馆

图2.9 库区大型文化设施图集

库区的建设造成了库区历史文物的淹没、城市文化的断裂,故此,为延续三峡文化,三峡博物馆、重庆大剧院、重庆市科技馆、重庆市图书馆、重庆市自然博物馆等一批三峡工程建设及重庆直辖以后涌现出的文化设施,既体现了全球化语境下的现代主义和后现代风格,又象征了地域文化的本土建筑的快速崛起(图2.9)。诸如此类的大型文化设施还包括涪陵区白鹤梁水下博物馆、万州区博物馆、巫山博物馆、宜昌市博物馆(正在修建新馆)以及巴东县博物馆。这些博物馆大多以收藏三峡库区文物及展示库区文化为主,但除三峡博物馆和白鹤梁水下博物馆具有一定的旅游产业支持、参观人员众多外,其他博物馆的造访量相对较低。同时,更多的大型文化设施主要集中在重庆市主城区及万州、涪陵等大城市,中小城市较为缺乏,这与经济发展和文化设施建设的投资主体为政府有关。

综合文化活动中心是近几年库区区县文化设施建设的热点,其中建设规模最大的为云阳市民活动中心,涪陵区文化馆新馆也较具规模,其他区县的文化馆等文化设施建设规模相对较小或与图书馆等设施综合建设。

2)社区综合文化活动中心建设情况

三峡工程建设带来的文化变迁,使得库区大众的传统文化生活发生了改变,特别是移民,固有的生活环境和社会交往网络发生了颠覆性的变化,随着人们对物质生活的要求与品位的提高,要复建文化交往方式及空间,就必须对社区文化设施进行合理规划建设。纵观库区区县,很多城市多萌芽于河街码头,如长寿区的三倒拐历史街区。其在光绪元年(1875)已是城市联通河街码头与新城的重要交通干线,建屋设市,并在民国时期建设发展至顶峰,河街的兴盛带来的是人文社会交往空间的逐步丰富繁荣,于是巴渝特有的茶馆文化、河街文化也成为市民人际交往、休闲娱乐的主流文化。1959年长寿县城总体规划考虑到三峡工程建设的可能性,位于200 m高程以下的沿江河街将成为淹没区,建设发展受到控制。特别是随三峡工程的开工建设及重庆市直辖,长寿城区摆脱了近江发展状态,且河街被淹,三倒拐历史街区作为长寿上下半城的联系纽带功能基本消失,最终衰落,而随着没落消逝是普通民众(特别是中老年人)传统交际空间的缺失,于是库区当街打牌下棋的现象普遍(图2.10)。

正如沙里宁所言:“让我看看你的城市,我就能说出这个城市居民在文化上追求的是什么。”市民的文化生活其实是其根据自然环境与个体生命周期的客观规律,通过相关技术方式将身体与自然环境进行直接的在场性互动,改造出的日常生活所需的时空形态,从而满足他们的社会化过程。而库区的基础文化设施则成为其居民复建文化生活及社会交往关系的重要空间设施。通过对库区区县社区综合文化活动中心建设情况的整理(表2.13)可发现,除去统计口径不一致的因素,按照《关于加快构建现代公共文化服务体系的意见》的要求,库区区县都在打造“15分钟文化圈”,社区综合文化活动中心的建设受到重视,但是根据笔者在多个区县文广新局的走访调查发现,受建设资金、建设用地等条件的限制,社区综合文化活动中心的建设情况并不理想,从千人指标就可看出库区区县的社区综合文化活动中心还有很大的缺口。

(a)长寿三倒拐

(b)涪陵区

(c)秭归县

图2.10 街头棋牌似乎已成为库区区县的一种常态

表2.13 库区区县社区综合文化活动中心建设情况一览表

区 县	社区服务设施数/个			每千人拥有社区服务设施数/(个·千人$^{-1}$)		
	1996年	2000年	2010年	1996年	2000年	2010年
万州区	45	44	499	0.03	0.03	0.29
丰都县	—	29	23	—	0.04	0.03
江津区	12	17	65	0.01	0.01	0.04
涪陵区	32	706	132	0.03	0.64	0.11
长寿区	18	45	47	0.02	0.05	0.05
武隆区	—	16	13	—	0.04	0.03
开州区	69	20	164	0.05	0.01	0.10
奉节县	85	3	22	0.09	0.00	0.02
巫溪县	7	7	49	0.01	0.01	0.09
巫山县	—	—	29	—	—	0.06
云阳县	35	37	22	0.03	0.03	0.02
石柱县	—	27	29	0.00	0.05	0.05
渝北区	1	5	108	0.00	0.01	0.11
巴南区	—	5	94	—	0.01	0.11
忠县	13	20	132	0.01	0.02	0.13
重庆区县小计	317	981	1 428	0.02	0.07	0.09

资料来源:重庆市及湖北省统计年鉴。

2.3.2 教育设施建设现状:布局均等性欠佳,单体可拓性较差

教育是库区可持续发展的一个不容忽视的问题,因此,“移民先移校,安居先安心”不仅是三峡工程百万大移民顺利完成的先决条件之一,更是确保后三峡时代长治久安的必要条件之一。教育科研设施作为落实库区教育政策的物质空间载体,其迁建后个数容量和功能布局与库区人口需求、社会经济的变动状况和规模相适应,是直接影响和保证教育质量的关键。在此,研究主要以基础教育类学校为研究对象,即按不同教育阶段分为小学、初中及高中。

1)迁建简述:涉及范围广、迁建量巨大

库区迁校涉及湖北省、重庆市19个区县的667个教育单位,淹没校舍建筑面积188万 m^2。其中,仅重庆段就搬迁527所各级各类基础教育学校(含有82个教育机构,共计4 803个班),占库区移民迁校总量的80%;淹没学校用地257.1万 m^2、校舍135.9万 m^2[1];共涉及在校学生近25万人、教职工近1.9万人。[2]。

2)布局现状:整体水平提升、与社会经济发展基本适应

从学校数量(表2.14、表2.15)可看出,库区中小学数量逐年呈下降趋势,这与近几年来库区各级政府对区内中小学校进行了较大规模的合并重组有关。库区中小学校数量减少,且缩减的趋势还在继续。而表2.16的数据表明:库区在校学生数量非但没减少,反而有所增加。因此,近几年库区学校总量减少和学生总量增加的结果是库区学校规模日渐扩大。扩大学校办学规模,在理论上有利于政府集中有限的财力、物力发展教育事业,优化教育资源、提高办学质量,但客观上由于学校校点的减少或者由于学校合并重组分布的不合理,有可能影响学生的就近入学和加重农民家庭负担。[3]

表2.14 库区区县中小学建设情况一览表

区县	小学/所			中学/所		
	2000年	2010年	2013年	2000年	2010年	2013年
万州区	818	186	158	103	60	59
丰都县	203	164	136	48	45	41
江津区	623	623	169	85	54	50
涪陵区	338	108	105	56	57	51
长寿区	130	74	69	34	28	29
武隆区	123	84	80	14	12	12

〔1〕 其中直接淹没学校311所,占地184.1万 m^2,校舍99.5万 m^2;直接淹没的学校34所,占地7.8万 m^2,校舍5.1万 m^2;需要随迁学校84所,占地5.2万 m^2,校舍31.3万 m^2。

〔2〕 黄毅.三峡库区移民迁校后学校存在的问题研究:以重庆市云阳县为个案[D].重庆:西南师范大学,2005.

〔3〕 邓佑玲.关于三峡库区移民学校布局调整现状的调查[J],民族教育研究,2007,18(2):73-79.

续表

区　县	小学/所			中学/所		
	2000 年	2010 年	2013 年	2000 年	2010 年	2013 年
开州区	924	438	330	58	59	57
奉节县	739	310	264	35	34	34
巫溪县	524	218	218	21	19	19
巫山县	449	240	239	20	20	20
云阳县	697	395	255	39	56	53
石柱县	355	181	176	21	21	21
渝北区	350	118	76	63	46	41
巴南区	264	61	57	66	43	38
忠县	692	226	226	37	30	30
重庆区县	7 229	3 426	2 558	700	584	555
夷陵区	109	37	—	39	20	—
兴山县	82	14	—	15	10	—
秭归县	217	43	—	22	16	—
巴东县	—	—	—	—	—	—
湖北区县	408	94	—	76	46	—

资料来源:重庆市及湖北省统计年鉴。

表 2.15　库区区县小学生师比一览表

区　县	小　学								
	2000 年			2010 年			2013 年		
	学　生	教　师	生师比	学　生	教　师	生师比	学　生	教　师	生师比
万州区	111 730	6 445	17.34	93 556	5 124	18.26	81 764	4 771	17.14
丰都县	65 031	3 040	21.39	62 467	3 064	20.39	62 639	3 114	20.12
江津区	107 000	4 579	23.37	74 880	4 129	18.14	77 964	4 324	18.03
涪陵区	75 845	4 419	17.16	56 352	4 150	13.58	66 005	4 151	15.90
长寿区	55 273	2 998	18.44	44 301	3 041	14.57	42 700	2 807	15.21
武隆区	34 863	1 776	19.63	25 648	1 920	13.36	26 589	1 814	14.66
开州区	178 995	5 202	34.41	123 223	6 049	20.37	111 348	5 995	18.57
奉节县	122 934	3 613	34.03	77 651	3 785	20.52	66 149	3 919	16.88
巫溪县	55 877	2 811	19.88	33 354	2 666	12.51	32 841	2 624	12.52
巫山县	64 369	2 202	29.23	53 638	2 495	21.50	43 291	2 389	18.12
云阳县	127 003	5 232	24.27	96 137	4 486	21.43	69 603	4 475	15.55

续表

区　县	小　学								
	2000 年			2010 年			2013 年		
	学　生	教　师	生师比	学　生	教　师	生师比	学　生	教　师	生师比
石柱县	47 177	2 785	16.94	41 142	2 736	15.04	39 696	2 642	15.02
渝北区	59 320	3 188	18.61	58 268	3 694	15.77	70 760	4 342	16.30
巴南区	47 925	3 245	14.77	39 024	2 617	14.91	42 795	2 657	16.11
忠县	88 698	3 600	24.64	53 852	3 053	17.64	60 837	2 969	20.49
重庆区县	1 242 040	55 135	22.53	933 493	53 009	17.61	894 981	52 993	16.89
夷陵区	56 215	2 468	22.78	21 574	1 546	13.95	—	—	—
兴山县	17 675	942	18.76	6 542	525	12.46	9 493	604	15.72
秭归县	37 565	1 773	21.19	14 225	1 189	11.96	20 611	1 394	14.79
巴东县	46 300	1 650	28.06	27 071	1 431	18.92	35 008	1 502	23.31
湖北区县	157 755	6 833	23.09	69 412	4 691	14.80	65 112	3 500	18.60

资料来源:重庆市及湖北省统计年鉴。

表 2.16　库区区县中学生师比一览表

区　县	中　学								
	2000 年			2010 年			2013 年		
	学　生	教　师	生师比	学　生	教　师	生师比	学　生	教　师	生师比
万州区	79 225	5 156	15.37	104 912	5 422	19.35	101 234	5 823	17.39
丰都县	33 233	2 358	14.09	47 467	2 596	18.28	44 909	2 802	16.03
江津区	72 200	3 831	18.85	67 410	4 229	15.94	62 911	4 357	14.44
涪陵区	51 148	4 013	12.75	69 100	4 252	16.25	57 771	4 129	13.99
长寿区	44 193	2 894	15.27	46 800	3 041	15.39	37 238	3 132	11.89
武隆区	14 635	1 189	12.31	23 986	1 292	18.57	19 501	1 196	16.31
开州区	72 601	4 858	14.94	104 258	5 308	19.64	87 759	5 662	15.50
奉节县	46 602	2 962	15.73	70 867	3 785	18.72	57 303	3 216	17.82
巫溪县	17 486	1 684	10.38	30 841	1 823	16.92	26 140	1 911	13.68
巫山县	22 927	1 267	18.10	39 094	2 181	17.92	35 525	2 319	15.32
云阳县	42 577	3 354	12.69	92 495	3 870	23.90	75 110	4 055	18.52
石柱县	20 445	1 838	11.12	36 972	1 807	20.46	31 318	1 987	15.76
渝北区	45 424	3 495	12.99	52 900	3 806	13.90	56 508	4 095	13.80
巴南区	49 092	2 683	18.30	41 900	2 714	15.44	38 148	2 824	13.51
忠县	45 107	2 935	15.37	54 787	3 059	17.91	47 062	2 930	16.06

续表

区 县	中 学								
	2000 年			2010 年			2013 年		
	学 生	教 师	生师比	学 生	教 师	生师比	学 生	教 师	生师比
重庆区县	656 895	44 517	14.76	883 789	49 185	17.97	778 437	50 438	15.43
夷陵区	32 844	2 449	13.41	22 272	1 871	11.90	11 385	—	—
兴山县	12 500	970	12.89	6 237	584	10.68	8 499	682	12.46
秭归县	27 674	1 958	14.13	14 606	1 262	11.57	19 988	1 470	13.60
巴东县	32 700	1 600	20.44	28 228	1 521	18.56	28 384	1 507	18.83
湖北区县	72 900	3 991	18.27	46 648	3 673	12.70	56 871	3 659	15.54

资料来源:重庆市及湖北省统计年鉴。

3)现状问题

(1)教育资源分布均等性欠佳

以库区大中专院校分布为例(图2.11),普通高等学校主要分布在重庆主城区,万州、涪陵及宜昌等大城市次之,石柱县、奉节县、巫溪县及秭归县只有一所中等专科学校,巫山县、巴东县及兴山县大中专院校,虽然教育资源的集中分布有利于提高其有效率,但职业教育的缺失不利于库区经济社会发展较为缓慢的区县的人力资源提升。

图2.11 三峡库区大中专院校分布图

资料来源:《三峡库区地图集》改绘。

教育功能等级结构不合理,由于普通教育与职业教育的比例失调,库区教育结构略显单一,义务教育水平不高、高中和中职阶段教育发展滞后、高等教育实力不强、教师数量不足、结构不合理、待遇偏低等现实制约着教育职能的发挥。[1]

[1] 甘联君.三峡库区人口迁移与城市化发展互动机制研究[D].重庆:重庆大学,2008.

(2)学校用地可拓性不充足

由于库区地形地貌的复杂性导致建设用地缺乏,加之移民迁建对规划预留规模的考虑欠缺,库区部分中小学在建设时就未达标,而使用后期更无法进行扩大学校建设用地规模的本质性改善,原本不足的教育资源不适应持续增加的农民子女就读的需要,只能采取挤占学校功能用房、增大班级名额等应急性办法来扩大学校容量。

以巫山县巫山中学为例。由于巫山县城全部被淹,巫山中学于2001年迁至新县城,新校址占地面积79 920 m^2,建筑面积32 000 m^2,作为一个完全中学,共有60多个教学班,4 500多名学生。但随着巫山新城社会经济的发展、中学生的比重持续增多(表2.17),巫山中学的容量已不足以承接源源不断的生源。由于学校四周已被住宅等建筑包围,无地可拓,故而2004年原巫山中学高中部和初中部拆分为两所学校,原址仅保留初中部并更名为"巫山第一初级中学",高中部与其他6所学校共同迁至巫山县城荀家坪独立成校,学校占地288亩,建筑总面积81 907.5 m^2,并于2005年被县政府命名为"重庆市巫山高级中学(朝云校区)"。但时光荏苒,作为巫山县唯一的市级高级中学,巫山中学高中部为满足日益增长的学生,其再次被分为两个校区:朝云校区和龙门校区。龙门校区已于2011年初步建成,并开始招生行课(图2.12)。

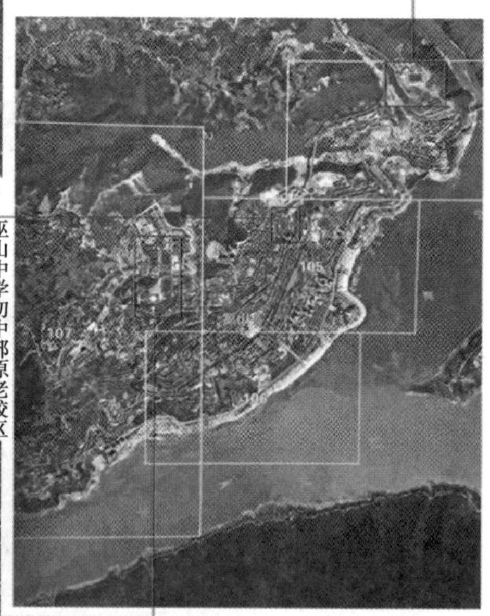

图2.12　巫山中学三大校分布图

表2.17　巫山县常住人口与学生数量对比表

	2000年	2005年	2010年	2015年
常住人口/万人	52.32	50.1	49.51	46.23
中学生数量	22 917	33 810	39 094	33 730
比例/%	4.38	6.75	7.90	7.30

资料来源:重庆市统计年鉴。

由于巫山县城依山而建,城市建设用地都是以台地的形式一级级向上拓展,可建设用地紧缺,故而每次新建校区的建设用地也仅能满足当前的需求,如需拓展校区容量就只能另选他地,也就出现了巫山中学的两次异址建新校的情况。虽新校区的硬件条件得到了大幅提升,但新校区与县城中心越来越远,对师生的生活及出行都带来一定的不便。因此,在城镇化进程中,适时调整教育资源的规模及容量、规划预留一定的预备空间就显得极为重要。

2.3.3　医疗卫生设施现状:空间布局不均,就医条件落后

1)建设情况:整体水平提升、与社会经济发展基本适应

从医疗机构数量可看出(表2.18),库区医疗卫生机构数在逐年增加。这与《全国医疗卫生服务体系规划纲要(2015—2020)》要求的构建多层级医疗卫生服务体系基本相符。但其每千常住人口医疗卫生机构床位数(张)与纲要要求的6张/千人,还有较大的差距。从卫生技术人员数量(表2.19)可看出卫生技术人员(医务人员或护士)所占比重偏小,大多数区县的该比例为3%~4%。

在医疗卫生功能上,库区公共卫生服务体系、医疗卫生资源、卫生基础设施、卫生技术人员技能等都落后重庆平均水平,公共卫生形势相当严峻。库区人均卫生事业费16.28元,比全市人均卫生事业费低31.85%,每千人口拥有的卫生技术人员、病床、执业医师、注册护士均低于全市平均水平。县级医疗机构缺乏优秀技术人才。执业(助理)医师严重不足,具有执业(助理)医师资格的医师仅占在职人员总数的58.2%。另外,由于人员太少,体系不健全,缺乏必备的检验、检查设备和执法工具,更无发展建设经费投入,致使库区公共卫生体系不健全,应对突发事件的能力较弱,影响了全市公共卫生应急处理能力的提高。

表2.18　库区区县医疗卫生设施数量一览表

区县	医疗卫生设施								
	2000年			2010年			2013年		
	医疗卫生机构床位数	医疗卫生机构数	比值	医疗卫生机构床位数	医疗卫生机构数	比值	医疗卫生机构床位数	医疗卫生机构数	比值
万州区	3 423	165	20.75	5 694	712	8.00	9 799	1 328	7.38
丰都县	1 001	87	11.51	1 970	131	15.04	2 965	683	4.34
江津区	2 451	452	5.42	4 369	174	25.11	6 255	785	7.97
涪陵区	2 293	172	13.33	4 206	240	17.53	5 189	594	8.74
长寿区	1 974	62	31.84	2 981	176	16.94	3 738	516	7.24
武隆县	807	70	11.53	926	103	8.99	1 477	297	4.97
开州区	1 569	192	8.17	3 446	169	20.39	5 974	660	9.05
奉节县	1 167	158	7.39	2 276	122	18.66	3 188	486	6.56
巫溪县	562	89	6.31	836	131	6.38	1 405	367	3.83

续表

区县	医疗卫生设施								
	2000 年			2010 年			2013 年		
	医疗卫生机构床位数	医疗卫生机构数	比值	医疗卫生机构床位数	医疗卫生机构数	比值	医疗卫生机构床位数	医疗卫生机构数	比值
巫山县	643	81	7.94	1 021	68	15.01	1 354	376	3.60
云阳县	1 158	126	9.19	2 906	126	23.06	4 271	570	7.49
石柱县	746	78	9.56	1 346	70	19.23	1 923	272	7.07
渝北区	824	55	14.98	3 270	253	12.92	4 663	618	7.55
巴南区	2 217	67	33.09	3 393	307	11.05	5 124	612	8.37
忠县	1 631	173	9.43	2 463	176	13.99	2 999	897	3.34
重庆区县	22 466	2 027	11.08	41 103	2 958	13.90	60 324	9 061	6.66
夷陵区	1 203	90	13.37	1 200	401	2.99	1 594	351	4.54
兴山县	403	51	7.9	589	15	39.27	707	160	4.42
秭归县	543	77	7.05	960	352	2.73	961	354	2.71
巴东县	—	—	—	—	—	—	—	—	—
湖北区县	2149	218	9.86	2749	768	3.58	3262	865	3.77

注：比值=医疗卫生机构床位数/医疗卫生机构数

资料来源:重庆市及湖北省统计年鉴。

表 2.19　库区区县卫生技术人员数量一览表

区县	2002 年			2010 年			2013 年		
	执业(助理)医师	卫生技术人员	比值	执业(助理)医师	卫生技术人员	比值	执业(助理)医师	卫生技术人员	比值
万州区	2 471	4 886	0.51	2 984	7 236	0.41	3 644	8 837	0.41
丰都县	516	1 193	0.43	627	1 628	0.39	748	1 992	0.38
江津区	1 360	2 705	0.50	1 500	3 348	0.45	1 826	4 150	0.44
涪陵区	1 756	3 417	0.51	1 875	4 294	0.44	2 085	4 885	0.43
长寿区	993	2 102	0.47	1 091	2 737	0.4	1 144	3 057	0.37
武隆县	403	790	0.51	363	797	0.46	438	1 008	0.43
开州区	1 368	2 436	0.56	1 411	3 088	0.46	1 933	4 302	0.45
奉节县	553	1 028	0.54	823	1 754	0.47	954	2 488	0.38
巫溪县	425	884	0.48	498	1 097	0.45	428	1 319	0.32
巫山县	375	767	0.49	450	1 201	0.37	598	1 484	0.4
云阳县	1 098	2 114	0.52	1 305	2 470	0.53	1 471	3 004	0.49

续表

区县	2002 年			2010 年			2013 年		
	执业(助理)医师	卫生技术人员	比值	执业(助理)医师	卫生技术人员	比值	执业(助理)医师	卫生技术人员	比值
石柱县	508	1 236	0.41	604	1 241	0.49	656	1 604	0.41
渝北区	828	1 753	0.47	1 630	4 011	0.41	1 845	4 745	0.39
巴南区	1 170	2 660	0.44	1 423	3 578	0.4	1 628	4 240	0.38
忠县	891	2 022	0.44	901	2 125	0.42	1 130	2 572	0.44
重庆区县	14 715	29 993	0.49	17 485	40 605	0.43	20 528	49 687	0.41
夷陵区	—	—	—	—	1 777	—	2 073	—	—
兴山县	—	755	—	318	759	356	936	—	—
秭归县	—	—	—	722	1 213	650	1 452	—	—
巴东县	—	—	—	—	—	—	—	—	—
湖北区县	—	755	—	1 040	1 972	0.53	2 388	—	—

注:比值 = 执业(助理)医师/卫生技术人员

资料来源:重庆市及湖北省统计年鉴。

2)现存问题

(1)空间布局不均导致就医困难

库区医疗卫生机构分布不均等,万州、涪陵等大、中城市的医疗卫生机构数较多,且每个机构的病床数相对较少,居民就医压力相对较小。从三甲医院的分布来看,除万州区、江津区、长寿区、涪陵区及开州区各有 1 所外,其他区县均无。从图 2.13 可看出,卫生就业人员与产业人员数也是万州、涪陵等大、中城市更为聚集。

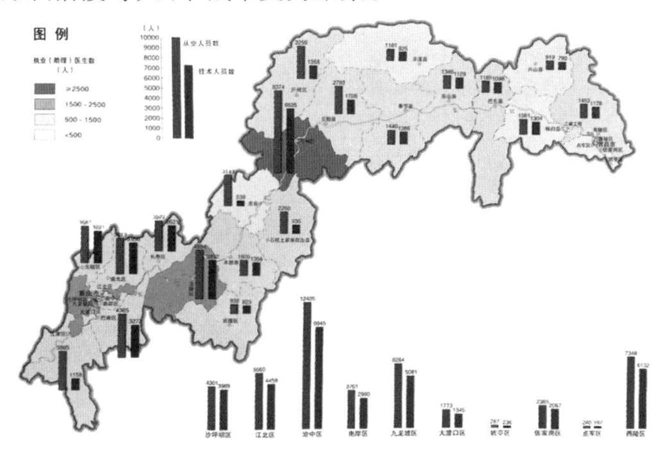

图 2.13 三峡库区卫生从业人员与技术人员数分布图

图片来源:《三峡库区地图集》。

(2)医疗卫生设施落后、技术人员紧缺导致就医条件落后

库区县、乡卫生机构仍有危房面积17.6万m^2,占业务用房面积23.8%。业务面积不足400 m^2的乡镇卫生院有132所,不足200 m^2的有33所,另外还有极少数乡镇卫生院搬迁后无业务用房,在外租房开展工作。库区还有相当部分的乡镇卫生院基本医疗设备缺乏,还停留在“老三件(体温计、听诊器、血压计)”水平。58.33%的中心卫生院无救护车,武隆全区乡镇卫生院无一辆救护车。62.78%的乡镇卫生院无半自动生化分析仪、51.5%的乡镇卫生院无X光机、62.18%的乡镇卫生院无心电图设备、31.75%的乡镇卫生院无B超设备。乡镇卫生院无学历和无职称的卫生技术人员占34.2%。乡镇卫生院院长学历低、职称低的现象较普遍。[1]

2.3.4 社会福利设施现状:设施种类单一,数量质量偏低

库区区县的社会福利设施以社会福利收养单位为主,且其提供的服务较为单一,主要是以养老机构的形式出现,以供养五保户、军残等老人为主,缺乏儿童福利院。根据笔者在万州民政局的访谈,万州区没有儿童福利院等福利设施,如有孤儿只能送往重庆市儿童福利院。而这种现象在库区区县比较普遍。从社会福利收养单位个数和床位数来看(表2.20),其个数增加较为缓慢,但床位数增加迅速,导致很多单位都出现了空间拥挤、住宿质量降低、服务及管理人员偏少和入住价格上涨等问题。此外,缺乏系统的社会福利设施规划,也是造成上述问题的根本原因。

表2.20 库区区县社会福利收养单位资源一览表

区县	2001年			2010年			2013年		
	社会福利收养单位/个	社会福利收养单位床位数/张	比值	社会福利收养单位/个	社会福利收养单位床位数/张	比值	社会福利收养单位/个	社会福利收养单位床位数/张	比值
万州区	45	530	11.8	166	6 758	40.7	70	7 516	107.4
丰都县	28	852	30.4	29	1 548	53.4	31	2 646	85.4
江津区	71	2 116	29.8	56	4 661	83.2	63	7 174	113.9
涪陵区	49	2 349	47.9	50	2 769	55.4	48	4 360	90.8
长寿区	44	1 045	23.8	101	1 920	19.0	94	2 999	31.9
武隆县	25	946	37.8	26	1 430	55.0	27	1 480	54.8
开州区	39	835	21.4	164	3 006	18.3	63	5 194	82.4
奉节县	27	364	13.5	83	2 620	31.6	41	4 754	116.0
巫溪县	17	330	19.4	60	1 509	25.2	38	2 387	62.8

[1] 甘联君.三峡库区人口迁移与城市化发展互动机制研究[D].重庆:重庆大学,2008.

续表

区县	2001 年			2010 年			2013 年		
	社会福利收养单位/个	社会福利收养单位床位数/张	比值	社会福利收养单位/个	社会福利收养单位床位数/张	比值	社会福利收养单位/个	社会福利收养单位床位数/张	比值
巫山县	1	50	50.0	26	950	36.5	30	1 885	62.8
云阳县	60	1 824	30.4	60	3 817	63.6	66	6 417	97.2
石柱县	16	449	28.1	30	1 284	42.8	26	904	34.8
渝北区	55	1 478	26.9	61	3 915	64.2	64	4 591	71.7
巴南区	41	2 007	49.0	38	2 246	59.1	55	6 800	123.6
忠县	29	1 005	34.7	40	2 206	55.2	54	3 700	68.5
重庆区县	547	16 180	29.6	990	40 639	41.0	770	62 807	81.6
夷陵区	—	—	—	1	260	0	1	—	—
兴山县	—	—	—	1	150	0.01	1	—	—
秭归县	—	—	—	1	1 970	0	1	—	—
巴东县	—	—	—	13	—	—	13	—	—
湖北区县	—	—	—	16	2 380	0.01	13	—	—

注：比值 = 社会福利收养单位床位数/社会福利收养单位

资料来源：重庆市及湖北省统计年鉴。

2.　础设施现状：补充建设得当，但仍相对欠缺

1）

受　　　，库区城市建设用地紧张，加之移民搬迁时期，城市规划对库区区县的社会经济发　　　的预测不足，以及国家当时的规范标准偏低，库区停车设施相对缺乏：2000年之前建设的小区基本上未配置地下停车库，商业及商业单位建筑也未配置满足现有需要的停车泊位。随着库区车辆保有量的急剧增加，停车难、停车贵的问题逐步出现（图2.14）。因此需要尽快编制停车设施专项规划。而就目前笔者统计到的情况来看，只有重庆主城区、万州区、巫山县及宜昌市已编制有停车设施专项规划，江津区、开州区正在进行编制外，其他区县还未进行停车设施专项规划。

(a)涪陵区

(b)秭归县

(c)重庆市主城区

图2.14　停车难现象在三峡库区频发

2)环卫设施建设情况

库区区县城镇在迁建前,大部分都没有修建污水处理厂和垃圾处理厂,生产及生活污水均直接排放进自然水体,生活垃圾也基本未进行处理。随着新县城的建设和旧城区的改建,库区共计建成58座污水处理厂(图2.15)和41座垃圾处理厂,县城和部分集镇也采用了雨污分流制,城镇生活污水集中处理率超过70%,城镇生活垃圾处理率更是达到了90%以上。[1]

(a)涪陵城区污水处理厂

(b)长寿区污水处理厂

(c)长寿城区马家沟垃圾卫生填理场

图2.15　库区城市新建污水处理厂

资料来源:涪陵区环保局,长寿区环保局。

然而,库区的环卫设施建设仍存在着建设成本过高、项目推进缓慢以及污水、垃圾处理配套项目建设管理滞后等问题。库区地质地貌复杂,基础处理工程投资大,使得污水垃圾处理项目建设和运行成本居高不下。此外,由于库区地质灾害严重,污水处理厂和污水收集管网又大多布置在沿江地带,处于地质灾害高发区域,污水处理厂和污水收集管网安全运行受到地质灾害的严重威胁。自2003年6月以来,已发生多起地质灾害破坏污水处理设施的事件,直接影响了污水设施的安全运行,极易导致污水泄漏而造成二次污染。[2] 因此,需及时进行环卫设施的专项规划。

2.3.6　小结:库区社会基础设施建设现状与城镇化进程矛盾渐生

通过对库区社会基础设施的走访调查及资料整理可发现:迁建前后,城镇人居环境质量明显改善;但随着社会经济的发展,城镇化进程中对基础设施的需求日渐增大,其现状供给已

〔1〕　数据来源于《三峡工程移民安置规划总结》及《三峡库区城镇迁建总结性研究》。

〔2〕　甘联君.三峡库区人口迁移与城市化发展互动机制研究[D].重庆:重庆大学,2008.

然不足。鉴于库区经济基础薄弱,社会基础设施的投资建设受限;迁建规划预测不足,现有社会基础设施承载力已然不足;库区地质条件导致的建设用地紧缺,使得社会基础设施建设空间落地困难;而管理水平的落后,也是导致有限社会基础设施所能的服务供给不足。总体来说,库区社会基础设施的建设现状难以适应新形势下的新型城镇化进程的需求。

2.4　三峡库区城市居民对社会基础设施的需求调查

通过对库区城镇化历程和社会基础设施建设状况的梳理及问题解析,可看出,库区社会经济发展的相对滞后与社会基础设施的建设缺失相互牵制,故而产生了教育、医疗、停车、养老等方面的社会问题。追根究底来看,新型城镇化进程中人本需求的增加,使得上述社会问题愈加显著。故此,本节将进行库区居民对社会基础设施的需求调查,明晰需求矛盾。

2.4.1　以人为本的社会福利需求提升对社会基础设施的影响

新型城镇化"以人为本"的核心是要尽量满足人的各种需求,而实现这一核心目标的关键之一便是提升社会福利水平,健全其物质载体社会基础设施的规划建设,从而使"城镇化人口不是标签意义上的城市人口,而是享受城市基础设施和公共服务的人口"(倪鹏飞,2013)。根据马斯洛需求层次理论,人在解决最基本的温饱需求后,将寻求更高级的人本需求,按照其理论,社会基础设施的不同类型也对应着人们不同层次的需求(图 2.16)。但值得指出的是,这些需求虽然进行了阶段划分,但并不意味着在满足低级阶段后,才需要满足更高层次的需求,而是需同步实现的,只是在由于个人或社会原因无法同时满足时,存在预先满足低层需求的先后性。

在传统城镇化转向新型城镇化的进程中,我国工业化的加速发展推动城镇化率也由 1978 年的 17.92% 提高到 2014 年的 54.77%,根据雷·诺瑟姆的城市化增长"S"曲线理论[1],我国的城镇化发展仅经历了 9 年就跨越了初始期(城镇化率低于 25%)进入加速期(城镇化率处于 25% ~70%)(图 2.17)。社会经济发展也于 20 世纪末进入了总体小康阶段(人均 GDP 达到 800 美元),并提出 2020 年实现全面小康(人均 GDP 达到 3 000 美元)。在如此迅猛的社会经济发展历程中,国家对城镇居民的社会福利需求逐渐重视,"提高公共供给能力和水平,满足公共服务的基本需求成为各级政府保障和改善民生的主要任务[2]":"十一五"期间,通过多项措施对公共服务的均等化予以强调;《国家基本公共服务体系"十二五"规划》进一步明确了基本公共服务的内容、标准和保障办法;十八大、第十二届全国人民代表大会、十八届三中全会及中央城镇化工作会议对基本公共服务的加强及均等化等提出了新要求。而随着库区移民搬迁及城镇迁建的结束,库区急速城镇化也逐渐向新型城镇化转变,具体表现为社会经济大幅度增长(图 2.18)、城镇居民收入逐步提升(表 2.21),居民的人本需求也由基本的

---

〔1〕 Hillesheim J W, Merrill G D. Theory and Practice in the History of American Education: a book of readings [M]. Washington D. C.: University Press of America, Inc, 1980.

〔2〕 欧文·E.休斯.公共管理导论[M].3 版.北京:中国人民大学出版社,2007.

"吃穿住用行",开始寻求安居乐业及更高层次的社会福利供给需求。

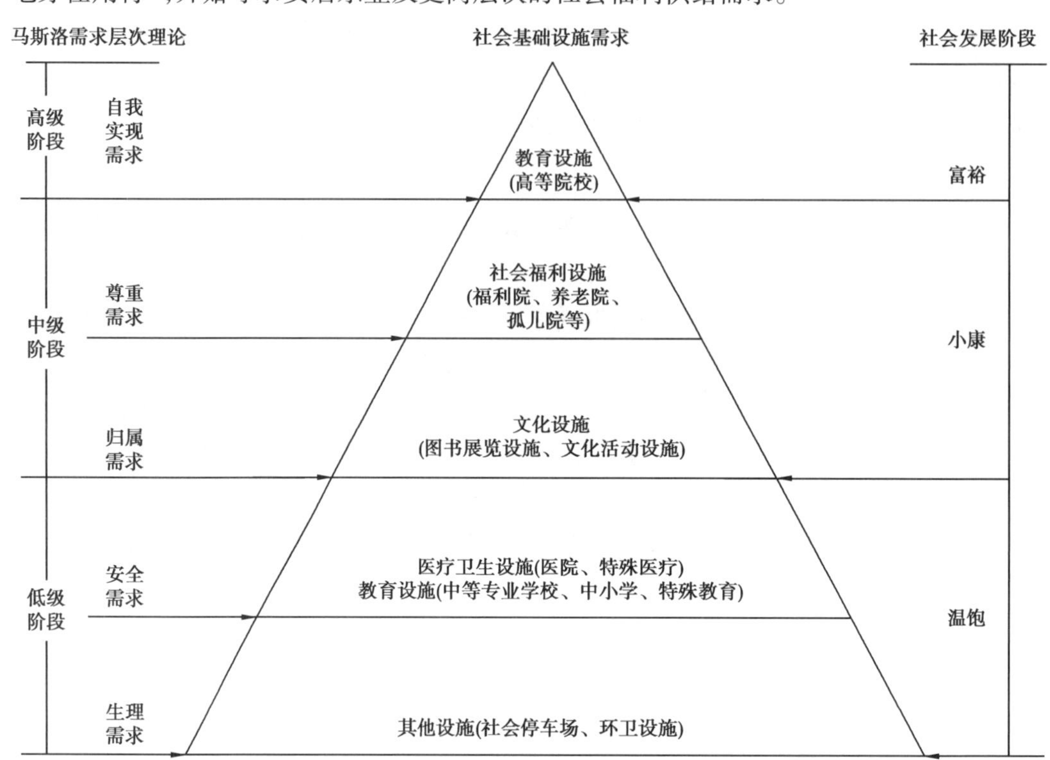

图 2.16　基于需求层次的社会基础设施分类

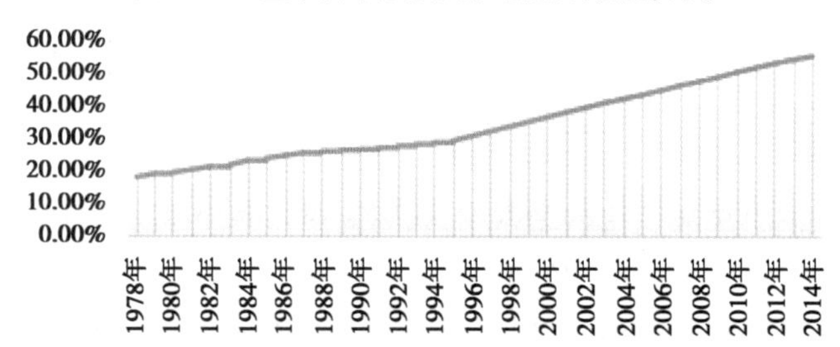

图 2.17　中国历年城镇化率(1978—2014 年)

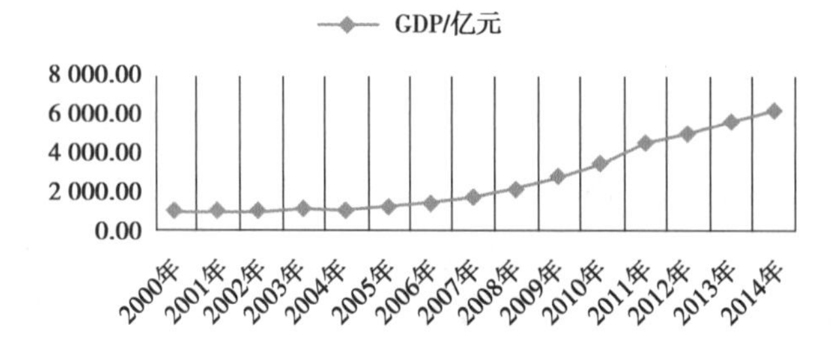

图 2.18　三峡库区历年 GDP(2000—2014 年)

党的十九大报告也指出:我国社会主要矛盾已经转化为人民日益增长的美好生活需要和不平衡不充分的发展之间的矛盾……新时代人民群众的需要已经从"物质文化需要"转化到"美好生活需要"。而要补齐民生短板,就不仅是要在政策上实现"幼有所育、学有所教、病有所医、老有所养",更要在空间上落实相应的社会基础设施。

表 2.21　重庆市—全国人均可支配收入及家庭恩格尔系数一览表

年份	城市居民家庭人均可支配收入/元		城市居民家庭恩格尔系数/%	
	重庆市	全国	重庆市	全国
2000 年	6 176.30	6 280	42.20	39.40
2001 年	6 572.30	6 860	40.80	38.20
2002 年	7 238.07	7 703	38.00	37.70
2003 年	8 093.67	8 472	38.00	37.10
2004 年	9 220.96	9 422	37.80	37.70
2005 年	10 243.99	10 493	36.40	36.70
2006 年	11 569.74	11 760	36.30	35.80
2007 年	13 715.25	13 786	37.20	36.30
2008 年	14 367.55	15 781	39.60	37.90
2009 年	15 748.67	17 175	37.70	36.50
2010 年	17 532.43	19 109	37.60	35.70
2011 年	20 249.70	21 810	39.10	36.30
2012 年	22 968.14	24 565	41.50	36.20
2013 年	25 216.00	26 955	40.70	35.00

资料来源:全国及重庆市统计年鉴。

2.4.2　基于人本需求的三峡库区社会基础设施供需调查概况

社会基础设施作为社会福利的物质载体服务于居民的日常生活,应满足居民的使用需求及特征。而传统的社会基础设施配套规划的制定一般采用的是“自上而下”的研究思路,即以国家和地方标准为基本依据,再结合人口和地域进行规划配置,而忽视了其使用者的需求。故此,笔者提出基于需求及供给,针对库区居民的人本需求,提出“自下而上”的研究视角,于2014 年 9 月采用网络问卷调查与实地问卷访谈相结合的方式(问卷详见附录 2),了解广大居民对社会基础设施的日常使用、现状问题及未来需求情况,并分析相关问题症结。

本次问卷访谈共计发放并收回有效问卷 1 339 份,其中,调查借助问卷星平台(共运营 30 日)收到网络问卷 437 份;实地调研库区 19 个区县城区共发放问卷 950 份(每个区县 50 份),收到有效问卷 902 份,有效率 94.95% 。根据统计,调查样本在性别、年龄、收入及家庭构成等方面整体较为均衡(图 2.19),但愿意参加调查的中青年人相对较多。

问卷内容包括 3 部分:第一部分是被调查者的基本信息,包括其性别、年龄、职业、收入及家庭构成等内容;第二部分是居民在日常生活中使用社会基础设施的相关情况,主要是各类设施的使用频率及满意度;第三部分是居民对社会基础设施规划建设的相关建议。

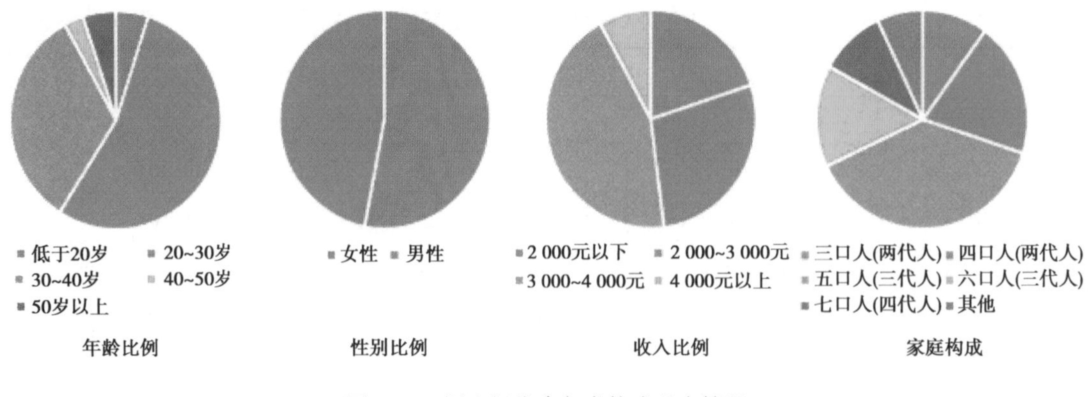

图 2.19　调查问卷参与者构成基本情况

2.4.3　三峡库区社会基础设施供需调查反馈及问题小结

1) 满意度反馈:受访者对社会基础设施的总体满意度较高

经历了城镇搬迁后,库区城镇人居环境的各个方面都得到大幅度提高,公众对迁建后的人居环境品质满意度较高(73.4%的受访者认为现有居住环境好),社会基础设施的建设还是比较满意的,总体满意度为3.07(满分为5)。其中,基本教育、公共医疗和社会保障的满意度较高,均超过3,而停车设施、环境保护的满意度偏低,仅2.45、2.84。具体来看,有以下3个特点:

①各年龄组对社会基础设施的建设现状总体满意度评价基本呈正态分布。其中,年龄较大的城市居民满意度较高,其原因主要是与库区城镇搬迁前的情况相比有一定幅度的提升。

②受访者的教育程度与社会基础设施的建设现状满意度呈负相关。其中,教育程度越高的城市居民对教育、医疗及文化等设施的满意度相对较低。

③经济收入和社会地位较高人群对社会基础设施的建设现状相对较满意。对各类设施满意度最高的人群主要集中在中层和中上阶层,底层民众则为最低。

2) 使用频率反馈:受访者对各类社会基础设施的具体使用调查

①教育设施和停车设施在居民日常生活中的使用频率最高,几乎每天都会使用。但就满意度而言,教育设施的满意度相对较高,而停车设施的满意度与其使用频率成反比。

②医疗设施的使用频率与年龄差异有关:老年人的使用频率远高于中青年人。

③文化设施在居民日常生活中的使用频率并不高。以社区级文化活动中心为例,除了社区级文化活动中心有接近半数居民会使用外,其他几类设施使用频率都较低(图2.20)。按年龄区段分析其差异可知:老年人对文化类设施的使用频率较中青年高,尤其是社区级小型文化活动站;中青年对街道级综合体育活动中心的使用频率略高于老年人(图2.21)。现阶段社区养老设施使用频率较低,其原因有二:一是传统的养老理念及宣传的不足使得保健、康复、日间照料等社区养老服务还未融入居民日常生活;二是养老设施的运营、管理、服务仍有待改善。

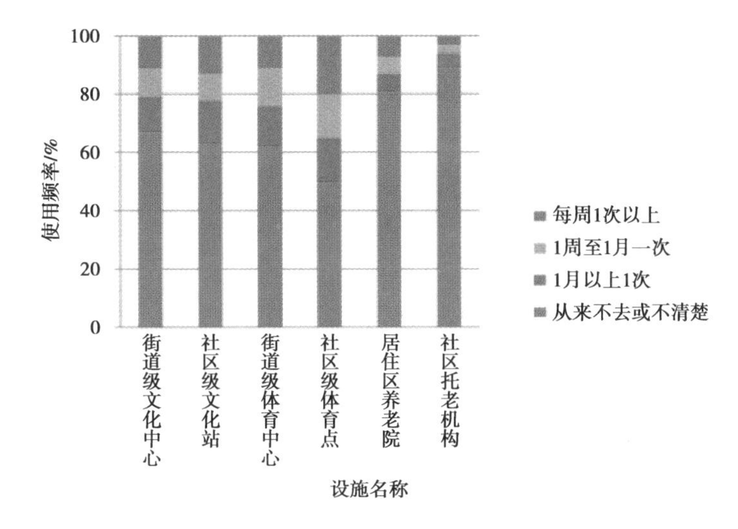

图 2.20　社区及文化活动设施的使用频率

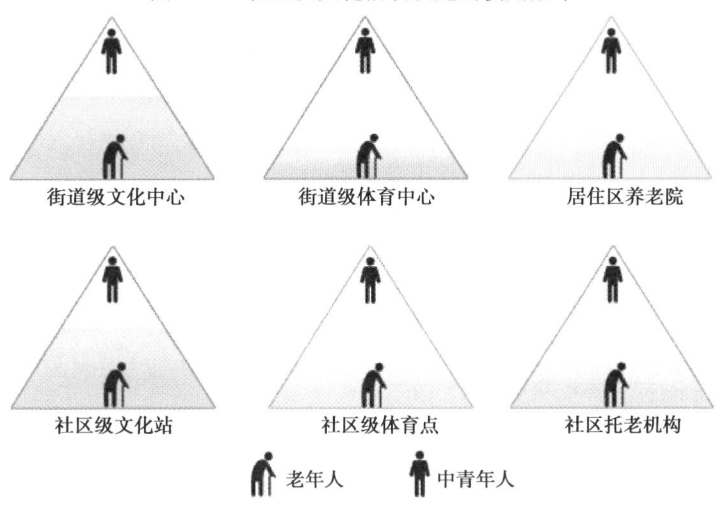

图 2.21　社区文化活动设施使用频率的年龄差异

④社会福利设施的使用频率相对较低。虽然受访者表示对养老院有使用的欲望,但使用频率却相对较低。

3)供需问题反馈:受访者对各类社会基础设施的现状供给意见

①市级文化设施的建设较好,社区文化服务设施在数量、规模、硬件配置及管理方面供给较差。

②教育设施中,受访者对幼儿园及中小学等基础教育的供给存在较大意见,主要集中在服务半径过大、容量不够、师资力量不均衡等方面。总体来看,如何让孩子受到更好的教育是受访者考虑得越来越多的社会问题。

③由于市级三甲医院主要集中在万州和重庆主城,对于需要更好服务的受访者而言,感觉十分不便;大多数受访者认为社区卫生服务中心存在容量过小、服务类别偏少等问题。总体来看,就医拥挤是受访者十分关注的社会问题。

④社会福利设施中受访者均认为缺乏好的养老院及社区级福利设施,老年人的日常料理

也较为受访者所关注。

⑤90%以上的受访者认为库区停车设施严重缺失,乱停车现象对其日常生活影响较大。

2.4.4 三峡库区受访者对各类社会基础设施的需求度

1)受访者对文化设施的需求度及建议

整体来看,受访者更需要的是与日常生活关系更为密切的社区级文化设施(综合活动中心),对片区级及市级文化设施需求相对较低。其中:

①市级文化设施由于都建设得较好,新建需求度较低,其中受访者对公共图书馆需求相对较高,部分受访者希望增加文化馆、美术馆及博物馆等文化设施。

②片区级文化设施整体需求度并不高,但根据受访者的建议,主要考虑增设与片区配套的老年活动设施及青少年活动中心。

③社区级文化设施需求度最高,其中受访者对图书阅览室、文艺活动室、棋牌室及老年活动用房需求最为迫切。

根据受访者的需求可归纳如下:文化设施有待分级多元化供给。老年人作为社区级文化活动设施的主要使用群体,更在乎其步行容忍时间,特别是在库区山地多垂直交通的情况下。大、中型文化活动设施,如图书馆、科技馆等,应考虑主要使用群体的群体特性,进行综合设置和复合布局。

2)受访者对教育设施的需求度及建议

整体来看,受访者对幼儿园及中小学的需求度较高,对高等院校的需求相对较低,而中等专业学校的需求有所增加。其中:

①受访者大多对幼儿园及中小学的服务半径过大、硬件水平及师资力量等配置不满,希望能缩短服务半径、完善教育设施配置水平。

②中等专业学校是库区移民快速提升知识文化、解决就业的有效途径,受访者均对增设该类学校提出了一定的需求。

③受访者基本未对高等院校的设置提出需求。

根据受访者的需求可归纳如下:教育设施需充分考虑供给弹性及管控措施。幼儿园及小学的超员供给现状,主要源于库区用地紧张、原有规划预期不足及地产经济缺乏宏观调控。因此,规划的合理预测及弹性控制是制定教育设施空间供给策略的前提和关键。

3)受访者对医疗卫生设施的需求度及建议

整体来看,受访者对于社区级医疗卫生设施需求度略高于市级,片区级医疗设施需求度则相对较低。其中:

①源于经济及病情需要,市级医疗设施的整体需求度不高,其中综合医院略高于专科医院。

②受访者对片区医疗设施几乎没有需求。通过访谈可知,受访者习惯常见病去社区级医院,疑难杂症则去市级大医院。

③受访者对社区卫生服务中心需求度最高。通过访谈了解到,受访者一般习惯于希望常见病就近就医。其中,大多数受访者对社区卫生服务中心所能提供的服务主要包括疾病预防、妇幼保健、家庭医疗服务与老年康复保健服务等公共卫生服务。

根据受访者的需求可归纳如下:医疗卫生设施需提供面向老年人的便捷服务。在老年群体最为需要的医疗卫生方面,其满意度并不太高,其原因一是社区医院的服务半径还是相对过大,不便于老年人出行就医,二是不同层级的医疗体系划分针对性不高。因此,医疗卫生设施还需针对老年群体进行日常小病—慢性病—重病的多元供给。

4)受访者对社会福利设施的需求度及建议

整体来看,居民对于社区级社会福利设施需求度较高,市级设施有一定需求,片区级设施需求较低。

①受访者对市级福利设施中的养老院需求最高,特别是要求价格公道、硬件条件好。少数受访者对儿童福利院和残疾人救助中心提出了一定要求,希望能够建设该类设施以解决社会弱势群体的生活需求。

②受访者对片区级福利设施基本没有提出需求,都希望进入市级养老院,或就近接受便捷服务。

③大多数受访者希望增加社区级福利设施,主要希望能够提供面向老年人的日托护理、上门料理、精神关爱及法律援助等社会服务。

根据受访者的需求可归纳如下:社区级社会福利设施需求较高,其中养老设施需求在逐步增大,社区养老及机构养老都急需规划落地。

5)受访者对其他社会基础设施的需求度及建议

①受访者不论家中是否有车,均对停车设施表现出极大的需求度。因此,除高峰错时供应的管控措施以外,最关键的还是要在空间层面加建停车设施。

②对于垃圾转运站及公共厕所,受访者均表示需要建设,但对设置的位置则都表示希望远离自己的居住地。因此,合理配置垃圾转运站及公共厕所的服务半径及选址建设,十分重要。

2.4.5 小结:库区社会基础设施建设现状逐渐难以满足人本需求

通过问卷调查及实地访谈可见,库区城镇迁建在短期内极大地提升了库区城镇居民的人居环境品质,居民对社会基础设施的建设现状表示了相当的肯定。但随着库区城镇化的转型,居民进入后三峡时代的需要已从“物质文化需要”转化到“美好生活需要”,建设相对滞缓的社会基础设施建设,已无法满足人们对美好生活的追求,故此产生了 1.2.2 节中诸多的社会问题。通过本次调查可看出,受访者对具体设施存在的问题、改进的途径都有较为明确的意见。因此,厘清库区新型城镇化—人本需求—社会基础设施规划之间的问题尤为重要。

2.5 源于社会基础实施供需矛盾的社会问题产生本因

如1.2.1节所述,社会问题是城镇化所引起的社会变迁中各种社会关系相互冲突而产生的伴生现象,亦是城镇化进程中阶段性矛盾的具体体现。通过本章前三节的研究分析更加证实了社会基础设施的需求及其量的供需矛盾导致诸多社会问题(详见1.2.2)衍生的必然性。然而,库区社会基础设施为何会出现供需不平衡的状况,根据笔者对库区城镇化转型特征、社会基础设施建设现状及库区居民对社会基础设施的供需问卷调查和实地调研可知,以上三者的不协同构成了上述问题的外部诱因和内在机制。

2.5.1 库区城镇化转型与社会基础设施建设不协同是具体诱因

库区移民搬迁最直接影响的就是库区的城镇化:人口的非自愿迁移引起了库区结构失范、阶层异化等社会问题;经济的断层滞后发展引起了库区产业空虚化、个体贫困等社会问题。按照工业化带动城镇化的一般规律,人口向城镇迁徙,是城镇所能提供的经济、物质等基础能满足人追求更好生活的需求。但库区快速移民搬迁使得人的城镇化超前于经济的发展,人口压力造成消费与积累比例失调,从而造成人口再生产与物质资料再生产的失调。

此外,根据国务院〔1992〕17号文,为三峡工程移民搬迁做准备,库区城镇化进程中合理的城镇社会事业被禁止,在对比1992—2009年我国GDP以平均9%的速度加快着城市现代化功能的发展而言,库区失去了从传统到现代的城市功能升级机遇,从而导致库区的教育、卫生及文化等现代社会福利功能发展不足。

与此同时,以“双包干”为原则的库区移民安置的工作性质,决定了城镇迁建的主要目标是在以计划指令方式进行任务和资金配给而非基于土地开发的市场营利行为的情况下,提供包括社会基础设施在内的城镇物质供给,从而实现城镇社会福利等功能的再造。因此,国家自三峡工程开建以来,对库区投入了2 000多亿元来重建包括基础设施和建筑在内的城镇物质空间,但缘于库区产业的受损,其产业资本的恢复与发展资金的积累相对缓慢,经济发展动力不足造成库区市场介入与政府调控不协调。虽然城镇居民的社会福利需求提升迅速,但消费的增长并非对应着社会财富的同步增长,故而使得城镇化作为配套公共服务不断完善和丰富的过程缺乏足够动力,从而造成经济效益相对薄弱的社会基础设施的规划与建设经费缺乏,与库区迅猛的城镇化进程不匹配,致使社会基础设施数量及容量不足而引发相应的社会问题。

2.5.2 库区社会基础设施需求与规划建设不协同是物质因由

首先,受复杂山地生态环境的制约,库区城镇迁建规划多以顺应等高线的方式规划道路、再布局功能用地的方式进行。在这样的模式下,库区城镇建设用地和生产用地十分紧缺,功能用地规划都尽量紧凑而少有拓展余地。然而随着城镇化进程的加深加快,城市用地的拓展不得不舍弃传统的发展模式而采用工程技术对地质复杂的山坡地进行平原化的重新平整,导致开发成本很高,给城市规划和建设带来很大困难。此外,库区地质破碎,建筑条件差,常常深掘十几米而不见基岩,使得库区建筑基础普遍超深,这也进一步加大了建设成本。同时,急促的新城规划建设对城镇未来的发展预期不足,这些因素共同造成了库区社会基础设施缺失的现状。

其次,由于物质形态建设受制于阶层化的集体消费逻辑,公共利益与市场盈利也在基础设施的建设上呈现出两极分化:道路、市政管网等经济基础设施直接作用于城市经济及空间结构发展,更受市场所欢迎;学校、医院等社会基础设施由于成本高且市场资本难以介入,其建设较为滞后。

最后,我国社会福利管理体系属于多元化分部门管理,如医疗、教育、居民养老、救助、住房等社会福利事宜由民政部、卫生健康委员会、教育部、人力资源和社会保障部、住房和城乡建设部分别对口管理。多元化分部门管理的优势在于专业化管理和政策评估水平较强,但由于缺乏整合的管理体系、健全的沟通机制,社会福利项目之间的协调性和组合性较差,要么是福利供给重叠从而导致资源浪费,要么是供给空白从而导致福利项目空缺。而由于社会基础设施是多种设施的集合系统,虽然由规划部门统一管理,但是否需要规划还是由各个分管部门提出,也造成不同设施之间规划建设的不协调。

因此,要从物质上缓解相应的社会问题,规划部门作为上承宏观要求、下接具体操作的技术管控者,既需协调社会基础设施系统的内部规划层次,更应整合外部与城镇化的建设时序,提高应对库区特殊地域特性的规划适应性。

2.5.3 库区社会基础设施供给与人本需求不协同是本质矛盾

三峡工程建设时期,移民的需求主要是“安居”:吃、穿、住、用、行及就业等温饱型。库区经过20多年的搬迁建设,其社会经济阶段已由三峡工程建设开始时的局部工业社会提升到了消费社会阶段。2008年三峡库区城镇居民人均可支配收入12 957元,比1993年提高了5.1倍,[1]开始进入消费社会阶段。生存型民生诉求在进入后三峡时代趋于弱化。

随着时间的推移,库区移民的社会融合过程按照托马斯的生命历程理论,在经过搬迁安置—适应安定—融入同化三阶段后,其移民生活趋于稳定,并逐渐融入新的生活环境中。根据笔者的实地走访及问卷调查,从库区移民完全结束至今,已有四五年时间,很多生活安稳的居民(特别是一、二期移民)已逐步忘记自己的“移民”身份,特别是搬迁时尚处于青少年和儿童时期的移民。而不适应的居民仅占调查总数的23%,77%的库区居民对现有生活环境满意或基本满意(图2.22)。总体而言,库区的社会问题已基本由三峡工程建设时期的温饱型转向后三峡时代的发展型,即生存型民生诉求趋于弱化,社会公众更趋向于追求多元化的民生需求供给。

由于经济发展水平、城镇迁建以及国家政策的断层式发展,并在社会变迁的消费崛起及

〔1〕 蒋建东.三峡库区城镇迁建总结性研究[M].武汉:长江出版社,2012.

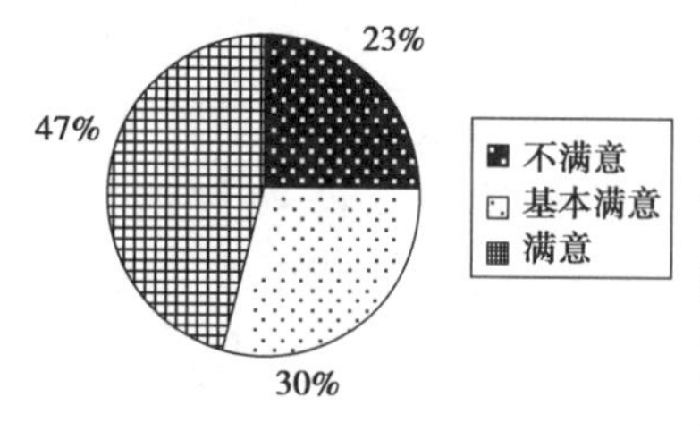

图 2.22　库区居民生活满意度

国家政策的宏观引导下，哪怕是在温饱线上挣扎的居民，也开始追求高层次的生活需求，如子女的教育、老人的赡养、身体的保健、精神的愉悦等，期盼有更好的教育、更高水平的医疗卫生服务、更丰富的精神文化生活、更优美舒适的环境及更可靠的社会保障，这不仅是对物质文化生活提出的更高要求，也是在社会公平、福利保障及宜居环境等方面要求的日益增长。而库区城镇居住人口（包括户籍与非户籍人口）的不断增加，原规划建设的学校、医院等社会基础设施在数量、容量等方面都尤显不足，人本需求与库区社会基础设施规划建设的不协同造就了各种相关社会问题的频现。

以人为本，以财为末。人安则财赡，本固则邦宁。

——陆贽《均节赋税恤百姓第一条》，唐

城市在精神和物质两方面都应该保证个人的自由和集体的利益。对于从事城市计划的工作者，人的需要和以人为出发点的价值衡量是一切建设工作成功的关键。

——《雅典宪章》)(1933 年)

3 内涵与构架：三峡库区社会基础设施协同规划理论

库区城镇在经历了移民驱动的城镇化及快速紧迫的城镇迁建后，其社会变迁相对其他城镇具有非线性和地域性等独特之处，从而引发特殊的矛盾和冲突，即社会问题亦具有典型性和普遍性的混合特质。但由于社会变迁最终落脚在人的变迁，即社会变迁的平稳有序性取决于人的变迁的平稳有序性。因此，针对由社会基础设施缺失所引起的库区社会问题(图3.1)，本章提出协同规划的治理理念。通过协调社会基础设施规划与新型城镇化进程、人本需求的相互统一，保障平稳有序性的社会变迁，从而达到治理社会变迁过程中矛盾与冲突的目的。

(a)万州某幼儿园开园报道

(b)万州区某医院排队挂号

(c)长寿区某街道占道停车

图 3.1 社会民生问题群像

因此，针对库区由社会基础设施所导致的社会问题产生本因，首先，应该建立以三峡库区地域社会问题治理为导向的社会基础设施协同规划理论视野；其次，通过搭建库区社会基础设施规划与新型城镇化进程、人本需求之间的关系，厘清其间的相关机制；最后，基于复合理论体系构建三峡库区设施基础设施协同规划理论框架，指导社会基础设施的规划建设与新型城镇化进程、人本需求协同发展。

3.1 三峡库区社会基础设施协同规划的理念释出

随着库区移民搬迁和城镇化迁建的顺利完结,其城镇化也进入中期加速阶段,并逐步融入全国乃至全球城市体系的社会、经济、文化及政治重构之中,社会福利需求提升与物质载体紧缺的问题,是传统的多部门分割、多主体主导、多规划各自为政的静态规划所较难解决的,使得协同规划的探讨有着前所未有的必要性与迫切性,特别是在城镇化的不同阶段配置相应的社会基础设施,都是促进社会资源和社会机会合理配置的有效手段和途径,又是正确处理社会矛盾、社会问题和社会风险的制度化手段和途径。所以,亟须构建社会基础设施与新型城镇化、人本需求协同发展研究的理论框架。

3.1.1 三峡库区社会基础设施协同规划的原理

1)基于协同论的规划原理

协同论是认识世界的一种思维方法,其研究思路主要是在大系统中子系统之间如何进行协作,其思想精髓是强调系统间的关联作用对系统结构形成的重要性。从社会基础设施系统来说,协同论与城镇化进程处于适应、协调、共进的良好状态,前提条件是建立与城镇化进程中的规划编制者、受用者、市场等多系统间相互协同的目标和价值观。从协同规划的角度来看,社会基础设施作为复合系统,不仅有着外在城市巨系统多层面的动态联系,也存在着内在子系统的多功能联动,系统内外俱表现出综合复杂的整体协同效应关系。而从城市规划的视角来看,城市规划作为指导社会经济发展的蓝图及空间结构布局的工具,要有效布局城市空间结构、优化土地资源配置及协调多部门利益关系,必须从宏观(区域规划)—中观(城市总体规划)—微观(详细规划及专项规划)—实施层面贯彻协同理念,从而实现规划层次之间的有序对接(图3.2)。

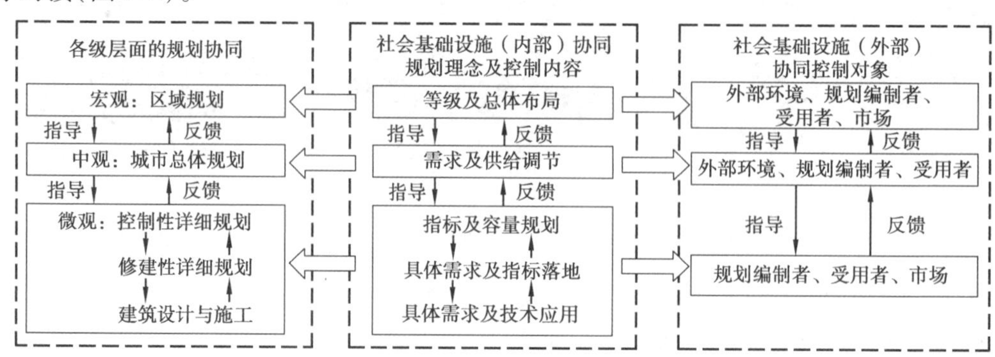

图3.2 基于协同论的规划流程示意图

2)新型城镇化进程中的人本需求导向

社会基础设施作为城镇空间中“学有所教、病有所医、娱有所乐、老有所养”的空间载体,其提供的物质服务目的在于提升城市居民的社会福利水平及生活水准。但由于社会基础设施在经济方面的高投入、低回报,以及需要长时间的持续维护,使得其在社会经济发展中的收益的显性不如道路交通等经济基础设施,因而其在城市建设中的关注度亦不如经济基础设施。但世界各国经济发展模式的经验教训证明:单纯注重经济基础设施的建设是不够的,经济基础设施还需要社会基础设施的配合[1]。

就我国而言,传统的城镇化进程中城市规划的重点是关注城市的经济发展,而缺乏对高层次人本需求及社会福利水平的关注。社会基础设施协同规划的本质是以人的发展需要为导向,以人本需求的各级层次及既有问题为核心,通过多层面规划的紧密联系,从宏观的区域发展战略到微观的地块控制及建筑设计,形成紧密联系的协同作用,为社会基础设施规划建设适应新型城镇化进程,建立社会基础设施规划与居民需求之间、社会基础设施内部子系统之间的协同发展框架提供科学指导,从而引导和带动城市整体向结构和功能更加有序的状态发展。

3.1.2 基于系统论的三峡库区社会基础设施协同规划本质探索

作为科学研究的两个基本方法之一[2],系统中心论(简称系统论)是通过辩证综合的视角,从整体出发,把事物看作“相互联系、相互作用、相互依赖和相互制约的若干组分按一定规律组成的有机整体”[3]来研究其要素构成和发展的客观规律。随着城市功能及目标的不断升级,城镇化进程中所产生的社会问题亦趋向于多元化、复杂化,当代学界对此的研究思路及方法,也逐步由强调要素解构的还原论研究转为强调要素之间综合性的系统研究。这样的系统研究可有效解决复杂多元体系所产生的问题,并且已经在社会、经济、人口及生态等多学科的既有研究中得到验证。因此,在城乡规划学科中引介系统论视野及方法也是学科科学化及理论复合化的必然趋势。而早在20世纪60年代,西方城市规划学者就提出了系统规划理论。其意图是引入新的理论和方法来应对传统规划基于物质空间设计的缺陷,从而使规划学科可以建构在一个比较坚实的理论和科学基础之上。[4]

就研究对象来看,城市作为一个多要素、多层次及多结构的动态复杂系统,社会基础设施作为城市现代城市基础设施体系中的重要构成系统,与其社会、经济、文化、土地及生态环境等众多子系统密切相关。此外,社会基础设施自身也是由教育设施、医疗设施、文化设施等多个子系统构成的。因此,仅从空间形态或布局结构的角度孤立地研究社会基础设施规划,显

[1] 沃伦·C.鲍姆,斯托克斯·M.托尔伯特.开发投资:世界银行的经验教训[M].王福穰,颜泽龙,译.北京:中国财政经济出版社,1987:437.

[2] 另一个基本方法为机械还原论。机械还原论是通过对事物的规律性进行研究,从而把复杂事物解析为简单的组成部分,并对其进行研究的理论方法,是从总到分的研究方式。而系统论则与之相反,强调的是事物之间的相互关联性及整体性。

[3] 栾玉广.自然科学研究方法[M].合肥:中国科学技术大学出版社,1986:275.

[4] 尼格尔·泰勒.1945年后西方城市规划理论的流变[M].李白玉,陈贞,译.北京:中国建筑工业出版社,2006:23-71.

然无法全面有效地治理其存在的问题。因此,对社会基础设施进行协同规划的研究探索,即可将其视为一个生命系统,不仅具有自身的循环体系,更与外部其他系统存在循环发展关系,即构建社会基础设施系统的构成体系,从要素、子系统的构成、联系和冲突来剖析、揭示其在城镇化进程规划配置的规律,满足居民的不同需求。

同时由于传统的公共服务设施规划在一定程度上是相互割裂的,虽诸多研究者将其作为一个整体来研究,但较少考虑其系统内部各个专项设施子系统之间对于社会福利提升及人本需求的相关性和系统性。基于此,在系统论视角下研究社会基础设施协同规划,是通过建构社会基础设施系统与外部系统的动态协调演进过程,来调控人本需求,协调城镇化进程与社会基础设施的规划建设时序及规模。此外,社会基础设施的协同规划需要多元的标准和测度方法来对规划实施信息进行评价和诊断,才能发挥和满足政府积极干预和控制城市规划发展的能力和需求,使得规划编制者能及时对规划及需求进行反馈与修正,并有据可依来引导和调控市场化下的土地及空间资源的配置。

3.2 社会基础设施与新型城镇化、人本需求协同发展的关系建立

社会基础设施作为结构性社会关系的表现形式,为社会生活、社会福利及社会制度的正常运转奠定了基础。首先,进入现代社会,社会基础设施的独特之处在于其建设处于先导地位,即其建设时间及地位都应先于经济基础设施(英国、美国、德国、新加坡、日本等的发展经验也都遵从了这一规律)。其次,社会基础设施的布局数量及服务质量在城镇化进程中对社会经济的协调发展以及居民福利的质量改善有着战略性作用。

如前所述,新型城镇化的核心是以人为本,根据2013年中央一号文件,其目标在于有序推进农业转移人口的市民化、提高城镇化质量造福百姓,而其关键在于在城乡一体化互动发展的基础上,实现公共服务均等化,及“逐步实现教育、医疗等基本公共服务由户籍人口向常住人口全面覆盖”。正如仇保兴在《新型城镇化:从概念到行动》中对新型城镇化特征与目标的六方面总结,指出新型城镇化是从数量增长型转向以质量提高为导向的城镇化[1]。因此,社会基础设施作为“学、医、娱、老”等需求的空间实施载体,与新型城镇化实现农业转移人口在子女就学、社会保障、技能培训、公共卫生、养老等方面的市民均等化目标,有着核心价值趋同、目标需求同质及空间载体同构等相关关系(图3.3)。

3.2.1 核心价值趋同——国家政策的指引

新型城镇化作为国家重要的发展战略,社会基础设施建设作为城镇化进程中城市物质扩张的有机组成,国家相关的法律、法规、方针政策对两者都会产生重要的影响,且两者在某些

[1] 仇保兴.新型城镇化:从概念到行动[J].行政管理改革,2012(11):11-18.

方针政策中同时被提及,可见城镇化的发展历程与社会基础设施的建设完善是国家相关政策不断发展深化的过程。

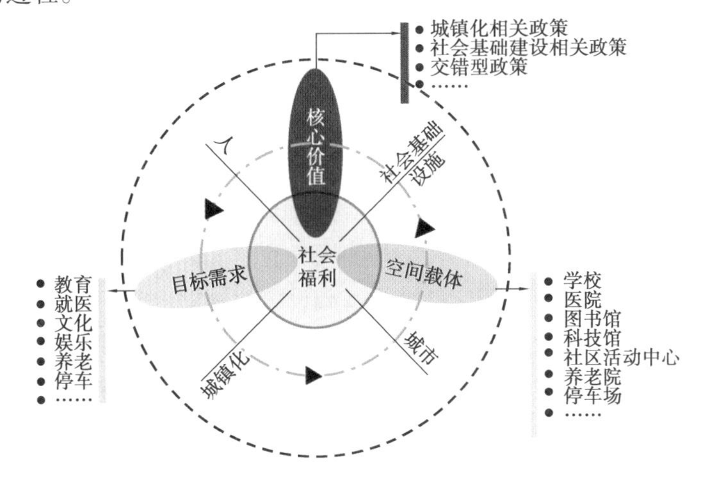

图 3.3 社会基础设施与新型城镇化相关关系示意

1) 国家政策对社会基础设施建设的价值指引

随着经济的不断崛起,社会问题已逐步成为进一步提高城镇综合承载力的瓶颈,国家层面也意识到缓解问题的急迫性,希望通过教育、医疗、养老等社会福利制度的改革来对症下药。但社会福利制度的实施不仅需要经济支持,更要有相应的物质载体,因此,国家及地方出台了一系列与社会基础设施及公共服务供给有关的政策。正如 BE Strumpel 提出国家政策、社会福利与社会基础设施建设之间存在着相互作用的密切关系,一个国家或地区与公共服务相关的法律、法规、方针政策往往对社会基础设施的建设有巨大的影响:一方面,良好的社会福利政策环境更有利于社会基础设施的数量、容量及服务范围在区域的扩展和城市的建设中逐渐扩充;另一方面,政府相关政策及法规的出台与推行可以直接影响社会基础设施规划者的执行力度与方式,为受用者创造更好的需求供给载体。因此,公共政策、发展战略、法律法规、规章制度和办法措施不仅是国家或地方为促进社会福利水平提升及社会基础设施建设的重要措施和手段,也是规划管理部门的重要政策依据和准则。从对与社会基础设施相关的政策整理可看出,从 2000 年至今,我国及库区的相关政策和法规有 3 个特点:

①在城镇化进程对社会福利政策及相关设施建设逐步重视。新型城镇化的本质转变在于更加注重社会福利水平的提升,各种公共福利政策的出台更加需要社会基础设施的物质落地。如十七大报告就指出:“社会建设与人民幸福安康息息相关。必须在经济发展的基础上,更加注重社会建设……扩大公共服务……努力使全体人民学有所教、劳有所得、病有所医、老有所养,推动建设和谐社会。”十九大报告也指出:“完善公共服务体系,保障群众基本生活,不断满足人民日益增长的美好生活需要,不断促进社会公平正义,形成有效的社会治理、良好的社会秩序,使人民获得感、幸福感、安全感更加充实、更有保障、更可持续。”

②越来越注重农村转移人口的普惠及农村公共服务设施的投入。新型城镇化中人的“迁转俱进”,主要是针对农村转移人口进入城市后的生活方式转变的要求。如十八大报告就明确提出:“有序推进农业转移人口市民化,努力实现城镇基本公共服务常住人口全覆盖。”第十

二届全国人大常委会明确指出:“加快推进基本公共服务均等化,……使农村转移人口真正融入城镇,因此社会城镇化的主要任务是实现医疗、教育、社会保障等方面的城镇化。”而消除城乡二元化的迫切需求使得国家对社会基础设施布局的均等化等方面也从 2010 年开始提出了一系列具体的政策措施。

③对社会基础设施的具体规划细则及专项规划要求愈加明确化。在城镇化的进程中,“以人为本”已经成为国家制定相关政策的主要出发点,根据不同人本需求制定相应的政策,如 2013 年的《中华人民共和国老年人权益保障法》强调推进与老年人日常生活密切相关的公共服务设施的改造、2016 年修订《中华人民共和国教育法》要求加快普及学前教育及构建学前教育公共服务体系等,都将指导相应的社会基础设施的规划建设。

就库区而言,三峡移民不仅是百万人口的简单重组,更是社会、经济、生态及城镇空间的艰苦重构历程。近几年来,中央和地方人力、物力,全力编织起一张就业、社保、医疗“保障网”,要使移民生活安定、改善,更加需要中央和地方大量投入社会基础设施的建设,确保教育、医疗、人文、养老等社会福利提升保障移民搬迁之后能稳住。故此,《三峡后继工作规划》(2010—2020)也明确提出三峡后续工作的首要任务是移民安稳致富及促进库区经济社会发展,其中就包括实施移民安置社会保障,完善库区基础设施、社区公共服务设施,特别是针对完善社区公共服务设施。《三峡后继工作规划》特别指出通过整合资源,完善生态屏障区及移民安置社区内的就业帮扶中心、卫生室、文化室以及养老院、福利院、救助站等公共服务设施,规划教育、文化体育、医疗卫生、市政公用等设施。由此可见,随着特定时期的转变,社会基础设施的规划建设也必须随着变化调整。

2)国家政策对城镇化核心价值的转变指引

根据过往的经验,城镇化一般囊括了两个转变过程:其一主要是指景观的转变,即生态用地或农村风貌转变为城市景观;二是生活方式的转变,即人口向城市城里迁移,从事非农活动并使之生活方式、文化交往等城市化。这两个过程,前者是表面的转变,后者为本质的转化。英、美、法、德等西方国家以及日、韩等亚洲新兴工业化国家的经验表明,想要城镇化健康有序地发展,城镇化率达到 50% 是政府进行政策调节的最佳切入点。如英国,作为全球第一个实现工业化和城镇化的发达国家,但在快速城镇化中经历了由于城市基础设施匮乏、劳工住房短缺、生活环境恶化而导致传染疾病蔓延、危及社会安定和经济发展的困境。故而,英国政府从 20 世纪初开始颁布了《公共健康法》(1848 年、1875 年)、《住宅补贴法》(1851 年)、《住宅改进法》(1875 年)、《工人阶层住房法》(1890 年)、《住宅与规划法》(1909 年)等一系列有关环境卫生和住房标准的法律法规,在发挥市场主导作用的同时采取公共干预政策调控城镇化的发展。因此,英国也成了最早把城市规划作为政府管理职能的国家,中央政府在城市规划体系中发挥了显著的主导作用。与之相比,美国的城镇化则更强调市场竞争的作用,其在推进城镇化初期坚持市场主导,政府很少进行干预。随着制造业和服务业大规模、持续性地向城镇集中便出现了严重的交通拥堵、城市密度过大等“都市病”,因而美国政府从间接引导转向直接介入,出台了《联邦援助公路法》、“郊区化”等相关的措施来解决面临的“城市病问题”。但由于缺乏与之匹配的政府干预和调控,过度郊区化虽然使城市人口密度明显下降、人口及产业向郊区扩散,有效缓解了“都市病”困扰,但也导致了城市化呈多中心分散结构发展,造成中心城市空洞化,带来了公共资源的严重浪费。美国政府痛定思痛,推行双轮驱动政策,既强调市场化的作用,也注意把自由市场和政府调控相结合,提出了新城市主义和精明增长理念等新发展思想,最终使得城镇体系健全,居民即使是生活在惬意和宁静的小城镇也可以享受到和大城市一样的便利生活条件(图3.4)。综上,从全球对比来看,城镇化主要需通过市场来积极推动,同时也需配合政府出台与之相关的宏观经济、社会、环境等方面的政策来进行调控,特别通过公共政策来引导社会基础设施的建设来促进城镇化与农业现代化、工业化、信息化互动发展。

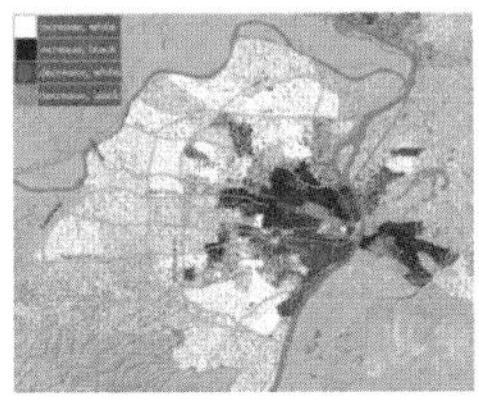

(a)美国1960—1970年的郊区化

(b)美国莫顿小镇人居环境优美、基础设施配套完善

图3.4　美国小镇掠影

中华人民共和国成立到改革开放前,我国城镇化经历了短暂发展时期(1953—1957年)、起伏波动时期(1958—1965年)、停滞时期(1966—1976年)三个阶段,城镇人口比重从10.63%缓慢上升到17.44%。从改革开放后我国城镇化全面恢复到2000年中国特色城镇化上升为国家重点发展战略,再到2012年提出新型城镇化的近40年,城镇化的发展过程不仅是我国社会经济发展的重要过程,也是国家城镇化发展战略、方针政策的演变过程,这一过程经历了以经济城镇化、土地城镇化、人口城镇化等为主的模式后,最终发展到"以人为本"的可持续型城镇化。而库区在特殊的时间和空间下进行的非线性城镇化,在宏观背景下,快速地经历着这一过程。为了移民的稳定及后三峡时代的长治久安,国家出台了一系列的相关政策,公共服务体系的建构完善及社会基础设施的规划布局已成为库区新型城镇化进程中的重要组成部分(图3.5)。

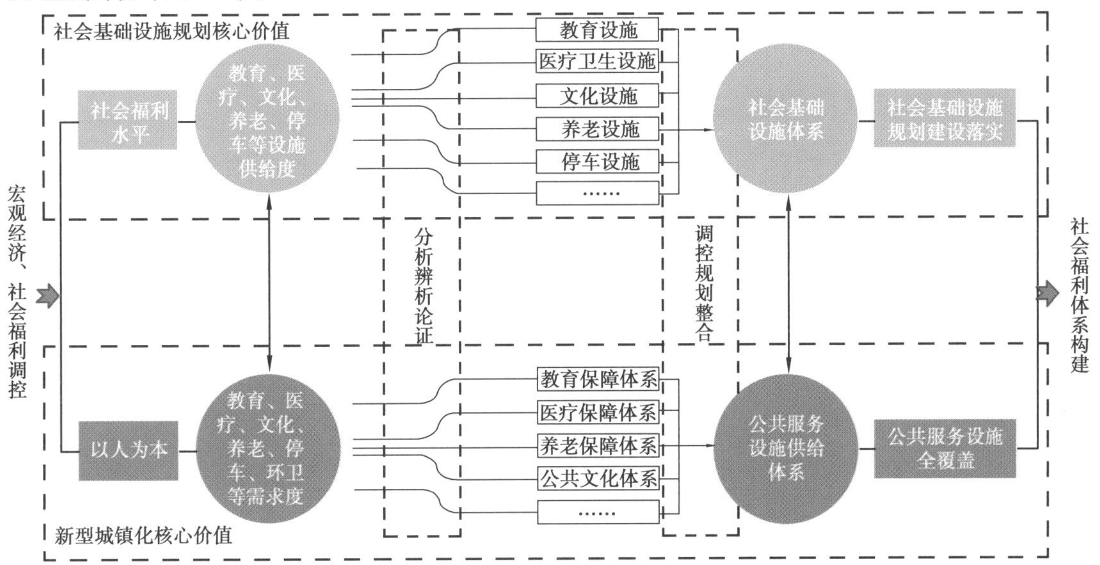

图3.5　社会基础设施与新型城镇化核心价值趋同分析

3.2.2 目标诉求同质——社会福利的需求

无论社会基础设施建设还是城镇化其核心归根结底都是“人”，而人的发展过程本身也是人类社会的发展过程。人的发展伴随着生理上的、心理上的各种需求。城镇化为人的发展提供了多种机会来满足其自身发展的需求，除了物质上的，更有社会公平与福利普惠等政策上的。社会基础设施作为实现人本需求及福利普惠政策的物质载体，其在城镇化进程中是不可或缺的存在。

1)基于社会需求的社会基础设施建设

随着城镇化进程的快速推进，城市居民除去对衣、食、住、用、行的基础需求，其在教育、医疗、社保等社会福利需求也在增加，快速城镇化进程中，受经济、体制、政策等多重因素的影响，社会基础设施的投入不足，其建设和发展速度严重滞后于人口向城市的集中速度和规模，导致社会基础设施的结构不能满足人的需求变化。而改革开放以来，我国经济社会持续稳定发展，城市家庭纯收入也稳定增加，人口结构作为影响社会基础设施建设需求的重要因素，特殊人口阶层对社会基础设施的需求数量和结构也发生了深刻的变化：从公共教育的需求角度来看，随着义务教育“两免一补”政策的实施，适龄入学儿童规模将直接影响社会对基础教育设施的需求；人口老龄化的加剧，也会直接影响医疗卫生保障金额的增长对养老设施的需求；城镇有车一族猛增，停车难、停车贵的现状使得居民对停车设施的需求十分迫切；作为相对独立的社会结构单元，进城务工人员以及库区独有的返迁移民，其社会福利需求已从原来的“个人需求”扩展为“家庭需求”，其子女成长所需的服务及家中老人的养老需求等，更加重了城市的社会福利供给及社会基础设施容量的压力。

综上，城市居民需要更安全的生存环境、更普惠的社会福利以及更大容量的社会基础设施供给，但城市所能提供的供给在数量和质量上都未能同步提升。因此，城市面临提升社会福利的需求与社会基础设施供给压力的供求矛盾，既体现在物质总量上的供求矛盾，又体现在供需政策上的结构矛盾，即供求矛盾是影响社会基础设施建设的本质原因。

2)新型城镇化进程中的社会福利需求

城镇化是一个社会过程，社会既是载体，也是主体，城镇化促使产业、资源、资金及人才等多重资源在城镇的集聚，必然将改变原有的社会结构。伯格的推拉理论从宏观经济的角度研究了城镇化中人口迁移的动因：城镇对农村居民具有拉力，而农村对当地居民存在推力。在推、拉两力的共同作用下，实现了人口从乡村向城镇的迁移。而城镇吸引农村居民的不仅是就业机会和相对较高的生活质量，重要的是更好的受教育机会、医疗卫生条件及全面的社会保障制度等相对完善的社会福利。随着城镇化的深入，社会成员在基本生活需求的基础上更加注重发展性福利政策的满足，即需政府为民众提供普享性的教育、医疗、儿童及养老等福利供给和服务项目。由此可见，在以人为本的新型城镇化进程中，提高居民福利水平，既是民众的实际需求，又是政府提供公共服务的根本原因。

但在新型城镇化的进程中，最大的困境就是如何尽量满足全体社会成员的需求，使其能平等、公正地享有社会资源和权利。而库区的人口城镇化不仅有着全国普遍存在的进城务工人员群像，还有着外迁移民返流的特殊情况。这些相对独立的社会结构单元，由于现行制度的原因，虽然在城市里有工作来维持生计，但是却无权享受其中的社会福利。党的十八大就提出，农民工市民化是新型城镇化建设的首要任务，也是到2020年城镇化质量要明显提高的必经之路。因此，库区的城镇化在以人为本的推进战略中，需注重协调城市居民的需求与公共服务体制供给、社会基础设施承载能力，并高度关注进城务工人员及被动城镇化（返流）移民的社会福利状况。

3.2.3　空间载体同构——需求的物质供给

《国家基本公共服务体系"十二五"规划》首次界定了"基本公共服务"的概念及范围，一般包括教育、医疗卫生、文化体育、社会保障等领域的保障基本民生需求的公共服务。要实现新型城镇化提出的城镇基本公共服务常住人口全覆盖等目标诉求，除了需完善基础教育保障、社会医疗保险、养老保险、社会福利及优抚安置等国家现已立法推行的社会保障制度外，更为重要的是将承接这些保障制度的物质载体，即相关社会基础设施在空间上布局落地。因为社会保障政策及制度所提供的基本公共服务资源并不一定能直接惠及居民。如教育保障及社会医疗保险就必须通过学校和医院等社会基础设施提供空间载体，从而将相关政策和资金资源转化为专业服务人员的职业技能及各类设备的运行服务，即社会基础设施是其他社会政治实践的物质基础和实施载体。

要将社会基础设施规划与新型城镇化基本公共服务建设最终落实到具体的空间层面，涉及政策制定，法律保障，城乡规划的编制、实施、管理等层面（图3.6）。具体来说，城乡规划编制又涉及城乡土地利用总体规划、城乡用地布局、城乡空间结构与空间形态组织、城乡公共服务设施规划、城市总体规划、城市分区规划及控制性详细规划、各个公共服务设施的专项规划，以及上述几方面对应的城市、城镇、乡村相应的规划编制、规划设计、实施与管理等。基于此，社会基础设施规划与新型城镇化城乡生态建设作用载体具有同构性，最终落实到政策、法律法规、规划编制、实施与管理，并在物质空间载体中体现土地利用、用地布局、空间结构、空间形态、交通组织等方面。

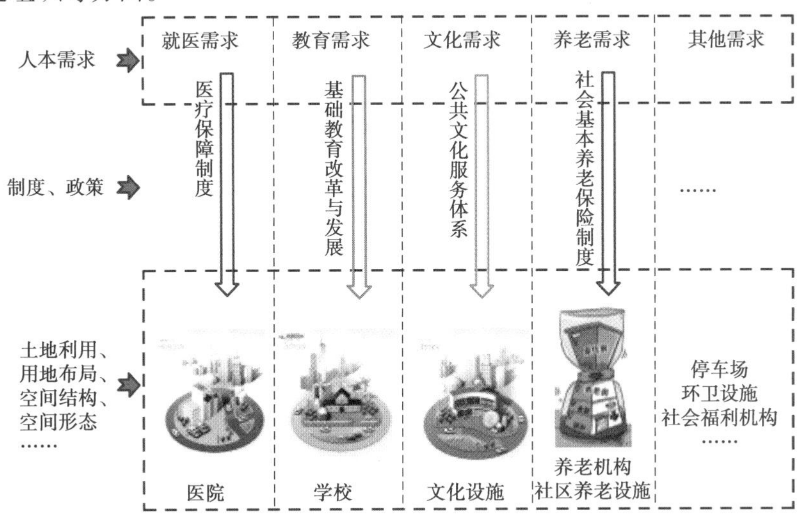

图3.6　社会基础设施与新型城镇化空间载体同构解析

3.3 社会基础设施与新型城镇化、人本需求的相关机制研究

如前所述,在库区快速城镇化进程中,其间的城镇遇到了一系列由社会基础设施建设缺失所引起的社会问题。究其原因,是因为城镇化不单只是一个国家或地区城乡人口比例、产业结构的转变过程,也是一个社会综合进步的复合过程。因此,对社会基础设施建设中问题的研究不应单纯建立在反映城市表象(即物质世界)的数据统计上,而应还原到其发生时代及空间的社会背景(城镇化进程)中进行解析。本节借鉴推拉理论的研究视角,对库区社会基础设施和新型城镇化的相关机制进行解析(图 3.7)。

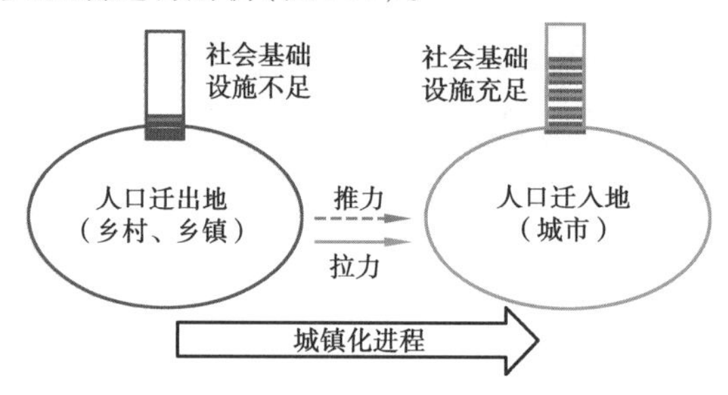

图 3.7　基于推拉理论的库区社会基础设施与新型城镇化的相关机制示意

3.3.1 社会基础设施建设对三峡库区新型城镇化的拉力机制

西方古典推拉理论认为,劳动力迁移是由迁入与迁出地的工资差别所引起的;而现代推拉理论则认为,迁移的推拉因素除了更高的收入以外,还有更好的职业、更好的生活条件、为自己与孩子获得更好的受教育的机会,以及更好的社会环境。如巴格内(Bagne)认为,人口流动的目的是改善生活条件,流入地的那些有利于改善生活条件的因素就成为拉力,而流出地的不利的生活条件就是推力。基于此角度,在城镇化进程中,最本质的就是城乡人口的流转,而城镇社会基础设施的优良程度,直接影响着人们的迁移情况及城镇化的健康状况,因此,社会基础设施的建设对城镇化的进程具有较强拉动力。

1)社会福利与社会基础设施建设

社会福利是指国家依法为所有公民提供的各种政策和社会服务,其旨在通过解决广大社会成员在各个方面的民生福利问题,以保证并提高物质和精神生活水平。社会福利一般包括现金援助和直接服务。现金援助为以弥补第一次收入分配的差距,通过社会保险、社会救助和收入补贴等形式实现;直接服务则是国家福利政策的物质承担者,通过兴办各类社会福利机构和设施实现。由此可见,社会福利是在基本生活保障的基础上保护和延续有机体生命力的一种社会功能。

从经济学的角度来看,社会基础设施与社会服务起源于市场失败,起源于适者生存、优胜劣汰的经济市场竞争法则,如何营造机会均等和社会平等的社会环境,改善弱势群体、劣势群

体和普通百姓的生活环境,防止收入差距扩大、两极分化、社会分隔与社会冲突,促进社会融合与社会团结显得格外重要。不论是从经济学的角度,还是从规划学科的视角来研究社会基础设施,其核心目标都是通过合理规划建设社会基础设施来缓解相应的社会问题,进而改善生活质量、提高个人与社会的福利水平,营造和谐美好的人居环境,从而实现社会公平、社会平等和社会发展。

因此,社会、经济协调发展程度越低,社会基础设施的地位就越重要,从规划学科的视角对社会基础设施的数量、服务范围等进行规划布局,要确保其社会性与公共服务性能充分发挥社会公平、社会平等目标,并成为经济发展的前提。

2)教育设施对三峡库区新型城镇化的教育拉力

我国经济已由高速增长阶段转向高质量发展阶段,库区更是处在城镇化转型、经济结构优化、增长动力转换的转型时期,人口素质的整体水平将直接影响现代化经济体系的建设和我国特色社会主义进入了新时代的战略目标。

人口素质,包括文化教育、道德水平、心理健康等水平程度,是城市文明的根基。从西方近代发展的历史来看,城乡文化教育普及度较高的国家,城镇化动力也更为强劲。库区城镇化率从 1994 年的 9.72% 快速增加到 2014 年的 50.65%,但在这短促的时间里,其人口素质却相对较低。与英、美、日三国快速城镇化时期的人口素质普及度相对比可发现:英国在城镇化水平达到 25% 这一门槛时,正是由于其国民整体素质相对偏低,导致即便在产业革命的推动下,英国仍用了百年之久才将 25% 的城镇化率翻番,并且还伴随有各种社会问题与矛盾。相比之下,得益于良好的教育基础,美、日的“城市化加速”则显得轻松许多:美国教育的普及使东海岸地区城乡人口均有较高的文化素质,为其日后快速、健康的城市化发展奠定了坚实的基础;而日本的“科技立国”战略使得其全民素质快速提升。基于上述分析,结合英、美、日的城镇化曲线及其加速期年增长率的对比分析(图 3.8[1])可看出:美、日历史中的教育基础,有效消除了城镇化初始阶段城乡人口在知识水平与思想观念上的鸿沟,成为日后城镇化加速的精神支柱。

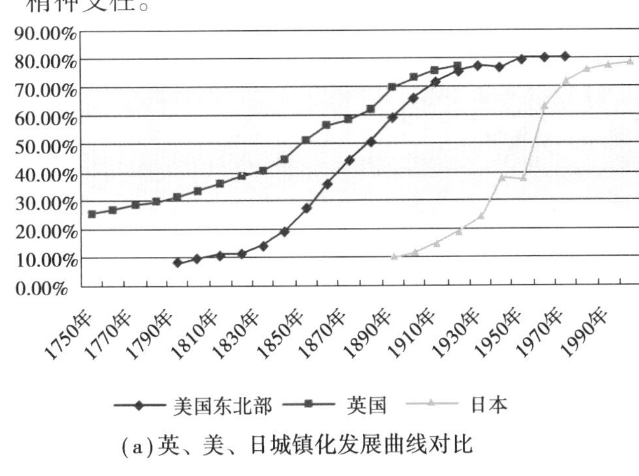

(a)英、美、日城镇化发展曲线对比

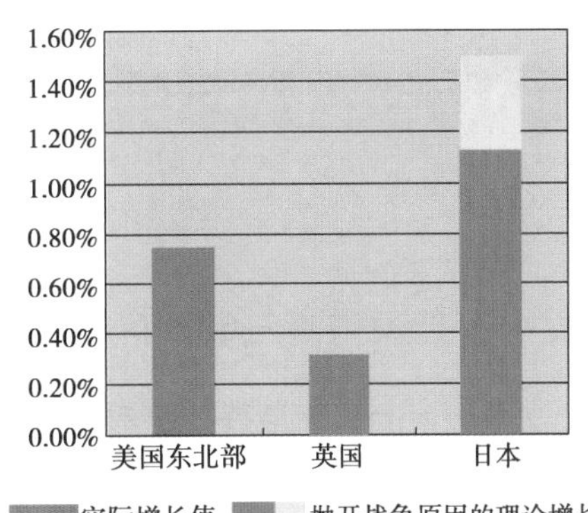

(b)英、美、日城镇化加速期城镇化率年均增长率

图 3.8 英、美、日城镇化率对比分析

〔1〕 资料来源:美、英、日国家统计局官方数据。

从教育理论的视角分析，教育具有巨大的外部效益，即个人或家庭可以通过市场来获得教育利益，同时相当大的一部分教育利益通过受教育者外溢给了社会，提高了整个社会的劳动生产率，也提高了民族文化与道德素养，从而保证了国家的民主制度得以在一个更为良好的环境中运行。此外，就库区发展的现状来看，也急需知识型、技能型、创新型劳动者大军来支撑产业结构转型。由此看来，区域人口整体素质的提高、城乡人口素质的均衡是城镇化快速、健康发展的基础。因此，社会基础设施中的教育设施所提供的教育服务，对库区城镇化的可持续、高质量发展具有拉动作用。

3）医疗卫生设施对三峡库区新型城镇化的医疗拉力

生老病死是人的基本生命周期，因此，就医就成了刚需。而随着城镇化进程的加快，人们的生活方式及生活习惯的变化，加上环境污染的影响，不治之症出现变慢性病的大趋势（目前70%的癌症在临床定义上基本被认为可以治愈），慢性病率也显著上升；此外，人口老龄化加剧、二孩时代来临，都导致了人们就医的需求日益提升。这样的趋势在全球其他国家也同样存在（图3.9）。城市，特别是大城市作为甲级医院等较高质量医疗卫生设施的集中地，其所能提供的高质量医疗服务，逐渐向小城镇、乡村辐射，对城镇化的拉动力巨大。如库区的三甲医院，主要集中在重庆主城区、万州及宜昌市，这些医院的服务及设施都供不应求，也有很多人为了更好的就医条件来到这些城市。

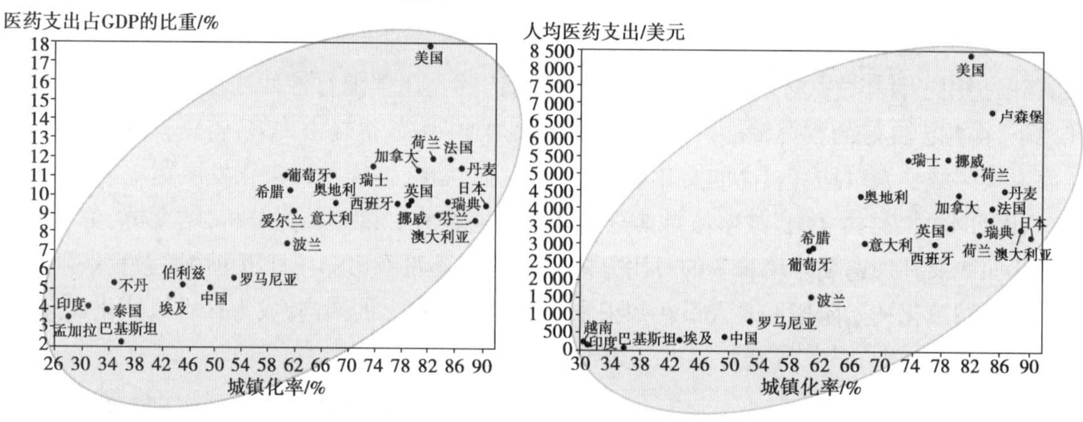

（a）医药支出占GDP的比重与城镇化率正相关（2010年）　（b）人均医疗支出与城镇化率正相关（2010年）

图3.9　全球医疗消费与城镇化的关系图示

资料来源：《2014年医疗城镇化市场分析报告》。

4）文化基础设施对三峡库区新型城镇化的文化拉力

文化最大的特征是普及性和大众化，其主要社会功能是普及文化知识、传播先进文化、提供精神食粮、满足人民群众的精神文化需求、保障公民大众基本的文化权益。特别是城市文化，是受城市社会活动和城市历史传统影响，由城市人共同创造并成为全体成员共同具有和保持下来的精神行为模式，如价值观、历史传统、习惯、价值准则、道德规范和信仰等，是一个地区发展的灵魂，既是经济发展的"硬支撑"，也是城市发展的"软实力"。故此，如果说经济是城市发展的"发动机"，那么文化则是城市发展的"助推器"，当前，文化或是文化产业已成为拉动社会生产力发展的核心要素之一。

城市文化的形成是受多种因素支配的，其中很重要的一个因素就是文化基础设施等物质设备。文化设施作为城市文化的物质载体，能创造一种共同的精神纽带、共同的奋斗目标、共同的价值观，把城市人联结起来，为培育和传播城市文化起到重要作用。因此，在新型城镇化建设进程中，政府是否注重公共文化设施建设，是否注重公共文化服务体系的建立健全与完善，是否注重提高公共文化服务水平，是否注重挖掘城市文化内涵，都直接关系到这个地方新型城镇化建设和发展的成败。库区的新建县城和移民乡、镇、村、组在三峡工程建设时期的"文化欠账"和城市文化断裂，这种双重的文化建设落后局面，将给库区未来全面协调可持续发展造成隐患，亟待在新型城镇化大格局下加强文化设施建设，提升其培育和传播城市文化的拉动力。

5）社会基础设施对三峡库区新型城镇化的经济拉力

人作为城市一切活动的主体，其为了改善生活才去发展生产，而在发展生产的过程中必然要不断改善和提高自身生存和发展的条件。除了不断改善衣食住行等基本生存条件之外，还需要不断提高自己的劳动能力，既需要在体力上，也需要在智力上不断提高。同时还要求提高精神享受，如娱乐、游览、休闲等条件。总之，劳动力需要再生产条件，城市人需要自身发展的条件。因此，人的城镇化，其核心意义是生活方式的城镇化。只有满足人不同的生活需求，才能促进城镇化的健康可持续发展。而社会基础设施作为社会福利普世的物质载体，其也是为劳动力的再生产提供服务的物质条件，从而推动消费、拉动城镇化的经济发展。如养老地产、文化产业、教育地产等，都在逐步改变城市的消费方式及空间布局形式。社会基础设施在社会发展中处于优先地位，而不是经济发展的"配套工程"和附属物。社会基础设施的优先、先导、战略地位体现在诸多领域，例如社会福利事业与社会政策数量、质量与结构性关系，决定经济发展状况与经济政策的数量、质量与结构性关系。因此，社会基础服务设施作为由国家主要提供的一种公共产品，其经济属性对周边区域特别是对房地产市场的外部性效应十分显著。以教育设施为例，冯皓等通过分析上海市多个片区住宅价格与学校分布的相关关系，验证了区域内教育资源质量和数量的差异直接影响着住宅价格。但传统的城市总体规划是通过划片区来确定学校的规模及位置，故而，现在逐步转变为依托已有学校或规划学校对周边居住区进行规划建设，这种方式不仅能更好地控制学校的供给能力，同时也能拉动地价和房价。

对于基础设施与经济增长关系的实证研究始于 Aschauer（1981）的开创性贡献。通过运用柯布-道格拉斯生产函数（C-D 生产函数），Aschauer 实证结果表明生产率的提高和政府支出用于公共设施的资本高度相关，并创造性地提出，就政府支出与经济增长关系来看，美国 1971—1985 年全要素生产率下降的主要原因是基础设施投资增速低。[1] 同时根据"大道转移理论"，对社会基础设施在区域发展中的累积效应进行分析可知：在区域发展的大道转移过程中，基础设施起着前向推动和后向拉动的巨大作用。基础设施投资资本系数高，劳动系数低，具有在总投入中的比重很高，在总产出中的比重较低的特点。基础设施的社会经济效益

---

〔1〕 张望．城市基础设施与经济增长的关系[J]．中国统计，2006(7)：27-28．

一般高于其他产业部门,而资金回收率却低于其他产业部门。但社会基础设施对生产成本有显著的降低作用,据测算,城市中社会基础设施每增加1%,生产成本则可降低0.216%。同时,社会基础设施还会刺激机器设备以及土地建筑物的投资,并且对土地建筑物的投资需求的刺激更加显著,其需求弹性为0.219,大于机器设备的需求弹性0.129。[1] 因此,城镇化发展作为一种集聚效应和扩散效应的过程,在库区社会基础设施有所缺失的现状条件下,应发挥城市规划对城市未来发展具有综合部署的特点,充分考虑人口增加导致的社会福利设施增长,将城镇化建设逐渐从集聚效应转变为扩散效应。

世界各国和中国社会发展的经验证明:社会基础设施建设对经济发展效果和经济发展模式选择具有特别重要的意义。纵观德国、日本、英国和美国经验,社会保障制度与社会政策框架是经济发展的前提。社会基础设施发达,社会政策与社会服务体系完善,社会市场与经济市场协调发展的社会,社会发展质量最高,人们的生活状况与生活质量最佳,社会福利与社会平等程度最高。从社会政策比较研究角度看,以瑞典为首的北欧福利模式是世界公认的社会发展最好地区。北欧福利模式和社会政策体系,特别是社会服务体系建设与经济社会协调发展,成为中国发展社会、构建和谐社会和提高生活质量的榜样。

3.3.2 新型城镇化对三峡库区社会基础设施建设的推动机制

三峡工程完结以来,库区城镇迁建已然卓见成效,其城镇在加速新型城镇化进程的同时,社会福利体系建设也不断加快,社会福利投入显著增加,社会福利水平明显提升,迅速提高了社会福利的普遍性和公平性。社会福利政策是否能够做到普惠化,其关键之一是要建设健全完善的社会基础设施体系。新型城镇化对人本需求的重视,使社会基础设施建设开始摆脱在资源匮乏和制定发展规划时,处于次要和配套的附属地位。而经济基础的加强、社会生活的提升以及环境保护的强化等城镇化进程中的多方诉求,对社会基础设施建设起到了巨大的推动作用。

1)人口城镇化对三峡库区社会基础设施完善的推动机制

人口城镇化是新型城镇化发展的基础,城镇人口的规模、年龄比重、从事职业的性质以及受教育的程度都密切影响着社会基础设施的需求及建设规模、时序等。2000年到2015年我国常住人口城镇化率从36.22%上升到56.1%,2019年更是达到了60.60%,俨然已超过了《国家新型城镇化规划(2014—2020年)》中2020年达到60%的部署。该规划中引导约1亿人在中西部地区就近城镇化[2],这说明将有一半以上的人口生活在城镇里。重庆作为西部最大的城市,除了要满足自身人口的城镇化,特别是库区移民的城镇化,还承担着辐射周边区域的重担。为保证这些涌入城镇的人口"学有所教""病有所医""娱有所乐""老有所养",必将为其规划、配置相应的社会基础设施。以教育设施为例,随着二孩政策的来临,根据实证数据,估算全面放开二孩政策实行的第1年带来的新增人口大致为500万人,此后逐年递减,短

[1] 司徒珑瑜.欠发达地区社会基础设施作用分析[J].黑龙江科技信息,2003(8):23.
[2] 国家新型城镇化规划(2014—2020年).

期人口增量可能会在未来 5 年释放,共计 1 500 万人 ~2 500 万人[1]。如此大量婴儿的出生,带来的是从幼儿园到小学、中学,最后到大学的教育需求。而库区作为发展相对滞后、思想较为落后的地区,其居民在生育观念上更倾向于多子多孙,故而需要完善教育体系,规划建设更多的教育设施。

2)经济城镇化对三峡库区社会基础设施建设的推动机制

经济城镇化主要是指通过城镇化过程带动地区经济总量,人均 GDP,第二、三产业在经济发展中所发挥作用的提升。2000 年以来库区经济一直保持稳定增长,人民生活水平显著提高。伴随着城镇居民收入的增加与消费能力的增强,其对各种需求的层次也逐步提升。但根据欧美发达国家的工业化与城镇化过程归纳得出:在城镇化的初、中期,工业化是城镇化的主要动力,两者呈现出明显的正相关关系;城镇化后期,第三产业成为城镇化的主要动力,其对城镇化水平提高的贡献份额将大于第一产业。根据国际上衡量工业化程度的经济指标,2014 年库区城镇化处在加速发展阶段,工业化处在中期,城镇化与工业发展不匹配,经济基础薄弱。无论是城镇化的发展还是社会基础设施的建设都与经济存在密切的关系:城镇化需要坚实的经济基础来为其提供人口、社会、城镇建设等多方面的发展机会及物质条件;社会基础设施的建设必须与经济发展相匹配,否则欲速则不达、过犹而不及。

纵观国外发展,在以往很长一段时间,社会基础设施在发展中的角色、地位与作用,特别是社会基础设施与经济发展的关系,都受到不应有的忽视,社会基础设施被认为是纯粹的花钱和社会开支。但随着工业化和城镇化的发展,从英国的“福利国家”,到 1960 年代的社会指标运动和欧美的反贫困运动,再到 1970 年代所谓的“福利国家财政危机”,无一不体现出新发展观的精髓与社会政策框架、社会福利制度与社会服务体系是“不谋而合”的。这也改变了“社会基础设施无助于经济发展、竞争能力和财富积累,而且是经济发展的绊脚石和毫无必要的经济负担”的思想。而在社会预防、社会投资与社会建设方面,社会基础设施是投资效果最好的领域,是经济社会发展的最佳润滑剂和社会基础。[2] 因此,通过对社会基础设施建设的资金投入,改变在资源匮乏和制定发展规划时,其处于次要和配套的附属地位,提升经济城镇化对社会基础设施建设的助推力,更能通过社会保障事业促进经济体制改革。

3)社会城镇化对三峡库区社会基础设施均衡的推动机制

社会城镇化的过程主要包括城镇医疗、教育、文化生活等质量的提升。医疗卫生条件是居民身体健康的重要保障,从全国来看,城镇化进程驱动基层医疗市场需求持续释放,特别是作为联系农村和城市之间枢纽的县级医院,覆盖服务人口超过 9 亿,其使用率也随着需求逐年攀升(图 3.10)。在我国“保基本、强基层、建机制”的新医改形势下,各级财政势必将加大针对基层医疗卫生服务体系的投资扶持力度。再以重庆市为例,2000 年到 2014 年卫生技术人员以及医院床位数量都发生了明显改善,每千人拥有卫生技术人员的数量从 2.66 人上升到了 4.58 人,每千人拥有医院和卫生院床位的数量也从 1.68 张增加到 3.50 张。医疗条件的

---

〔1〕 林采宜,刘郁.全面放开二胎政策对中国人口的影响.

〔2〕 刘继同.社会基础设施体系建设与构建和谐社会的社会基础[J].福建论坛(人文社会科学版),2008(3):116-120.

改善,可以保障城镇居民的身体健康,从而使更多居民可以走出家门参加各类旅游活动。尤其是老龄化社会的到来,医疗条件的提高可以保障更多有退休金、有时间、身体健康的老年人实现旅游的愿望。

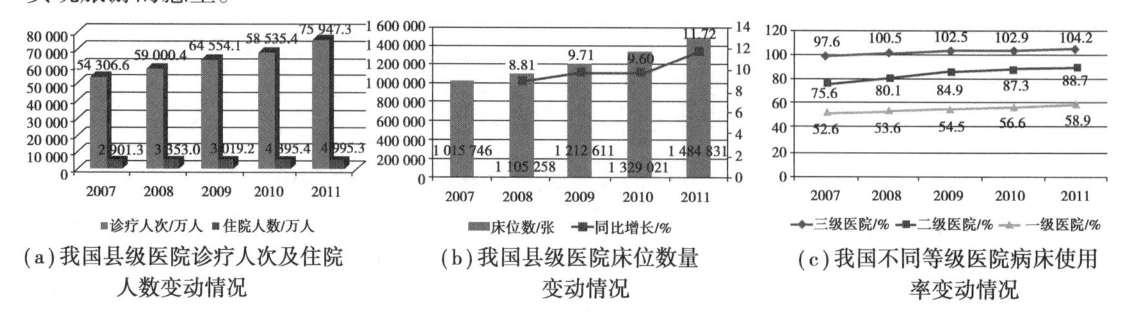

(a)我国县级医院诊疗人次及住院人数变动情况　(b)我国县级医院床位数量变动情况　(c)我国不同等级医院病床使用率变动情况

图3.10　2007—2011年我国县级医院使用情况变化趋势

资料来源:《我国城镇化发展进程对基层医疗市场需求的影响分析》。

再以教育设施为例,随着城镇化水平的全面提高,居民教育经费、教师数量、受教育程度都大为改观。此外,教育的需求也日益增加,教育经费占GDP的比重已经从2000年的3.88%上升到2014年的4.14%,人均教育经费也从303.69元增加到1 451.88元,万人拥有教学人员的数量从92.97人增加到93.72人,每十万人口拥有在校大学生数从438.75人增加到2 252.64人。这些社会需求的提高,落实在空间上就要求社会基础设施布局更均等、数量容量更合理,故而在城市进行各个方面的规划时,社会基础设施也不再是配角,而将逐步走向引导居住用地规划的方式。

4)生态环境城镇化对三峡库区环卫设施完善的推动机制

城镇是人口的中心、交通的中心、非农业生产活动的中心,但城镇人口的急剧增长对自然环境带来了强烈的干扰、改变和破坏。私家车数量的迅速增长,公共交通发展缓慢,造成了严重的大气污染;工业化发展以及“三废”的任意排放,污染了水体、土壤和大气,危害了城镇居民的健康。特别是库区由于城镇迁建、水库工程建设等特殊原因,对自然环境的破坏相当严重。因此城镇化若想获得可持续发展,必须对城镇生态环境进行保护和建设,城镇化过程也是城镇生态环境保护理念、技术措施的发展与实践过程。城镇生态环境基础是生态环境城镇化建设的前提条件,2014年我国城镇建成区绿化覆盖率已经达到39.59%,重庆为43.1%排名第6,较之2010年三峡工程建设刚完成时的39.80%,有不少的提高。

此外,城市环境卫生不仅关系到市民居住和生存的质量,同时也侧面反映出一座城市的文明程度以及市民的素质,故而也是影响城镇社会发展必不可少的重要因素。城市环卫设施,特别是生活垃圾搜集点、处理场(厂)、社会公厕等环卫设施的布局,也直接影响到居民的生活质量。因此,生态环境城镇化亟须对环卫设施进行完善。

5)空间城镇化对三峡库区社会基础设施建设的推动机制

从空间来看,城镇化是农村用地、农村景观向城镇用地、城镇景观的转变过程。从全国来看,2000年到2014年城镇建成区占全国面积的比重已经从2.34%增加到5.18%,即城镇建成区的面积翻了一倍多;人均建成区面积也从17.71 m^2 增加到129.57 m^2。重庆市的城镇建成面积也由 439.22 km^2 扩展到 1 115 km^2[1]，人口密度高达 363.15 人/km^2，远高于全国平均水平，也高于大多数发达国家的平均水平。这种城镇地域面积的扩张伴随而来的是经济基础设施与社会基础的建设加大。因为只有这样，才能满足高密度人口在城镇里的各种需求；而社会基础设施的逐步增多，也将吸引更多的人涌入城镇。这样的情况，不仅要求社会基础设施体系的完整性，还需要保障其布局的均等化。由此不难看出，空间城镇化对社会基础设施建设具有强大的推动力。

3.3.3 新型城镇化对三峡库区社会基础设施建设的保障机制

1）新型城镇化对社会基础设施规划的作用

城乡规划体系是由全国城镇体系规划、省域城镇体系规划、城市规划、镇规划、乡和村庄规划等不同区域层次规划组成的一个相对独立的、完整的规划体系。而新型城镇化城乡规划体系是建立在城乡规划体系的基础上，涵盖不同部门、不同区域、不同形式的规划，如国民经济与社会发展规划、主体功能区规划、区域发展规划、土地利用总体规划、城乡规划、城市总体规划以及人口、产业、城建、环境、科技与创新等规划形式（就目前而言，因为新型城镇化城乡规划体系尚未有明确的概念和内容界定）。社会基础设施规划是以城乡规划体系所包含全国城镇体系规划、省域城镇体系规划、城市规划、镇规划、乡和村庄规划等不同区域层次规划的主要内容以及控制性详细规划、修建性详细规划的部分内容作为基础，用于保障社会基础设施规划与物质空间层面的对接。社会基础设施规划是与城乡、城市、城镇、乡村相对应的；在具体的规划内容上，社会基础设施规划涉及的土地利用规划、交通规划组织、空间结构与形态、建筑设计导则层面等是相互衔接的，进而在物质空间层面得以具体落实。基于此，城乡规划体系或是新型城镇化城乡规划体系对社会基础设施规划起到保障机制的作用。

2）以人为本对社会基础设施规划的作用

社会基础设施规划实施是通过新型城镇化以人为本的核心目标具体落实到空间层面的。如前文所述，新型城镇化以人为本的核心目标涉及政策、管理、空间、产业发展、投资建设等诸多方面，包括物质空间建设层面、精神层面以及文化教育、政策法规等，落实在城乡规划层面包括：强化社会基础设施建设的激励约束机制；完善社会基础设施建设的技术创新机制；健全社会基础设施建设的社会参与机制；社会基础设施建设的责任追究机制等。这些强化落实社会基础设施建设的机制作用一定程度也是社会基础设施规划落实的机制保障。

3.4 三峡库区社会基础设施协同规划的理论框架探索

通过第 2 章的问题梳理，可知库区社会问题的成因本质是库区社会基础设施规划建设与

---

〔1〕 数据来源：《2014 年城乡建设统计公报》。

新型城镇化进程和人本需求不协同，而城市作为各种生产关系及利益博弈的交集，需解决太多的空间需求矛盾。因此，就更需要一个讨论相关事务的公共平台来控制城市建设的负外部性，对社会发展及利益集团进行协调，从而缓解城镇化进程中的矛盾和冲突。[1] 基于此，本章从系统论的视角提出了协同规划理念，正如朱镕基在一次城市规划设计座谈会所言："城市规划工作的好坏，直接关系到人民的前程和幸福。规划工作必须具备全面统筹的整体观点、高瞻远瞩的发展观点及上下结合的群众观点。"在此理念的指导下，通过构建社会基础设施、新型城镇化及人本需求三者之间的协同关系，并厘清其间的相关机制，故此，基于系统论的协同规划理念是解决问题的理论途径。

3.4.1 社会基础设施协同规划理论基础

根据社会基础设施的定义和内涵以及与新型城镇化和人本需求的相关机制可知，其是由教育、医疗、文化等各类设施有机组合而成的整体，具有高度综合性、系统性。因此，本书以系统规划论为基础，将社会基础设施看作一个复杂巨系统，具体设施则是其间的子系统来研究。但就既有研究来看，组成社会基础设施系统的子系统之间的关系是非线性的，其彼此之间的不断竞争与协调导致系统朝有序、协同的方向发展。故此，应用系统规划论的目的是使社会基础设施系统规划从过去分散的、孤立的思维方式，转变为从全局的、整体的视角来剖析和研究具体问题。系统规划理论本质源自物质空间规划理论，是将城镇规划要处理的环境，包括城镇、区域乃至整个地域环境看作一个大系统，通过系统方法来对其进行分析和处理，强调整体性、相关性、结构性和动态性。而作为系统科学理论之一的协同论是研究开放系统内各要素间如何合作、协调或协同的学说：就研究对象来说，其可看作许多子系统的联合作用，以产生宏观尺度上的结构和功能；就研究理论来看，又有许多不同学科进行合作来研究支配自组织系统的一般原理。针对社会基础设施系统所涉及矛盾的多样性和复杂性，协同论理论的引入就是为了从一个全新的角度来审视和进行相关研究，从而强调其系统的开放性及内部的非线性的相互作用。

协同论有两个重要原理：一是"协同导致有序"，即复杂系统通过各子系统之间的非线性相互作用，出现协同现象，并在协同过程中，使系统结构从无序走向有序，取得整体大于局部之和的效果；二是"支配原理"，协同论认为一个由众多子系统构成的系统，在演化过程中有众多参量对其产生影响，其中的序参量(数)完全确定了系统的宏观行为并表征系统的有序化程度，支配系统演化发展的行为，故只要了解序参量的行为，就可以把握系统结构演化的整体行为。通过对人本需求的分析可知，社会基础设施系统内的子系统满足着不同时期、不同类人的具体需求，缺一不可。但库区现有的经济基础和城市建设现状，都无法让其自主实现协同有序发展。因此，基于系统观及协同论，就社会基础设施规划而言，在规划的制订和实施管理过程中应建立一个弹性的动态机制。

---

〔1〕 黄卫东. 走向协同规划·规划师的应对[J]. 城市规划,2014(2):22-25.

3.4.2　新型城镇化进程协同:协调发展及社会经济学理论

1)协调发展理论

根据美国地理学家雷·诺瑟姆1979年提出的城市化增长“S”曲线理论,我国在经历了漫长的初始阶段(城镇化率低于25%),于1987年达到25.3%正式进入加速阶段(城镇化率处于25%~70%),虽2015年的56.1%并未达到成熟阶段(城镇化率达到70%以上),但已然进入20%~30%这一自然加速期区间[1](1981年20.2%—1997年30.4%),较之英、美、日三国却是迅猛许多[2]。通过对英、美、日三国城镇化速率与质量的比较可发现:英国在城镇化率达到25%时,整体国民文化素质最低且城乡人口文化差距具大,因而即便在产业革命的推动下,英国城镇化率仍过了百年才超过50%,其间各个大城市还不断伴生有各种社会问题;而得益于通过良好的教育基础对人口整体素质提高、城乡人口素质均衡的重视,美、日的城镇化加速期则显得轻松许多。由此可见,人口素质的高低与城镇化的速度与质量密不可分。在满足人的低级需求基础上,提高教育、医疗、文化等社会福利的普及度,对快速、健康地推进我国新型城镇化至关重要(图3.11)。因此,作为人本需求及社会福利的物质载体,社会基础设施规划建设与城镇化进程之间绝非各自孤立发展,两者符合协调关系研究的基础条件,对其进行协调发展研究是社会基础设施与城镇化两系统健康、可持续发展的必然过程。

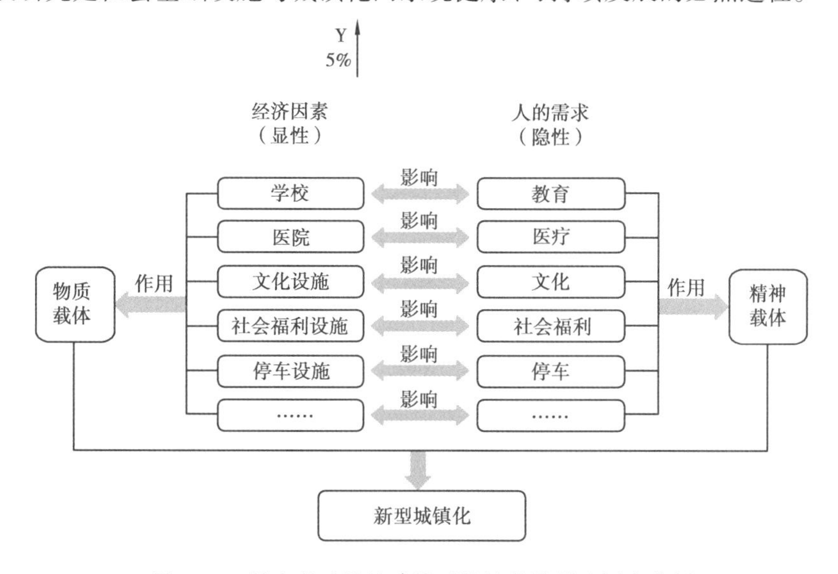

图3.11　社会基础设施建设对城镇化的影响因素分析

“协调”是指为了达到某一目标,各组成部分之间“和谐一致、配合得当”,其最早出现在古典经济学理论时期。协调发展则是哲学思想的重要体现,无论在中国古代或西方早已融入人们的发展观:协调发展是以人为本的综合发展,其包括多层次的协调,不仅包括子系统之

---

〔1〕 Hillesheim J W, Merrill G D. Theory and Practice in the History of American Education: a book of readings[M]. Washington D. C.: University Press of America, lnc, 1980.

〔2〕 肖竞,曹珂. 数字背后的机制——人与社会的因素对城市化进程的影响分析[J]. 国际城市规划,2011,26(1):46-52.

间,同时也包括子系统与系统之间的协调。从协同论的角度看,协调是系统之间或系统的组成要素之间在发展演化过程中彼此的和谐一致(孟庆松,1998),这也意味着系统间并不是简单的“平等发展”,而是一种多元化的动态发展(高波、朱英群,2006)。而基于科学发展观,协调是将以人为本作为出发点和归属点,遵循代内公平和代际公平的原则下满足当代人的物质欲望的协调,即是“以人为本”的协调。从系统论及协同论和“协调”的概念出发,社会基础设施作为5大类设施的集合系统,城镇化复合了人口、经济、社会、生态环境及土地空间等5个层次,二者协调发展是两大系统之间以及其系统内部数量维的发展、质量维的协调和时间维的动态持续性,具有时间性、空间性和动态性。因此,在城镇化进程中,需要注意以下3点的协调。

第一,基于人口转移推拉理论的人本需求变化与社会基础设施的质与量的协调。唐纳德. 博格(D. J. Bogue)于20世纪50年代末提出的系统化的劳动力转移“推拉模型”认为,农业劳动力总是在“推力”和“拉力”、“反推力”和“反拉力”的比较中和转移后的正负效益权衡中作出是否转移的决定的,特别是原住地耕地不足,学校、医院等基本生活设施的缺乏等因素促使人们向就业机会更好、工资更高、教育和卫生设施更好等条件的地区迁移。因此,社会基础设施对非农人口的转化有着强烈的拉动作用,反之,非农人口的增加、居民生活方式及社会交往结构的变迁则对社会基础设施的建设起到了推动助力的作用。

第二,基于区域经济非均衡增长理论的社会经济发展程度与社会基础设施建设的时序与数量的协调。现实中很多国家或区域的经济并非是按照均衡增长模式发展的,为了更好地解决出现的经济问题,佩鲁、缪尔达尔、赫希曼、弗里德曼等分别从不同的角度对区域经济非均衡增长问题进行研究,如增长极理论、核心—边缘理论、梯度转移理论等,这些理论对库区社会经济相对落后的问题有裨益的参考。

第三,基于集聚效应的社会生活及人居环境改变与社会基础设施规划的结构与布局的协调。集聚是城市在空间上的重要特征,也是影响城镇化发展的重要规律。城镇化的集聚效应主要表现为农村人口逐步向城市迁移、社会生活交往方式逐步转变、城镇建设用地逐步集中以及生态环境逐步人工化的复合过程,人口的集聚势必增加相应的服务和精神享受的需求,从而引起相应的文化教育、医疗保健、体育娱乐、购物和社会福利等的集聚。高密度人口带来了城镇用地紧缺,而生态环境恶化更对社会基础设施的具体建设提出了迫切要求。

综上所述,社会基础设施的规划建设只有与城镇化人口数量增速、经济产业发展水平、社会生活方式转变、生态环境保护及土地空间结构调整等多个因素和问题协调一致、配合得当,才能实现城镇化的可持续健康发展。

2)社会经济学理论

从经济学的研究视角来看,与那些主要服务于经济发展或经济增长目标、为直接生产部门提供基础支撑的经济基础设施不同,社会基础设施主要为满足人类自身基本生存和发展需求、改善生存状况和生活质量、提升个体身心健康和社会公正和谐等提供基础性支撑。正是由于社会基础设施的服务特性,与我国较长一段时间城镇化的发展目标是提高经济基础、民众的需求层次多为初级阶段有所冲突,且由于各级政府在社会基础设施建设中投融资职责的分工不尽合理,“过度依靠地方财政和市场化的融资渠道解决”[1],使财政实力薄弱、可支配财力不足、融资权限小的城镇级政府承担了主要投资建设的职责,而中央政府和省级政府职责分担不足:1994—2005 年,中央财政收入占全国财政收入的比重平均为 52%,地方各级政府平均为48%,而同期中央所承担的事权平均在30%左右,地方则达到70%左右;2010 年,中央财政收入占全国财政收入的比重下降为 50.1%,地方财政支出占全国财政支出的比重上升为 82.2%;2014 年,中央财政收入占全国财政收入的比重下降为 45.95%,地方财政支出占全国财政支出的比重上升为 85.12%[2]。由于地方政府投资超出财政支出范围,从而挤占了最需要支持的社会福利事业的发展投资,造成了社会基础设施的资金供求缺口不断扩大。同时,社会资本(民营资本及外资)受制于各种行政壁垒而难以进入[3],市场动力未能全面发挥作用,社会基础设施建设投资主体多元化的格局亦尚未真正形成。以上种种经济缘由,造成了社会基础设施的规划建设与经济基础设施长期处于较低水平,且随着福利思想的发展,“后工业化社会”和“后福利国家时代”的社会活动最高目标已提升为改善社会成员生活质量、建立社会福利制度及提高社会福利水平。国家建立社会福利制度是为了满足社会成员的人本需要,而社会基础设施是社会福利制度得以实施的物质载体,因而出现了社会问题。而世界各国经济发展模式选择的经验教训也说明:单纯注重经济基础设施的建设是不够的,还需要社会基础设施的配合来共同提升社会福利水平[4]。

以公共福利为研究对象的社会经济学最早出现于萨伊的《实用政治经济学教程》中[5],其哲学基础为人本主义,强调以人为中心[6],通过对价值与福利的关注[7]、公平和平等的重视[8]以及经济发展的研究[9],来满足人的基本需求、追求大众的普世福利、实现社会的可持续发展(Len Doyal,1991)[10]。特别是以法国西斯蒙第为代表的人本主义社会经济学[11],其以马斯洛需求层次理论为基础,强调在首先满足人的基本需求后,要及时满足人高层次的需求。因此,其作为经济学与社会学交叉的一门边缘学科,将经济看作是整个社会系统中的一个子系统,以经济学的视角研究社会问题,也从社会学的角度剖析经济与社会的协调发展机制,从而促进国家福利发展。正如 Lutz 所认为的:社会经济学“就是研究经济活动中,如何使

---

[1] 王铁军.中国地方政府融资 22 种模式[M].北京:中国金融出版社,2006:58.

[2] 2014 年全国财政决算。

[3] 王元京,张潇文.城镇基础设施和公共服务设施投融资模式研究[J].财经问题研究,2013(4):35-41.

[4] 沃伦·C.鲍姆,斯托克斯·M.托尔伯特.开发投资:世界银行的经验教训[M].王福穰,颜泽龙,译.北京:中国财政经济出版社,1987:437.

[5] 理查德·斯威德伯格.马克斯·韦伯与经济社会学思想[M].北京:商务印书馆,2007.

[6] O'Boyle,Edward J. The Nature of Social Eco-nomics[J]. International Journal of Social Economics,1999,26 (3):49.

[7] Etzioni, Amitai. The Moral Dimension: Towarda New Economics [M]. New York: Free Press,1988.

[8] Deborah M,Figart,Ellen Mutari and Marilyn Power. Living Wages, Equal Wages: Gender and Labour Market Policies in the United States [M]. London: Routledge, 2002.

[9] Booth, Douglas E. The Environmental Consequences of Growth [M]. London:Routledge,1998.

[10] Doyal,Len,IanGough. A Theory of Human Need [M]. New York:Guilford Press,1991.

[11] 作为社会经济学的始祖,西蒙·德·西斯蒙第于1819 年撰写的《政治经济学新原理或论财富同人口的关系》被誉为是社会经济学的奠基之作。社会经济学分为天主教社会经济学流派、人本主义社会经济学流派及奥地利派社会经济学流派。其中以西斯蒙第为首的人本主义社会经济学以人本心理学为其理论基础,最为强调满足人的需要,这也是人本主义社会经济学的精髓。

人类福利达到最大化的科学"[1],即研究市场竞争中弱势群体的转化机制,从而使参与创造国民财富的各种要素的贡献与回报保持对称、基本均衡,从而解决弱势群体的社会问题。就本书而言,就是要平衡社会基础设施建设投入需求、政府财政支出与市场投资回收,缓解相应的社会问题。

故而,从社会经济学的视角,在城镇化过程中,"人—社会—经济"是辩证交互的关系:社会变迁本质上是人的变迁,人平稳有序性变迁才能避免社会变迁过程中的矛盾和冲突;经济发展是社会变迁形塑空间的主要动力,而城镇空间作为社会变迁的产物,既是推动经济发展的利益基础,也是满足人的基本需求乃至更高追求的物质载体。因此,协同社会基础设施规划建设与主要动力的相关机制,是缓解三峡库区部分社会问题的关键之一。

3.4.3 规划编制协同:社会基础设施规划相关理论

协调确保社会基础设施的整体结构和空间布局,要求规划编制者从具体的规划理论及方法入手,与之协同。针对社会基础设施的规划并没有直接理论,而可借鉴与之内容近似的公共服务设施相关理论进行探讨。

1898 年霍华德(英)的"田园城市"理论作为公共服务设施规划提出的第一个理论,针对现代社会出现的城市问题为研究导向,认为公共服务设施必须服务和限制一定人口及用地规模,且根据不同的设施进行等级分类,按照使用要求在中心区或在居住区就近布置;1930 年佩里(美)的"邻里单位"理论,既将居住地视为物质建设的单元,更将其视为社会构成单位,这样使邻里单位的规模弹性较大,可因地因时而异。随着邻里单位理论的传播,在居住区内配置公共服务设施的做法逐渐为大众所认同;1933 年克里斯塔勒(德)的"中心地理论"初步探讨了城市商业、服务业的分布,以及在一定区域内城镇等级、规模、职能、数量及空间结构之间的关系和规律性;1933 年《雅典宪章》首次提出了从城市到住宅之间的城市公共服务设施分级体系;20 世纪 80 年代末、90 年代初出现的新城市主义,在邻里与社区的组织、建构方式上强调将公共领域的重要性置于私人利益之上。特别是"二战"后,西方国家公民社会崛起使公共服务的需求不断增大,1963 年库伯的公共设施区位-配置模型,1968 年忒兹的公共设施区位理论以及 20 世纪 70 年代后的反比例服务法则(Iverse-care Law),更多地从国家政治、经济及文化等多重影响因素研究公共服务设施的空间布局机制及配置方式。为应对城乡地区基础设施差距,日本提出生活圈规划建设,有效促进了地区均衡发展。

我国城市公共服务设施配套的组织模式来源于邻里单位模式(周干峙,1997),而近年来的研究方向开始以社会学理论为背景,进行如社会分层、社会冲突、社区行动、社会体系等所导致的不同种类的案例研究(陈秉钊,1991;赵民、赵蔚,2003;张彤燕,2006)。基于这样的规划理论研究和应用,形成了《城市公共设施规划规范》(GB 50442—2008)、《城市居住区规划设计规范》(GB 50180—2018)、《乡村公共服务设施规划标准》(CECS 354—2013)等不同空间层级和不同行政范围的规划规范。库区所处的重庆市和湖北省也有着《重庆市城乡公共服务

[1] Lutz, Mark. Economics for the Common Good: Two Centuries of Social Economic Thought in the Humanistic Tradition [M]. London: Routledge, 1999.

设施规划标准》(DB-50T 543—2014)、《湖北省民政公共服务设施项目建设管理基本规范》等地方性规范。库区作为一个宏观的特殊地理范围,还缺乏区域性的协同规划理论和策略。

3.4.4 人本需求协同:生理与心理需求理论

根据1943年美国心理学家亚伯拉罕·马斯洛在《人类激励理论》中提出的马斯洛需求层次理论,人本需求可从低到高分为初、中、高级三阶段5个层次:处在初级阶段的生理需求和安全需求;处在中级阶段的社交需求和尊重需求;高级阶段的自我实现需求。这5类需求均同时存在于同一个体之上,但每一时期都有一个主导需求成为行为的内在原因。通常最先满足生理需求、安全需求,而后其推动作用就会减弱,就会有下一个更高级的需求涌现出来并控制行动。而人本需求也是社会福利制度目标定位的依据,因此,需求理论亦是社会福利目标定位的理论基础。社会基础设施基本涵盖了城市居民不同层级的需求(图3.12)[1],并为其提供物质载体,则也有别于经济基础设施基本提供的是初级阶段的需求服务。

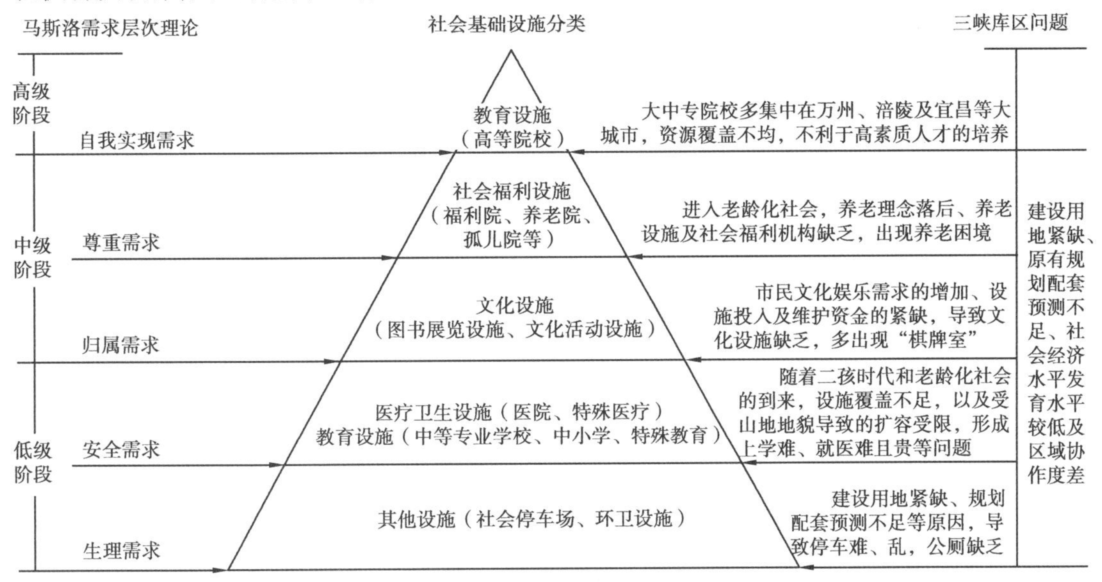

图3.12 基于需求层次及实际问题的三峡库区社会基础设施分类

新型城镇化“以人为本”核心的提出,使得城镇功能演变的本质由传统的经济发展逐步更替为不断满足城乡居民日益增长的物质与精神需求。马克思就曾指出人既是社会关系的总和,也是相对独立的个体,其具有个人的情感、意志及需求,而“需要是人的本质属性”[2]。城市的出现与发展归根结底在于满足人的基本生活需求,从而进行的生产和消费来满足人类精神需求。随着城市功能的演进发展,工业化带动城镇化进入(后)工业社会,城市功能也提升为社会服务功能,具体表现为对内以金融、物流、通信、科研、仓储等生产性服务和以人为中心

〔1〕 Taylor-Gooby, P. “Need, Welfare and Polotical Allegiance”, In Timms, N. ed., Social Welfare: Why and How? [M]. London: Routledge & Kegan Paul, 1980, 27-28;
Plant, R. “Need and Welfare”, In Times, N. ed., Social Welfare: Why and How? [M]. London: Routledge & Kegan Paul, 1980, 103-122.

〔2〕 中共中央马克思恩格斯列宁斯大林著作编译局. 马克思恩格斯全集(第三卷)[M]. 北京:人民出版社, 1982:514.

的社会服务功能为主,对外以区域服务功能为主。就我国而言,GDP 由 2000 年的 99 776.25 亿元提升为 2014 年的 635 910 亿元,人均 GDP 由 2000 年的 7 902.16 元提升为 2014 年的 46 628.51 元,已初步进入工业社会,消费结构也随之升级转型,并驱动着教育、医疗、文化、娱乐等相关产业及需求的增长。而社会和经济的快速发展,也带来了城市居民收入的飞速提升,如我国城市居民家庭人均可支配收入就由 2000 年的 6 280 元提升为 2014 年的 29 381 元[1],让城市居民大多摆脱了仅能糊口的温饱生活,开始有了一定的经济基础来满足对更好生活的向往,其生活方式和消费行为发生了根本性转变。以恩格尔定律来衡量居民对高层次需求的渴望可看出,随着家庭恩格尔系数由 2000 年的 39.4%降低为 2014 年的 36%,最根本的动因是由于人们对更好的物质生活、精神生活和人生价值的追求所带来的需求层次的变化。而社会基础设施所提供的物质服务恰恰能满足城市居民的这种需求,有利于和谐社会的创建。由此可见,协同规划受用者的需求来进行社会基础设施的规划建设,有利于更好地满足城乡居民精神与心理的需求,在整个社会形成和谐积极的发展氛围。

3.4.5 三峡库区社会基础设施规划的三维协同理论框架

通过对库区城镇化转型、社会基础设施建设现状及人本需求调查的梳理及问题解析,可知由社会基础设施缺失所引起的社会问题,究其根本在于社会基础设施规划的编制方法及管理措施与新型城镇化进程、人本需求不协调。对社会基础设施规划的编制过程(图 3.13),从城乡规划学科及交叉学科的理论层面来分析也可发现,目前社会基础设施规划多采用自上而下的、宏观调控式的规划体系,而缺乏对人本需求及经济杠杆的自下而上的反馈机制,才会造成重复建设、浪费资源的情况,导致出现严重的供需矛盾问题。

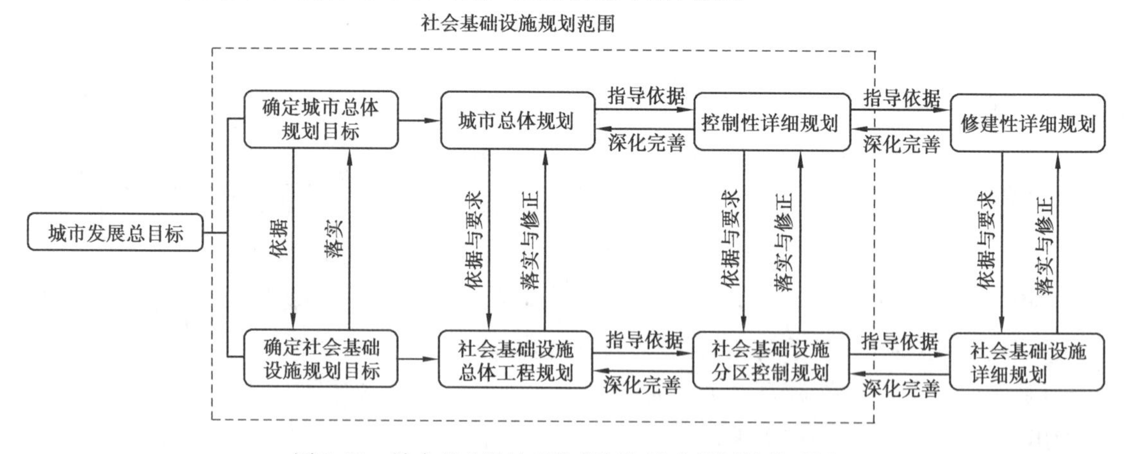

图 3.13 社会基础设施系统规划与城市规划的关系图

基于系统论的解析,社会基础设施作为城市社会福利普世的空间载体,作为一个有机体系,其就像生命科学一样,每一样设施互为关联组成一个有机整体,缺一不可,是一种有序复杂性问题。十几或者是几十个不同的变数互不相同,但同时又通过一种微妙的方式相互联系

[1] 中华人民共和国国家统计局.中国统计年鉴 2015[M].北京:中国统计出版社,2015.

在一起。就像生命科学一样,可以通过分析将其分化成许多个互相关联的问题。[1] 这种复杂的模式协调着城市的社会福利功能,推动着城市的动态发展,并确定其结构的演变(Meier,1962)。因此,在人本需求的基础上,协调好其体系内部的建设关系,与城镇化进程中协同政府宏观指引及经济杠杆动力同样重要。特别是在库区移民搬迁导致的快速城镇化背景下,产业结构的转型及原有生活模式的变迁,使得源自物质空间规划理论难以对传统城市规划进行自我调适。因此,急需突破既有城市规划单纯追求物质布局的艺术范畴,转向更复杂的知识体系以解决急剧的社会问题。

基于以上分析,笔者提出了城乡规划领域以社会治理为目标的三峡库区社会基础设施规划的三维协同理论框架,即社会基础设施、新型城镇化及人本需求三个维度的协同规划理论框架(图3.14)。

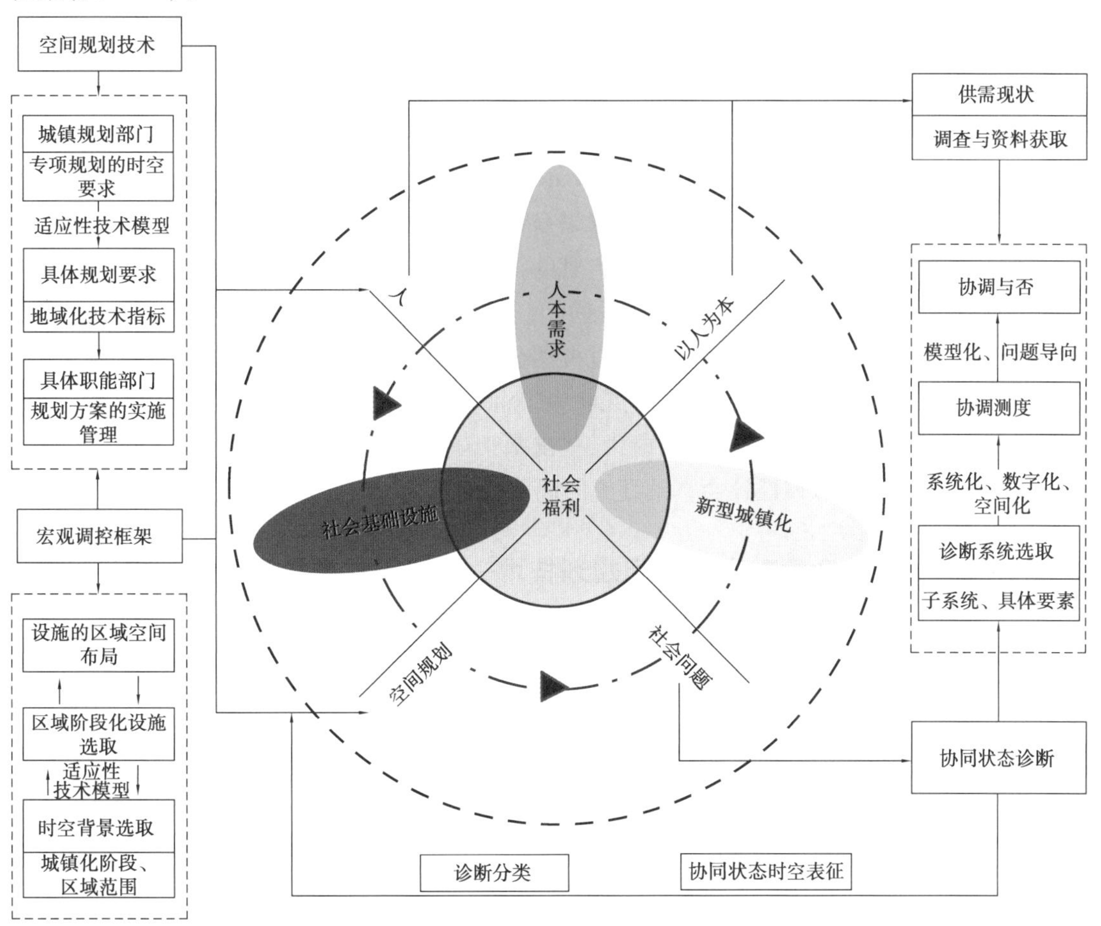

图3.14 三峡库区社会基础设施规划的三维协同理论框架

1)三峡库区社会基础设施—新型城镇化协同诊断——基于城镇化进程的协调测度

城市作为一个生命体,有着其发展的生命周期。与人相似,不同系统间不协调匹配就会随着时间的演进,衍生出不同的社会问题。只有对其间的各个系统,如社会基础设施系统与

[1] 简·雅各布斯.美国大城市的死与生[M].金衡山,译.南京:译林出版社,2005:485.

新型城镇化系统,通过系统的整体性、相关性及动态性方法来对其进行协调状态诊断,才能在问题萌芽时进行有效控制,而非待问题严重时才想办法解决。目前针对社会基础设施的各个要素进行的规划编制,作为一门专项规划仅仅是一个单纯的技术设计,而对群体需求、特殊个体需求、实施监控、系统管理等水平缺乏实时诊断,使社会基础设施规划的成果与现实发展不相符的部分得不到及时修改。尤其是当外部条件出现重大变化(无论是社会经济体系本身的,还是相关技术的重大突破)的时候,社会基础设施的规划无法及时应对整个社会经济的变革。因此,建立库区社会基础设施—新型城镇化协同诊断框架,可在新型城镇化进程中对其进行社会问题监视、分析和干预,即"在某一区域内一定条件下达到某个概率或某个区间的"的可能性,为政府决策提供帮助,而不是为一个城市理想的未来形态制定"一劳永逸"的蓝图。

2)三峡库区区域社会基础设施宏观调控框架——基于新型城镇化的优化配置

库区在社会经济发展相对滞后的情况下,不仅需要协调经济基础设施与社会基础设施建设的比例及时序,也需要协调社会基础设施体系内部各个设施的建设比例及时序。福利经济学中最重要的概念之一的帕累托最优理论(Pareto Optimality),其作为一种价值判断,从社会福利的角度来界定公平,并站在效率的角度来衡量资源配置的结果,因此是效率意义上的公平。诚然,在现实的经济活动中难以实现绝对的帕累托公平,但是可通过效率的提高来最大限度地接近帕累托公平。由于社会基础设施项目往往对资金、人力、物力的消耗极大,而且建设时间较长,因此在项目开始阶段就应通过模型分析、系统模拟的方式,考虑城镇化水平、使用者、投资者的博弈特征,从而适应人的需求、减少浪费。因此,可基于现存问题,协同新型城镇化进程中使用者及投资者的需求与能力,提出基于适应性抉择模型的宏观调控框架,结合其具体问题所在,提出区域性社会基础设施的规划策略。

3)三峡库区城镇社会基础设施空间规划技术——基于需求协同的地域化策略

如图3.16所示,按照传统的规划编制方法,几乎所有社会基础设施的规划供给能力的确定,都是以"国标"中人均指标为基本依据的;而该指标体系过于笼统,已无法适应各地的实际情况。因此,针对具体城市及社区,在规划适应性抉择模型的基础上,结合居民需求,对现行城市规划的相关规范及规定提出地域化的技术性策略,便于指导库区社会基础设施的实际建设。

一座城市就像一棵花、一株草或一个动物，它应该在成长的每一个阶段保持统一、和谐、完整。而且发展的结果决不应该损害统一，而要使之更完美；决不应该损害和谐，而要使之更协调；早期结构上的完整性应该融合在以后建设得更完整的结构之中。

——霍华德《明日的田园城市》(1898 年)

4 表征与分类：三峡库区社会基础设施协同状态诊断

社会基础设施的建设与新型城镇进程匹配协调，是缓解社会矛盾、促进协同规划的基础。新型城镇化“以人为本”的关键是推进人口的“迁转俱进”，即除了实现人口从乡村到城镇的空间迁移，还需同步推进农民到市民的职业身份及生活方式的转换。这就意味着新型城镇化应更多地关注人的发展和民生改善，让迁移到城市的居民能够“学有所教”“病有所医”“娱有所乐”“老有所养”。从全球范围来看，提高人民的生活质量及社会福利水平业已成为当今世界进入“后工业化社会”和“后福利国家时代”后所有社会活动及社会议题的最高目标。因此，无论是地域范围还是全球视野，这些目标都需要通过建设社会基础设施创造良好的人文环境、普及的社会福利、清洁的生态环境来提升人口素质、改善要素供给、扩大消费需求，从而促进经济发展及提高收入水平。但长期以来，基础设施尤其是经济基础设施与经济发展的关系似乎成了“纯粹的经济学议题”，缺乏社会学与社会政策的视角。而世界各国经济发展模式的经验教训更证明：单纯注重经济基础设施的建设是不够的，经济基础设施还需要社会基础设施的配合，才能带来积极作用。

由于城镇化进程中社会问题的出现总是缓慢渐变的，如不能及时发现并治理这些问题，必然会影响城镇化的质量及速度。故此，本章研究重点在于如何在库区新型城镇化进程中对社会基础设施的规划建设水平进行诊断监控。通过借鉴诊断的要义，建立库区社会基础设施—新型城镇化协同发展诊断框架，基于协调测度对库区 2000—2014 年社会基础设施建设与城镇化进程的匹配程度进行动态考察，并从库区区域宏观层面及具体城市中观层面进行时空表征的数理分析，进而揭示两者间存在的问题，为缓解库区新型城镇化进程中的社会问题找准标靶。

4.1 三峡库区社会基础设施与新型城镇化协同状态的诊断方式

4.1.1 传统社会基础设施建设水平评价方式:实时监控性较弱

三峡库区的城镇化发展从大规模移民安置进入到品质提升阶段,不单是城乡人口比例、经济结构转型的过程,更是社会综合进步的历程:由偏重城市物质形态的扩张提升为满足人的多层次需求,从而实现人口从乡村到城镇的迁移以及从农民到市民职业身份转换的同步推进。而社会基础设施作为"学有所教""病有所医""娱有所乐""老有所养"等人本需求的空间供给体,是人的社会属性在城乡建设及城镇化进程中得以实现的关键所在,也是促进社会协调、解决民生问题的重要环节,更是提高城市综合竞争力和社会福利水平的关键技术点。随着新型城镇化以人为本核心的提出,在库区工业经济发展迅速、人口快速增长及城市建设用地缺乏等综合因素的影响下,入学、就医、养老及停车等共性与刚性需求问题在不易察觉的缓慢渐变之后突显出来,使得城市作为城镇化的空间受体及物质载体的复杂巨系统面临"失控"。以问题为导向的传统城乡规划静态研究方式,难以动态结合所在地区的社会经济发展水平及城市自身的供给能力,来及时识别问题症结所在。而传统城市规划对社会基础设施(在此可等同于公共服务设施)并没有专项的评价体系,一般是在对城市总体规划实施评估、公共服务设施规划或相关设施专项规划时,对其建设现状进行建设用地面积统计(规划与实际建设对比)、实施项目情况(计划与实施进度对比)、需求与供给的差异等方面进行定性评价,如重庆市要求各个区县对城市总体规划进行实施评价(表4.1)就是以此方法进行的,其目的主要是监控在总规的指导下,城市土地空间的建设及城市土地结构的实施发展情况,但缺少定量的研究来考察其是否与城市发展阶段相匹配。

表4.1　总体规划设施评估中的社会基础设施评价方式

城区实例	规划项目	评价内容	图纸展示
长寿区	《重庆市长寿区城乡总体规划(2013年编制)》实施评估报告(2015)	对公共管理与公共服务用地建设现状与规划对比、公共服务设施重大项目建设情况	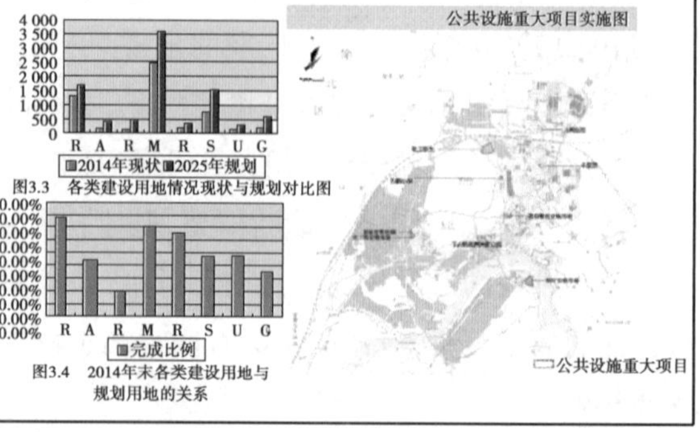 图3.3 各类建设用地情况现状与规划对比图 图3.4 2014年末各类建设用地与规划用地的关系 公共设施重大项目实施图

续表

城区实例	规划项目	评价内容	图纸展示
云阳县	《云阳县城市总体规划(2005—2020)》实施评估报告(2009)	对公共设施用地、重大公共设施项目的实施情况与总体规划指标进行了对比评估	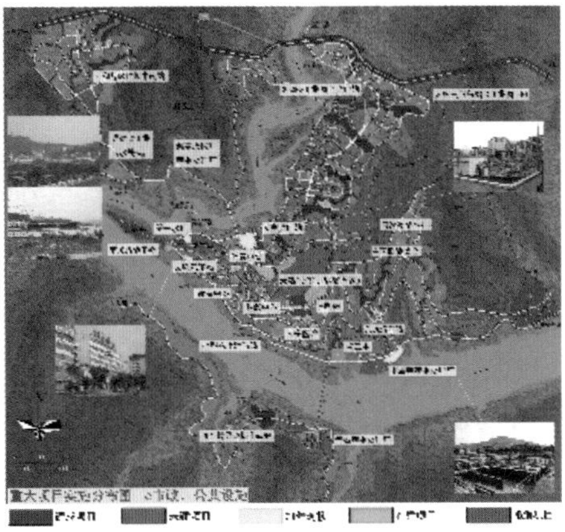
巫溪县	《巫溪县城市总体规划(2007—2020)》实施评估报告(2015)	对公共服务设施的已建用地面积—规划面积、所占城市用地面积的比例、重要公共设施规划—实施情况等3方面进行评估	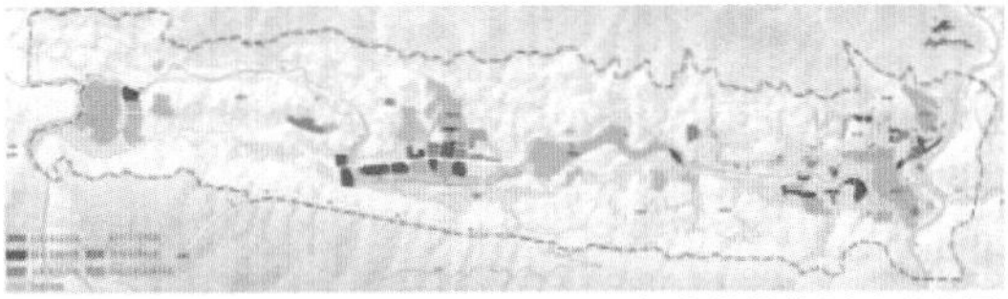 2013年公共设施用地现状图 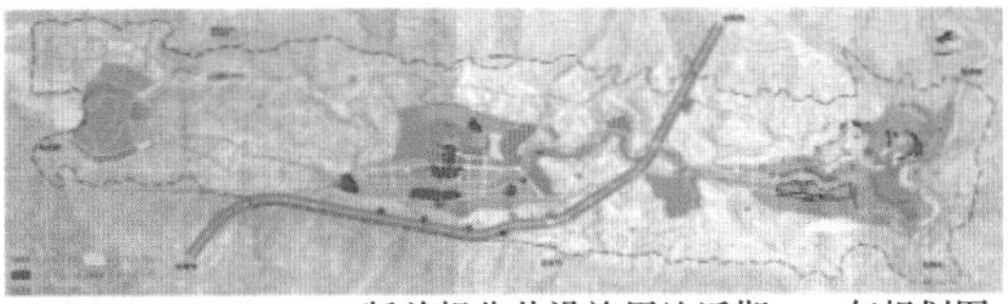 2007版总规公共设施用地近期2010年规划图 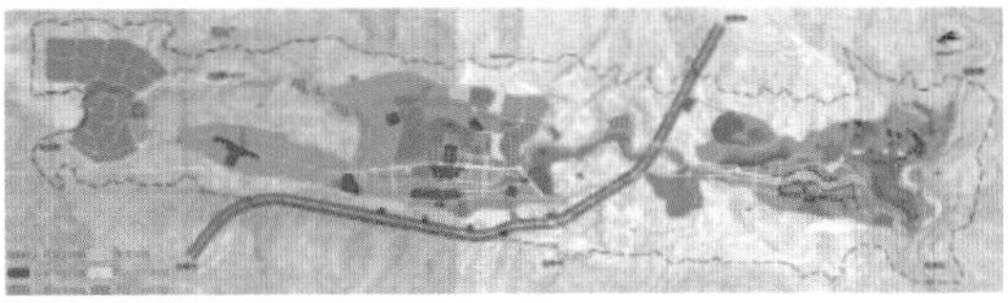 2007版总规公共设施用地远期2020年规划图

此外,对城镇化进程中公共服务及其设施规划建设水平的研究还有一些其他方式,如西方国家从地理学兴起后,就对设施的公平与效率、社会效益、设施配置绩效等方面进行评价研究。而国内的研究近年来主要聚焦于公共服务及其设施配置的均等化,如从量化出发对城市扩张中公共服务均等化进行相关评价;从公共政策及需求供给角度对公共服务均等化进行规划层面的相关研究;利用GIS空间分析方法评估具体设施空间分布的合理性。但这些研究多是针对已经存在的社会基础设施相关规划建设问题进行成因解析和策略探索,其研究仍停留在静态研究的阶段。但城市的发展过程是在社会、经济、政治及人等诸多条件相互交织中逐步推进的,库区城镇虽然经历了急速迁建的特殊历程,但其社会问题的出现依然是缓慢渐变的,以问题导向的传统规划往往不能及时发现这些问题,因而容易错过解决问题的最佳时机。

因此,相较库区现在的实际状况,一方面在快速城镇化的背景下,解决渐进衍生的社会问题的心态是急迫的;而另一方面,在实用主义思想的影响下,各种规划理论和方法难以等待地域化的深入探讨及完善。在以上原因的影响下,目前的社会基础设施评价工作存在着前瞻性不足及与基层规划与基层实务差距较大这两者并存的矛盾,使评价在规划中用来直接或指导解决实际问题颇具局限性。

4.1.2 基于协调测度的社会基础设施—新型城镇化协同状态诊断框架

城市作为一个有机体,其发展过程中出现的问题有如人体病变总是缓慢渐变的,传统问题导向的规划常常不能及时发现这些问题,而简单的定性研究也无法厘清问题产生的本源,因此容易错过解决问题的最佳时机,导致问题"失控"。而在城镇化进程中对社会基础设施建设水平进行诊断也是一项相对复杂和系统的工程。正如格迪斯在《进化中的城市》提出"生活图式",即是从地理学、经济学、人类学的观点综合分析城市。故而,本节基于格迪斯的"调查先于规划,诊断先于治疗",采用经济学、社会学与城乡规划学科交叉研究的方式,通过协调测度对库区社会基础设施建设水平与城镇化进程进行匹配程度诊断,即将社会基础设施作为一个整体系统与城镇化系统进行协调发展监控,以期适时发现并分析现存或可能出现的"失控"问题,对终极蓝图式的城乡规划提出改善和优化策略。

诚然,采用量化分析可以更为准确地在城市规划中掌握现状、明晰现存问题及预测发展趋势,从而使规划决策更具科学性和可信度。但其局限性也显而易见,即面板数据的广度、假设的可靠性以及数学模型选择的准确度很大程度上影响着量化结果的可信度。因此,以量化分析为基准的评价并非万能,其存在的局限性使得在整个城市综合系统层面上,量化分析仍无法代替质性的综合分析和判断,而是发挥其把控现状、解析问题及发现趋势的优势,使之成为质性综合分析的坚实支撑。

故此,本章从协同论的"协同导致有序"原理出发,以绝热消除法为基础,从协调测度的角度,提出社会基础设施—新型城镇化体系(下文简称 SI-Ur 体系)协调状态诊断框架来对三峡库区社会基础设施建设与新型城镇化进程的协调状态进行诊断,也是从定量评价的方法对社会基础设施—新型城镇化协同发展程度进行城乡规划领域的初探。该框架分为 3 个基本模块:①SI-Ur 体系构建及指标选取;②SI-Ur 体系的协调状态评估;③具体区县诊断分类(图 4.1)。该框架借鉴经济视角及测度方法,将有形的社会基础设施建设与无形的城镇化进行统筹研究,通过增加对社会公平、民生福利的关注,在城镇化进程中对社会基础设施建设水平进行诊断研究,以缓解整体不足与局部过热或稍慢并存的问题。基于协调测度的诊断方法在城市规划领域的应用,可被视为对实施现状问题及现有规划策略的实时监控方式,便于城市管理者分析掌控城镇化进程中社会基础设施建设水平的动态变化,对当前或下一轮规划进行及时调整。

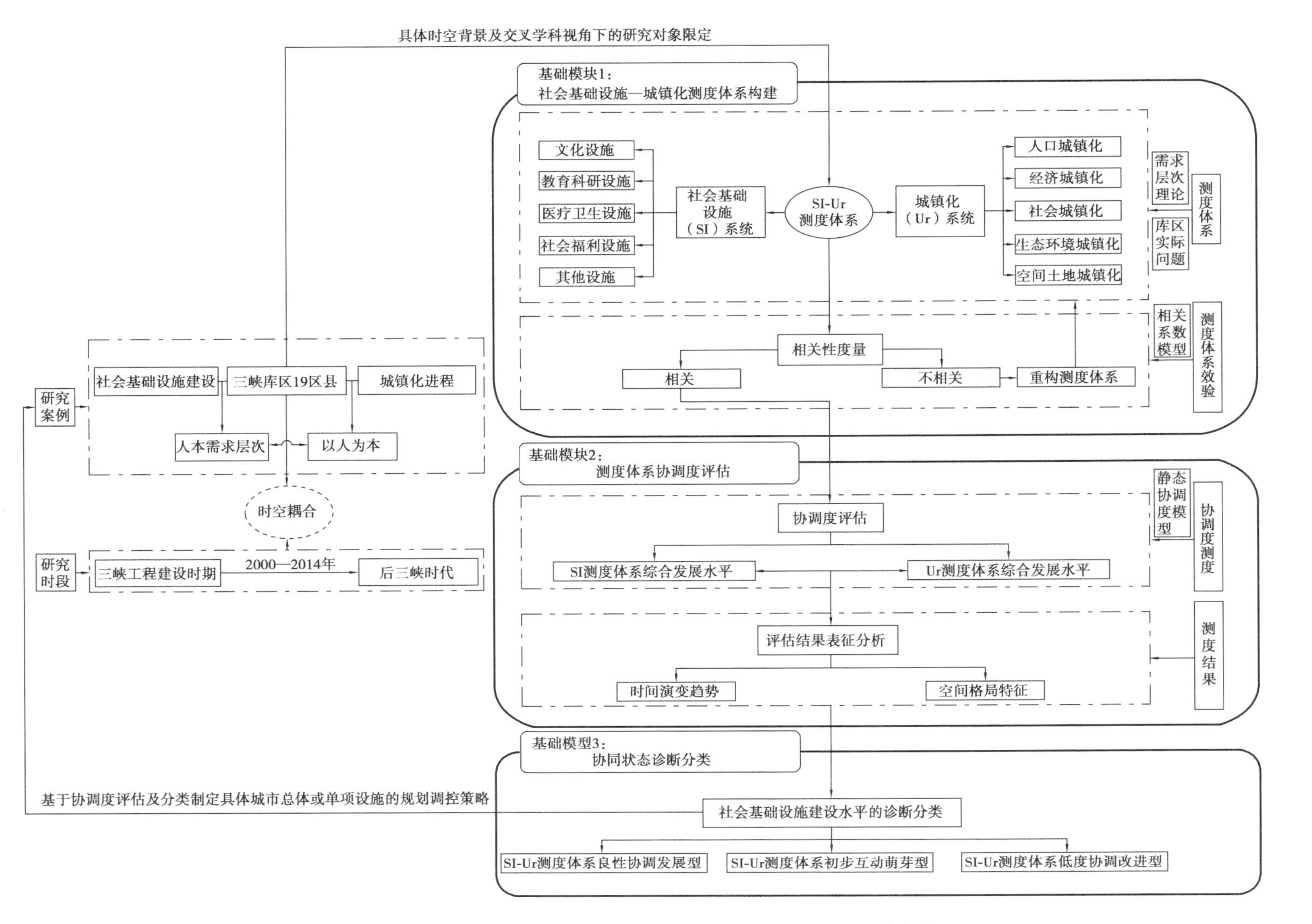

图4.1 三峡库区社会基础设施—新型城镇化体系协同状态诊断框架

4.2 三峡库区社会基础设施—新型城镇化体系的构建及效验

以人为核心的新型城镇化是城镇功能普遍提升、可持续发展的城镇化,社会基础设施的建设可以改善人们生活品质、提升社会福利水平,两者是否协同发展不仅可以通过规划学科的质性分析进行界定,更可以通过构建量化系统进行数理分析。因此,构建社会基础设施—新型城镇化的测度体系,是科学评价社会基础设施的建设与新型城镇化的进程是否协同发展的基础所在。

4.2.1 社会基础设施—新型城镇化体系研究

作为三峡库区社会基础设施—新型城镇化体系协调状态诊断框架中的基础模块 1,社会基础设施—新型城镇化体系的构建是协调诊断定量研究的先决基础。首先,以人本需求层次为联通线索,选取相应指标数据,确定社会基础设施系统(下文简称"SI 系统")和城镇化系统(下文简称"Ur 系统"),复合构建社会基础设施—城镇化体系(下文简称"SI-Ur 体系");其次,通过相关性假设,检验社会基础设施建设与城镇化发展的相关性,即 SI 系统与 Ur 系统的相关程度,并辅以格兰杰(Granger)因果检验效验 SI-Ur 体系指标选取是否适当进行下一步的定量诊断。

故此可见,SI-Ur 体系的构建是否得当,直接影响着后续对社会基础设施建设与新型城镇化进程协调程度定量评价的准确性及可信度。如果将协调诊断作为一种研究工具,首先应强调诊断对象所属学科(城乡规划)的主导作用,而统计学、经济学等学科仅仅是其理论和方法支撑,才能避免在指标选取、诊断方法、定量判断等环节上出现问题。因此,正如"You cannot properly measure what you don't understand; and you cannot improve what you don't measure"[1],本节以城乡规划学科为主导,探索应基于什么问题、从什么角度出发、选择哪些具体指标,最终形成恰当的诊断体系。

4.2.2 社会基础设施系统的测度界定及指标选取

1)社会基础设施系统的测度界定

根据经济学、城乡规划等已有分类,结合需求层次理论及三峡库区的实际问题,将社会基础设施体系界定为教育、医疗、文化、社会福利及其他设施等 5 大类。由于社会基础设施不能单纯地靠设施数量及服务范围来构建指标,因此,研究主要选取服务容量为衡量指标。

---

[1] Villa V d, Westfall M S, eds. Urban Indicators for Managing Cities: Cities Data Book [M]. Manila: Asian Development Bank, 2001:37.

2)社会基础设施系统的指标选取

社会基础设施体系具体指标的选取方式,可从已有研究中借鉴一二。例如:1990 年的《中国城市基础设施的建设与发展》《城市基础设施的指标体系及其研究》和《城市基础设施及其综合评价指标体系研究》是从供给水平和需求水平的角度进行指标筛选的;1997 年的《现代化国际性城市基础设施综合评价方法研究》提出了数量性指标和舒适性指标的区分;2000 年的《我国城市基础设施水平评价方法研究》作为第一个来自规划学科的数理研究,从设施及服务水平和投资水平两方面进行指标选取;2005 年的《城市基础设施建设评价方法研究》是从建设水平、发展速度、供需适度性及投入产出等四个方面的选取指标来评价城市基础设施的建设情况。综上所述,从城乡规划学科的角度入手,对相关研究成果进行收集和整理,同时按照科学性、可获取性和可测量性等原则,结合社会基础设施与新型城镇化相关机制,根据 2.1.2 节对社会基础设施内涵层次的界定,针对库区社会基础设施建设状况及服务水平筛选具体指标,建立了 5 个子系统 17 个基本变量的评价指标体系(表 4.2)。

表 4.2　三峡库区社会基础设施系统指标体系一览表

系统层	子系统层	指标层	指标评价内涵
社会基础设施测度指数	教育设施	每千人普通小学/所　S1	小学教育普及度
		每千人小学专任教师数/人　S2	
		每千人普通中学/所　S3	中学教育普及度
		每千人普通中学专任教师数/人　S4	
		每千人大专及以上/所　S5	高等教育普及度
	医疗卫生设施	每千人拥有卫生机构数/个　S6	医疗设施建设情况
		每千人医院、卫生院数/个　S7	
		每千人卫生机构床位数/张　S8	医疗服务供给度
	文化设施	每千人公共图书馆/个　S9	公共文化设施供给代表度
		每千人公共图书馆藏书量/万册　S10	
	社会福利设施	每千人社会福利收养单位/个　S11	社会福利供给代表度
		每千人社会福利收养单位床位数/张　S12	
		每千人便民利民服务网点/个　S13	
	其他设施	每千人社区服务设施数/个　S14	社区服务供给度
		公共停车场和停车库　S15	停车情况
		生活垃圾转运站　S16	居住清洁度
		公厕　S17	公众如厕便捷度

4.2.3 新型城镇化系统的测度界定及指标选取

1)新型城镇化系统的测度界定

城镇化作为一个复杂的经济社会变化过程,它既有人口和非农业活动向城镇的转型、集中、强化和分异,以及城镇景观的地域推进等人们看得见的实体变化过程,也包括了城市的经济、社会、技术变革、文化、生活方式、价值观念等在城镇等级体系中逐步扩散并进入乡村地区的较为抽象的精神变化过程。我国传统城镇化的主要目标是扩大规模,因此传统城镇化模式主要为粗放扩张型,即在工业化推动下城镇人口规模的迅速增长、城镇空间无序膨胀、资源大量消耗、城镇环境显著恶化,这种只重规模的发展模式导致的各种城市问题开始出现并大有加剧趋势。为解决这些问题,促进城镇化健康发展,党的十八大报告提出“坚持走中国特色新型工业化、信息化、城镇化、农业现代化道路”。新型城镇化应是以人为核心的城镇化、是城镇功能普遍提升的城镇化、是可持续发展的城镇化。通过城镇化质量的全面提升拉动经济发展,改善人们生活品质,同时实现经济、社会、生态全面协调可持续发展的目的。

目前我国已经进入城市型社会,未来城镇化的主要任务已经转变为优化结构和提高质量,而新型城镇化则是实现这一目标的必由之路。由于推进城镇化是一个包括政治、经济、文化、社会等诸多方面统筹协调推进的系统工程,因此,城镇化水平的测度不仅包括城镇人口增加、地域扩大、数量增加等“量”的内容,还包括城镇功能的完善、居民生产生活方式的文明程度、农民工市民化进程、城镇化与工业化、信息化和农村现代化的协调、城乡公共服务的均等化等“质”的内容,城镇化发展是“量的增加”和“质的提升”的统一。而科学评价城镇化的发展水平及质量,特别是新型城镇化如何测度也已成为亟须深究的问题。

有关城镇化指标体系的研究,国内外的规划、经济、社会、人口、生态以及地理等专业的学者进行了长期不懈的研究,并取得了大量的研究成果。归纳来说,城镇化的评价方法有主要指标法和复合指标法两种,主要指标法是使用表征意义最强的一个或多个指标反映城镇化发展程度,城镇人口比重、城镇非农人口比重、非农业人口比重等成为广泛使用的主要评价指标,其具有评价指标容易获得,便于对比的优势,缺点是不能全面反映城镇化的内涵,此方法常用于过去传统城镇化水平的评价。但目前还存在一些问题:①由于从不同专业从不同角度对城镇化的认识不同,构建的指标体系也不同;②有些指标体系构建得很全面,但与具体需研究的城镇结合不紧密,针对性差,同时数据的可获得性差;③大多学者对指标体系的构建较多地侧重于城镇质量,对城镇化健康程度的度量比较少;④所建立的指标体系主观性比较强,缺乏揭示城镇化经济运行机制的理论基础,不能突出区域城镇化进程中的主要矛盾[1]。为更加全面准确地反映城镇化,特别是新型城镇化的内涵,应从多方面入手科学构建城镇化评价体系。

---

〔1〕 王慧英.经济学视角下健康城镇化评价指标体系的构建[J].理论与方法,2008(6):40-42,54.

2)新型城镇化系统的指标选取

综上所述,城镇化测度体系是量化一个国家或地区的城镇化进程,是区域人口、经济、社会发展以及城镇建设、生态环境保护的综合体现。而新型城镇化的"新"就在于不仅是农村居民转化为非农人口而迁移至城镇,更重要的是如何在城镇更好地生活、发展下去。其具体指标的选取方式,可从已有研究中借鉴一二。在国际城镇化质量测度上具有代表性的、由联合国人居中心提出的城镇发展指数(CDI)以及城市指标准则(UIG)。针对不同的测度目的,城镇化评价指标的选取也不一样,而城市生活质量业已成为研究焦点,社会学、经济学、地理学等对城市生活质量进行了较多研究,城市生活质量的测度建立在指标体系构建的基础上。一种是单指标分析法,即对城市生活质量指标体系中每一个指标逐项评价,如 Hikmat 采用此方法对约旦首都安曼的生活质量进行研究;另一种是综合指数法,采用数学方法对城市生活质量进行总体评价,如 Paulo 采用 DEA 模型对欧洲 206 个城市的生活质量进行研究。国内城镇化测度的研究始于 2001 年叶裕民对中国 9 个城镇进行城镇化质量的评价。国内对此的研究涉及 4 个方面,即城镇化质量的内涵、综合测度、影响因素及提升对策,城镇化测度指标的选取更为综合化。随着研究的深入和完善,孔凡文增加了"生态环境、人居环境"方面的内涵,方创琳、王德利等增加了"空间城镇化保障质量"的内涵,张春梅增加了"城镇可持续发展"的内涵。陈东等则认为基础设施、生活条件、人口的聚集度对城镇化质量影响较大。刘建国认为城镇的经济发展和基础设施水平决定了城镇化的质量状况。

借鉴已有研究成果,结合 2.1.3 节对新型城镇化内涵层次的界定,以三峡库区区县为研究单元,考虑到三峡库区人口流动、城镇迁建、经济结构调整时空压缩频繁、强度不断扩大,而经济发展却落后以及生态脆弱的现实区情,以及考虑与社会基础设施测度系统的相关机制,从人口、经济、社会、空间及生态环境等 5 个方面,按照科学性、可获取性和可测量性等原则,初步建立了 5 个子系统,22 个基本变量的评价指标体系(表 4.3)。

表 4.3　三峡库区新型城镇化指标体系一览表

系统层	子系统层	指标层		指标评价内涵
城镇化测度体系	人口城镇化	城镇化率/%	U1	城镇化进程
		城镇人口/万人	U2	城镇人口规模
		第二、三产业就业人员比重/%	U3	非农人口就业
		每十万人拥有大专及以上教育程度人口数量/万人	U4	城镇人口素质
	经济城镇化	GDP/万元	U5	经济发展水平
		第二、三产业增加值占 GDP 的比重/%	U6	产业结构发展水平
		工业生产总值/万元	U7	工业化水平
		城镇居民人均可支配收入/元	U8	城镇居民收入水平

续表

系统层	子系统层	指标层	指标评价内涵
城镇化测度体系	社会城镇化	社会消费品零售总额/万元 U9	消费水平
		城镇居民消费性支出/元 U10	
		城镇居民家庭恩格尔系数/% U11	
		教育支出占 GDP 的比重/% U12	教育发展水平
		小学在校学生数/人 U13	
		普通中学在校学生数/人 U14	
		卫生支出占 GDP 的比重/% U15	医疗卫生发展水平
		每千人卫生技术人员/人 U16	
		社会保障和就业支出占 GDP 的比重/% U17	社会保障发展水平
	生态环境城镇化	城镇居民人均生活垃圾清运量/kg U18	城镇环境保护
		每万人拥有公共厕所/座 U19	
	空间土地城镇化	建制镇数量比重/% U20	城镇覆盖度
		建成区所占比重/% U21	城镇扩展规模
		人均拥有建成区面积/(kg^2·人$^{-1}$) U22	人均地域城镇化

4.2.4 三峡库区社会基础设施—新型城镇化体系构建

社会基础设施不能单纯地靠设施数量来衡量,而城镇化又为潜变量难以直接观察,因此需选取相应的、可直接观察的测量指标。选取测量指标遵循以下原则:①以已有研究为基础,结合对社会基础设施和城镇化内涵进行筛选;②结合相关统计资料,充分考虑数据的可获得性;③突出社会基础设施对人本需求、社会福利和经济活动的基础作用及间接推动;④突出城镇化中对人"迁转俱进"的具体影响。最终选取社会基础设施测度体系中的教育、医疗卫生、文化、社会福利及其他设施等 5 类共计 17 个社会基础设施测度指标与 Ur 系统中的人口城镇化、经济城镇化、社会城镇化、生态环境城镇化及空间土地城镇化等 5 类共计 22 个城镇化测度指标(表 4.4),共同构建三峡库区社会基础设施—新型城镇化体系(简称三峡库区 SI-Ur 体系)。

表 4.4　三峡库区 SI-Ur 体系指标一览表

系统层	子系统层	指标层			
社会基础设施测度系统	教育设施	每千人普通小学/个	SI1	每千人小学专任教师数/人	SI2
		每千人普通中学/个	SI3	每千人普通中学专任教师数/人	SI4
		每千人大专及以上 SI5			
	医疗卫生设施	每千人拥有卫生机构数/个	SI6	每千人医院、卫生院数/个	SI7
		每千人卫生机构床位数 SI8			

续表

系统层	子系统层	指标层			
社会基础设施测度系统	文化设施	每千人公共图书馆/个	SI9	每千人公共图书馆藏书量/册	SI10
	社会福利设施	每千人社会福利收养单位/个	SI11	每千人社会福利收养单位床位数/床	SI12
		每千人便民利民服务网点 SI13			
	其他设施	每千人社区服务设施数/个	SI14	公共停车场和停车库/个	SI15
		生活垃圾转运站/个	SI16	公厕/座	SI17
城镇化测度系统	人口城镇化	城镇化率/%	Ur1	城镇人口/万人	Ur2
		二、三产业就业人员比重/%	Ur3	每十万人拥有大专及以上教育程度人口数量/万人	Ur4
	经济城镇化	GDP/亿元	Ur5	二、三产业增加值占 GDP 的比重/%	Ur6
		工业生产总值/万元	Ur7	城镇居民人均可支配收入/元	Ur8
		社会消费品零售总额/万元	Ur9	城镇居民消费性支出/元	Ur10
	社会城镇化	城镇居民家庭恩格尔系数/%	Ur11	教育支出占 GDP 的比重/%	Ur12
		小学在校学生数/人	Ur13	普通中学在校学生数/人	Ur14
		卫生支出占 GDP 的比重/%	Ur15	每千人卫生技术人员/人	Ur16
		社会保障和就业支出占 GDP 的比重 Ur17			
	生态环境城镇化	每万人拥有污水处理率/%	Ur18	城镇居民人均生活垃圾清运量/($kg \cdot 人^{-1}$)	Ur19
	空间土地城镇化	建制镇数量比重/%	Ur20	建成区所占比重/%	Ur21
		人均拥有建成区面积 Ur22/($kg^2 \cdot 人^{-1}$)			

4.2.5　三峡库区社会基础设施—新型城镇化体系效验

新型城镇化进程作为人的自身发展及需求的时空背景,与承担人的教育、医疗、文化及养老等需求的社会基础设施有怎样的相关机制,其体系之间、子系统之间、要素之间是否相关、相关性如何,是通过数字化来直观反映城镇居民对社会基础设施的需求度及对城镇化进程的适应度。只有厘清社会基础设施建设与城镇化进程的相关程度,才能有效对社会基础设施—新型城镇化协同发展状态进行诊断并发现问题所在。

1)相关程度计量分析方法

城镇化过程中,社会基础设施建设水平是呈现何种变化趋势,并且这种趋势与城镇化之间有何种联系,两者间是否相关是本小节的研究重点,也是后面研究两者协同发展程度的前提。

相关的概念是 19 世纪后期,英国弗朗西斯·高尔顿爵士在研究遗传的生物与心理特性时提出的。具体而言,事物或现象之间存在着一定的数量关系,即当一个或几个相互联系的变量取一定数值时，与之相对应的另一变量的值虽然不确定，但按某种规律在一定的范围内变化。把变量之间这种不稳定、不精确的变化关系称为相关关系。

基于社会经济学的视角，社会基础设施建设所带来的社会福利的提升可提升城镇化的速率与质量，这即是两者间的相关关系。因此，从社会统计学寻求数理研究方法，即采用 Pearson Correlation Coefficient(PCC)方法来定量衡量变量之间的相关关系。相关分析是揭示变量之间是否存在相关关系，并且确定变量间的相关程度和方向，并用相关系数或指数来表示。回归分析对具有相关关系的两个或两个以上变量之间的变化进行测定，确立一个相应的回归方程式(一元，多元)，这个方程展示了变量变动的具体趋势，使得由一个已知量来推算另一个未知量成为可能。相关分析需要由回归分析来展示变量间的具体形式，而回归分析则需要依靠相关分析来表现变量之间的紧密程度。只有当变量之间存在高度相关性时，进行回归分析寻求变量间的具体形式才有意义。所以，在研究变量间的关系时要把相关分析和回归分析结合起来，才能达到研究的目的。

本次为衡量 SI-Ur 体系指标之间的相关程度，采用“皮尔森相关系数 r”(卡尔·皮尔逊，1895)来度量(式 4.1)。

$$r = \frac{1}{n-1}\sum_{i=1}^{n}\left(\frac{X_i - \overline{X}}{\sigma_X}\right)\left(\frac{Y_i - \overline{Y}}{\sigma_Y}\right) \tag{4.1}$$

式中$\frac{X_i - \overline{X}}{\sigma_X}$、$\overline{X}$ 及 σ_X 分别是标准分、样本平均值和样本标准差。X 表示社会基础设施测度指数系统中的指标，Y 表示城镇化测度指数系统中的指标。

相关系数 r 表征 SI-Ur 体系指标之间的相关程度。从 r 的计衡原理来看，所研究的变量之间的相关系数越高，意味其共变部分越多，即从一个变量去预测另一个变量的精确度就越高，也就可以更多地从一个变量的变化去获知另一个变量的变化。综合已有研究成果，拟定出相关性等级划分标准(表 4.5)，根据该标准，r 绝对值越大，指标间相关性越强；r 越接近于 0，相关性越弱。

表 4.5 相关性评价等级划分标准

划分标准	$\lvert r \rvert = 0$	$0 < \lvert r \rvert \leq 0.3$	$0.3 < \lvert r \rvert \leq 0.5$	$0.5 < \lvert r \rvert \leq 0.8$	$0.8 < \lvert r \rvert \leq 1$	$\lvert r \rvert = 1$
相关程度	完全不相关	微弱相关	低度相关	显著相关	高度相关	完全相关

2) 相关程度计量结果

运用 SPSS 软件对 SI-Ur 体系的指标进行相关系数 r 的测度，带入库区 2000—2014 年的相关数据，得出其 SI-Ur 体系的指标相关矩阵(表 4.6)。

表 4.6 三峡库区 SI-Ur 体系相关性矩阵

			新型城镇化系统																					
			人口城镇化				经济城镇化				社会城镇化									生态环境城镇化		空间土地城镇化		
			城镇化率	城镇人口	第二、三产业就业人员比重	每十万人拥有大专及以上教育程度人口数量	GDP	第二、三产业增加值占GDP的比重	工业生产总值	城镇居民人均可支配收入	社会消费品零售总额	城镇居民消费性支出	城镇居民家庭恩格尔系数	教育支出占GDP的比重	小学在校学生数	普通中学在校学生数	卫生支出占GDP的比重	每千人卫生技术人员	社会保障和就业支出占GDP的比重	城镇居民人均生活垃圾清运量	每万人拥有污水处理率	建制镇数量比重	建成区所占比重	人均拥有建成区面积
社会基础设施系统	教育设施	每千人普通小学	–0.6	–0.7	–0.7	–0.7	–0.6	–0.6	–0.6	–0.6	–0.6	0.7	0.2	–0.7	–0.9	–0.9	–0.4	–0.5	0.6	0.8	0.7	0.8	0.8	0.9
		每千人小学专任教师数	[illegible]	–0.7	0.6	0.6	–0.9	0.9	–0.9	0.9	–0.7	0.9	0.6	–0.8	–0.9	–0.9	–0.9	–0.8	0.9	0.9	0.9	0.9	0.9	0.9
		每千人普通中学	[illegible]	[illegible]	–0.9	–0.9	–0.9	–0.9	–0.8	–0.9	–0.8	0.9	0.6	–0.7	–0.9	–0.9	–0.6	–0.9	0.7	0.7	0.5	0.9	–0.8	–0.9
		每千人普通中学专任教师数	–0.7	–0.8	–0.8	–0.7	–0.9	–0.9	–0.8	–0.9	–0.8	–0.9	0.8	0.8	0.9	0.9	0.9	0.9	0.9	0.9	0.9	0.9	0.9	0.7
		每千人大专及以上	–0.8	0.8	0.8	0.9	0.9	0.9	0.8	0.9	0.6	0.9	0.9	0.9	0.8	0.8	0.9	0.9	0.9	0.9	0.9	0.9	0.7	0.7
	医疗卫生设施	每千人拥有卫生机构数	0.7	0.7	0.7	0.8	0.9	0.9	0.9	0.9	0.1	–0.7	–0.5	0.7	0.9	0.9	0.9	0.7	0.6	0.7	–0.7	0.8	0.8	0.9
		每千人医院、卫生院数	0.9	0.9	0.8	0.9	0.9	0.9	0.9	0.9	0.5	–0.9	–0.4	0.8	0.9	0.9	0.8	0.8	0.8	0.8	0.7	0.5	0.6	0.6
		每千人卫生机构床位数	0.8	0.8	0.7	0.7	0.7	0.7	0.9	0.7	0.6	0.7	0.7	0.7	0.9	0.9	0.7	0.9	0.9	0.9	0.9	0.7	0.6	0.7
	文化设施	每千人公共图书馆	–0.6	–0.5	–0.6	–0.6	–0.5	–0.6	–0.5	–0.5	–0.6	0.7	0.2	–0.6	–0.5	–0.6	–0.4	–0.7	–0.6	–0.7	–0.6	–0.7	–0.8	–0.7
		每千人公共图书馆藏书量	0.8	0.8	0.7	0.8	0.9	0.9	0.9	0.9	0.5	[illegible]	–0.3	0.8	0.9	0.9	0.8	0.9	0.8	0.5	0.6	0.7	–0.6	0.6
	社会福利设施	每千人社会福利收养单位	0.7	0.7	0.7	0.7	0.9	0.9	0.9	0.9	0.1	–0.8	–0.3	0.9	0.9	0.9	0.9	0.9	0.9	0.8	0.7	0.7	0.7	0.8
		每千人社会福利收养单位床位数	–0.2	–0.3	–0.2	–0.2	[illegible]	–0.1	[illegible]	[illegible]	–0.4	[illegible]	0.3	0.3	[illegible]	[illegible]	0.2	[illegible]	0.4	0.1	0.3	–0.2	–0.2	0.1
		每千人便民利民服务网点	0.4	0.4	0.4	0.4	0.2	–0.1	0.2	0.2	–0.3	[illegible]	0.1	0.1	0.2	[illegible]	0.2	[illegible]	0.4	0.2	0.4	0.2	0.1	0.3
	其他设施	每千人社区服务设施数	0.3	0.5	0.5	0.4	0.5	0.4	0.5	0.5	–0.3	–0.2	–0.5	0.3	0.5	0.5	0.6	0.4	0.6	0.6	0.7	–0.4	–0.5	0.5
		公共停车场和停车库	[illegible]	[illegible]	0.9	0.9	0.9	0.9	0.9	0.9	0.7	–0.9	–0.6	0.8	0.9	0.8	0.7	0.8	0.6	0.5	0.5	0.8	0.7	0.7
		生活垃圾转运站	0.7	0.7	0.6	0.5	0.5	0.6	0.7	0.7	0.7	0.7	0.5	0.5	0.4	0.4	0.6	0.6	0.6	0.7	0.7	0.7	0.6	0.5
		公厕	0.7	0.7	0.4	0.5	0.5	0.6	0.6	0.4	0.7	0.7	0.4	0.5	0.4	0.4	0.6	0.4	0.4	0.5	0.6	0.5	0.7	0.5

图例

完全不相关	|r|=0	
微弱相关	0<|r|≤0.3	
低度相关	0.3<|r|≤0.5	
显著相关	0.5<|r|≤0.8	
高度相关	0.8<|r|<1	
完全相关	|r|=1	

3)三峡库区社会基础设施与新型城镇化相关性解析

总体来看,绝大部分指标两两的相关系数大于0.5,属显著相关,即表明社会基础设施测度体系与城镇化测度体系密切相关,且两系统指标之间相关程度普遍较高。其中尤以教育设施及医疗卫生设施与城镇化测度体系的多个相关系数高达到0.9以上,表明这些指标对城镇化进程会产生重要影响,需着重处理其在城镇化进程中的规划时序及量度控制。

横向来看,教育设施及医疗卫生设施指标与城镇化测度体系的各个指标相关性最高,绝大部分呈显著相关;文化设施次之,社会福利设施及其他设施相对较低。值得指出的是,公共停车场和停车库指标与城镇化测度体系的各个指标相关性较高,侧面印证停车设施缺乏这个社会问题出现的必然性。

纵向来看,经济城镇化及社会城镇化指标与社会基础设施测度体系的各个指标相关性最高,特别是与教育设施、医疗卫生设施及文化设施指标的相关性多呈显著或高度相关。但城镇化测度体系的各个指标与每千人社会福利收养单位床位数、每千人便民利民服务网点等指数相关性微弱,反映出库区现阶段城镇化进程对该类设施的需求较少。

4)格兰杰因果辅助检验

由于相关系数 r 有一个较为明显的缺点,即其接近于1的程度与数据组数 n 相关:当 n 较小时,r 的波动较大,其绝对值易接近于1;当 n 较大时,r 绝对值容易偏小。这即是说,在无法判别样本容量 n 是否适中时,仅凭 r 较大就判定检测对象之间有密切的线性关系是不妥当的。因此,需要进一步对三峡库区社会基础设施与新型城镇化之间的相关关系进行检验。结合3.3节对社会基础设施与新型城镇化的相关机制研究,选取格兰杰(Granger)因果检验来进行辅助校验。

第一步,检验原假设"H0:X 不是引起 Y 变化的 Granger 原因"。

首先,估计下列两个回归模型:无约束回归模型(u)(式4.2)及有约束回归模型(r)(式4.3)

$$Y_t = \alpha_0 + \sum_{i=1}^{p} \alpha_i Y_{t-i} + \sum_{i=1}^{q} \beta_i X_{t-i} + \varepsilon_t \tag{4.2}$$

$$Y_t = \alpha_0 + \sum_{i=1}^{p} \alpha_i Y_{t-i} + \varepsilon_t \tag{4.3}$$

式中 Y 和 X 分别代表SI系统与Ur系统;α_0 表示常数项;p 和 q 分别为变量 Y 和 X 的最大滞后期数,通常可以取的稍大一些;ε_t 为白噪声。

其次,用这两个回归模型的残差平方和 RSS_u 和 RSS_r 构造F统计量:

$$F = \frac{\dfrac{(RSS_r - RSS_u)}{q}}{\dfrac{RSS_u}{(n-p-q-1)}} \sim F(q, n-p-q-1) \tag{4.4}$$

式中 n 为样本容量。

检验原假设"H_0:X 不是引起 Y 变化的 Granger 原因"(等价于检验 H_0:$\beta_1 = \beta_2 = \cdots = \beta_q =$

0)是否成立。如果 $F \geqslant F_\alpha(q, n-p-q-1)$,则 $\beta_1, \beta_2, \cdots, \beta_q$ 显著不为 0,应拒绝原假设“H_0:X 不是引起 Y 变化的 Granger 原因”;反之,则不能拒绝原假设“H_0:X 不是引起 Y 变化的 Granger 原因”。

第二步,将 Y 与 X 的位置交换,按同样的方法检验原假设“H_0:Y 不是引起 X 变化的 Granger 原因”。

第三步,要得到“X 是 Y 的 Granger 原因”的结论,必须同时拒绝原假设“H_0:X 不是引起 Y 变化的 Granger 原因”和接受原假设“H0:Y 不是引起 X 变化的 Granger 原因”。

根据以上步骤对 SI 系统与 Ur 系统之间是否具有因果关系进行检验,选取 4 个滞后期进行面板数据格兰杰检验,检验的结果表明(表 4.7),在 5% 置信水平下,在 4 个滞后期均拒绝“SI 系统不是引起 Ur 系统的原因”的假设和“Ur 系统不是引起 SI 系统的原因”的假设,所以通过格兰杰检验得出的结果表明了 SI 系统与 Ur 系统之间互为因果关系,且为双向因果。由此可以证明,以社会基础设施的建设可以促进新型城镇化进程中社会福利程度的提升,而新型城镇化的全面发展也可以有效促进社会基础设施的建设。

表 4.7　三峡库区 SI-Ur 体系的格兰杰检验

假　设		滞后阶数	观察值	统计量 F	概率 P	结论
假设 1	SI 系统不是引起 Ur 系统的原因	1	372	21.32	0.000 09	拒绝
	Ur 系统不是引起 SI 系统的原因		372	8.67	0.003 7	拒绝
假设 2	SI 系统不是引起 Ur 系统的原因	2	303	9.42	0.000 2	拒绝
	Ur 系统不是引起 SI 系统的原因		303	4.11	0.014 8	拒绝
假设 3	SI 系统不是引起 Ur 系统的原因	3	288	6.52	0.000 6	拒绝
	Ur 系统不是引起 SI 系统的原因		288	3.16	0.023 7	拒绝
假设 4	SI 系统不是引起 Ur 系统的原因	4	216	7.28	0.000 1	拒绝
	Ur 系统不是引起 SI 系统的原因		216	6.64	0.000 04	拒绝

4.3　基于协调测度的库区社会基础设施—新型城镇化协同状态诊断

新型城镇化“以人为本”的关键是推进人口的“迁转俱进”,即推动农民到市民的职业身份及生活方式的转换。李克强总理亦强调:“新型城镇化的核心是人。”这意味着新型城镇化的价值取向及发展目标方面由推动经济的增长转型为关注人的发展。就全球范围来看,提高人民生活质量及社会福利水平业已成为“后工业化社会”和“后福利国家时代”社会活动及社会议题的最高目标。随着传统城镇化转型为“以人为本”的新型城镇化,在经济结构转型、社会阶层分化、城市建设迅猛等表象下,人的“迁转俱进”使处于需求层次中高阶的社会基础设施供不应求,库区城镇出现了教育设施不均衡、医疗设施拥挤、文化设施匮乏及社会福利设施缺失等一系列社会问题。社会基础设施建设与城镇化发展的不匹配,导致库区城市宜居宜业程度欠佳,严重影响其可持续发展能力。因此,如何对社会基础设施建设水平进行测评,确保其与新型城镇化进程相适应，是制定高效合理城乡规划的前提条件，也是认识和发现城镇化进展中浮现出的社会问题的有效手段。因此，本节作为三峡库区社会基础设施—新型城镇化体系协调状态诊断框架的基础模块2，从经济学“协调度”评价视角将社会基础设施建设放在特定的时空背景中，即新型城镇化进程下动态考察，通过研究社会基础设施建设水平与新型城镇化进程发展的协调关系，来判断库区社会基础设施建设的水平程度。

4.3.1 三峡库区 SI-Ur 体系协调度的评估框架

1）协调发展的定义及意义

“协调”即“和谐一致，配合得当”。从系统论的角度来看，协调用于描述在某一时刻系统内部要素或不同系统之间合理匹配、有机组合的状态。发展则是指系统在一定的约束条件下，由小变大、从简单到复杂、从无序到有序、从低级到高级的进化趋势。因此，协调发展是一种强调整体性、综合性和内生性的发展聚合，它不是单个系统或要素的“增长”，而是多系统或要素在协调这一有益的约束和规定下的综合发展，即只有当系统与系统之间或系统内部要素之间和谐有序，才能在不断的动态变化之中呈现出优化发展趋势。对于协调发展的研究方法一般趋向于定量评价，即采用“协调度”来反映研究对象在发展过程中和谐一致的程度，并通过协调发展指标体系来认识和反映研究对象间协调发展的过程、描述其协调发展的状态、揭示其协调发展的运行规律。

社会基础设施作为城市人居环境大系统中的一个人工子系统，是城市社会经济发展的物质基础和先决条件，故而，社会基础设施与城镇化协调发展是城市健康、可持续发展的根本前提和保证。如前所述，三峡库区由于种种原因，使得城镇化进程和社会基础设施建设之间出现了不协调状况，从而制约了其社会经济的发展，城镇化的可持续发展也就无从谈起。因此，评价社会基础设施与城镇化的协调性、把握彼此的协调发展趋势，对指导社会基础设施建设、增强城市社会福利功能、促进城市社会经济持续提升及保证城镇化健康发展具有重要意义。

2）协调测度模型选取

要对社会基础设施建设水平与城镇化进程两个系统之间的协调度进行评价和分析，就必须选择适当的协调度测度模型。协调度模型已被广泛应用于地理学界、城乡规划学科等多个领域的研究，如区域经济发展与生态环境、人居环境与区域、耕地与湿地环境、城市化与生态环境、城镇化水平与质量等方面的协调发展进行了实证研究。较为常用的协调度模型有序参量功效函数协调度模型、离差系数最小化协调度模型、距离协调度模型、隶属函数协调度模型、耦合协调度模型和灰色系统协调度模型等。

从本质上看，诸上模型各有优缺点和适用范围，并不能解决所有的协调发展测度问题。根据绝热消除法，针对其系统内部变量的不同演变速率，对三峡库区社会基础设施建设与城镇化进程的协调测度，重点在于观测两系统之间特定时间点的协调状态，并连续发掘其变化趋势。因此，在这些模型中，由于隶属函数协调度模型可分为静态协调度和动态协调度，特别是其中的静态协调度在构建过程中,该模型隐含着如下假定:当所需测度体系处于理想协调时,在一定的差异水平下,用各子系统的实际发展状态与所要求的协调发展状态的偏差来考查系统之间的协调状态。静态协调度是区域经济领域应用较多、用于测度某一特定时期协调程度的模型。其优点在于将不同时间段的静态协调度值连续起来可综合分析测度体系协调状态的变化趋势,适用于评价社会基础设施与城镇化两系统间的协调程度。其模型公式如下:

$$Cs(i,j) = \frac{\min\{u(i/j),u(j/i)\}}{\max\{u(i/j),u(j/i)\}} \tag{4.5}$$

其中 $Cs(i,j)$ 为系统 i 与系统 j 的协调度发展指数($0 < Cs(i,j) \leqslant 1$)。

$$u(i/j) = \exp\{-(x-\hat{x})^2/s^2\} \tag{4.6}$$

$u(i/j)$ 为系统 i 对系统 j 的适应度,x 为系统 j 的实际值,s^2 为系统 j 的均方差,$\hat{x}$ 为系统 i 对系统 j 的协调值,该协调值可以通过相应的回归模型求解。其中系统 i 表示 SI 系统综合发展水平,系统 j 表示 Ur 系统综合发展水平。反之亦然。

需指出的是,静态协调度模型是以测度系统处于理想协调作为假定,即各子系统的实际发展状态与所要求的协调发展状态的偏差($x-\hat{x}$)一致,并以该偏差作为评价变量,并引入隶属函数对其进行描述(式 4.6),然后构建出最小值除以最大值适应度模型(式 4.5)。可见,其静态协调度 $Cs(i,j)$ 以比值的形式反映着系统实际状态到系统理想协调状态的距离。将不同时间段静态协调度值连续起来,以期能客观反映出系统处于完善还是衰退的协调状态[1],以综合分析其协调状态的变化趋势。

综合目前大多数国家和国际性组织所普遍采纳的协调度等级划分标准及相关研究,拟定出 SI-Ur 体系协调度评价等级划分标准表(表 4.8)。协调度系数 $Cs(i,j)$ 越大,SI-Ur 体系越协调,说明社会基础设施的建设状况与城镇化的发展水平大致相当,SI-Ur 体系表现出"适配"的特征,反之则表现则为"失调"。

表 4.8 协调度评价等级划分标准

评价标准	$Cs(i,j)<0.4$	$0.4 \leqslant Cs(i,j)<0.5$	$0.5 \leqslant Cs(i,j)<0.6$	$0.6 \leqslant Cs(i,j)<0.7$	$0.7 \leqslant Cs(i,j)<0.8$	$0.8 \leqslant Cs(i,j)<0.9$	$0.9 \leqslant Cs(i,j)$
协调状态	严重失调	重度失调	中度失调	轻度失调	基本协调	比较协调	协调

4.3.2 三峡库区 SI-Ur 体系协调度的计量评估

1) 三峡库区 SI-Ur 系统综合发展水平测度

首先,将 2000—2013 年库区 SI-Ur 系统 25 个原始指标数据输入 SPSS,对数据无量纲标准化后进行因子分析,最终城镇化指标系统提取了 2 个公因子,因子的累计方差贡献率为

[1] 协调值 $\hat{x}$ 的求解是静态协调度构建中最为关键的一步,该协调值拟合的好差将直接影响其协调度的大小。在许多研究中,不同的学者采用不同的回归方程拟合协调值 $\hat{x}$ 导致对同一系统间的协调度结果会有所差异。

0.914 6;SI 指标系统提取了 3 个公因子,因子的累计方差贡献率分别为 0.864 52。

其次,将 SI 系统及 Ur 系统的公因子作为自变量进行回归分析,得到各子系统因子得分,以公因子对方差的贡献率为权重加权求和,即:

$F(\mathrm{SI}) = 0.720\,018 \times f_1 + 0.170\,129 \times f_2 + 0.109\,853 \times f_3$

$F(\mathrm{Ur}) = 0.897\,154 \times f_1 + 0.102\,846 \times f_2$

由此求得各子系统的综合发展水平值如表 4.9。

表 4.9　库区 SI-Ur 系统综合发展水平

年份	F(Ur)	F(SI)	年份	F(Ur)	F(SI)	年份	F(Ur)	F(SI)
2000	-0.124	-0.342	2005	-0.844	-0.623	2010	0.456	0.962
2001	-0.430	-0.981	2006	-0.763	-0.302	2011	1.095	1.062
2002	-0.608	-0.580	2007	-0.303	-0.002	2012	1.462	0.942
2003	-0.787	-0.594	2008	-0.158	0.265	2013	1.848	0.653
2004	-1.007	-1.091	2009	0.162	0.631	2014	1.978	0.544

2000 年到 2013 年间,三峡库区(重庆段)的 SI 系统及 Ur 系统综合水平都得到了较大提高,两条曲线的变动趋势在总体上是趋于一致的(图 4.2)。可以 2004 年为界划分为两个阶段。

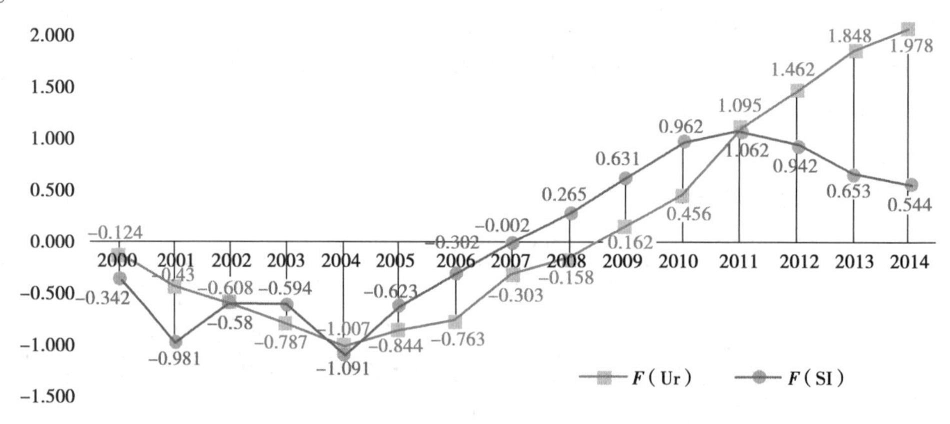

图 4.2　库区 SI-Ur 体系历年综合发展水平

在 2000 年,SI 系统和 Ur 系统的综合发展水平比较低且比较接近。从 2004 年开始,三峡库区(重庆段)的城镇化水平和 SI 水平快速增长,SI 发展水平明显高于城镇化增长水平。截至 2009 年底,三峡库区城镇人口迁建已完成规划任务的 100%,迁建用地规模有所扩大。库区城市县城新址占地面积比淹没面积平均扩大 3 倍多,公共设施用地面积与原建成区比较平均扩大 2 倍多。[1] 2006 年底,国家按新标准对库区文化设施迁建进行了补偿。[2] 通过新补偿标准的实施,克服了迁建中的资金障碍,大大促进了规划任务的实施。以医疗和教育设施为例,根据统计资料,受三峡库区淹没影响及移民安置规划总共需搬迁涉及医院 256 个,其中

[1] 蒋建东.三峡库区城镇迁建总结性研究[M].武汉:长江出版社,2012:124.

[2] 水利部长江水利委员会,长江勘测规划设计研究院.长江三峡工程库区移民安置规划和投资概算调整报告汇编实施规划(上册、下册)[M].武汉:长江出版社,2007.

重庆库区190个。[1] 截至2008年底,三峡库区19个区县医院、卫生院已达到700个左右。初步完善了库区区域性和农村基层公共卫生服务体系,库区整体医药卫水平有所提高,就医条件得到改善。自三峡工程开建以来,经过移民迁校重建,以及利用中央专项资金对中小学危房改造、区县职业教育中心及优质高中建设的倾斜力度,库区学习办学条件得到了较大改善。[2]

通过搬迁,三峡库区城镇教育、医疗卫生等公益性设施也得到了大的改善,人均受教育年限较搬迁前有所增加。医疗卫生条件明显改善,医疗设备和医疗水平有所提高,移民的就医便利程度有所增加。在这一阶段,在迁建政策、迁建规划、迁建实施管理、迁建资金等因素直接推动下,促使重庆库区的SI发展进入自中华人民共和国成立以来最快的时期。

这种状态一直持续到2011年,SI系统综合发展水平的涨幅明显滞后于城镇化增长水平,甚至低于城镇化水平,库区社会基础设施已经不能满足区内城镇化带来的一系列需求,而且社会基础设施建设规划不够系统,已建社会基础设施的利用率和利用效益都比较低。

2) 三峡库区SI-Ur系统协调度测度

对SI系统和Ur系统综合发展水平值进行线性回归拟合,带入式(4.6)计算得出$u(i/j)$;将$u(i/j)$带入式(4.5)得出库区SI-Ur体系2000—2014年的协调度发展指数$Cs(i,j)$,结果见表4.10。

表4.10 库区SI-Ur体系协调度

年份	$Cs(i,j)$	状态	年份	$Cs(i,j)$	状态	年份	$Cs(i,j)$	状态
2000	0.925	协调	2005	0.929	协调	2010	0.562	中度失调
2001	0.540	中度失调	2006	0.797	基本协调	2011	0.798	基本协调
2002	0.940	协调	2007	0.955	协调	2012	0.653	轻度失调
2003	0.948	协调	2008	0.961	协调	2013	0.244	严重失调
2004	0.695	轻度失调	2009	0.756	基本协调	2014	0.202	严重失调

2000—2013年SI-Ur系统协调度大多处于基本协调(>0.7)以上,但波动性较大,最高协调度(2008年,0.961)与最低协调度(2013年,0.244)的比值达3.94,其中:①2000、2002、2003、2005、2007及2008等6年高于标准值0.9,系统协调状态良好;②2006、2009及2011等3年协调度数值介于0.7与0.8之间,系统处于基本协调状态;③2001、2004、2010及2012等4年协调度数值介于0.5与0.7之间,系统处于轻度或中度失调状态;④2013年协调度数值小于0.5,表明库区SI-Ur体系已处于严重失调状态。

[1] 长江三峡工程库区医院迁建补偿概算调整专题报告。
[2] 蒋建东.三峡库区城镇迁建总结性研究[M].武汉:长江出版社,2012:128.

4.3.3 三峡库区 SI-Ur 体系协调度的时空表征

1)纵向时间演变趋势

从时间序列上看(图 4.3),库区 SI-Ur 体系协调度变化可划分为两个特征时段。

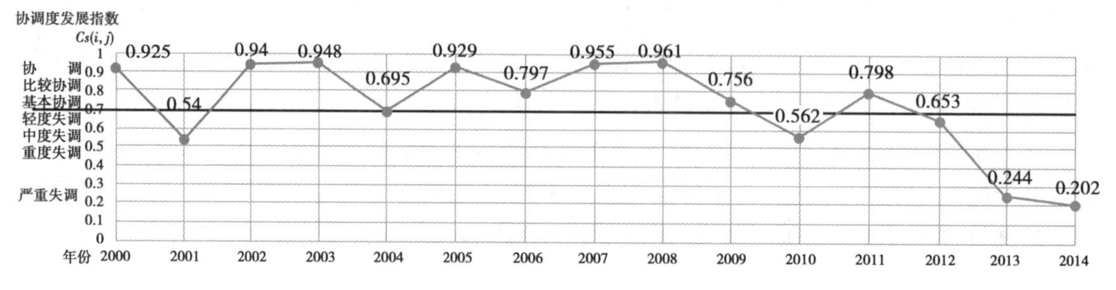

图 4.3 2000—2014 年三峡库区 SI-Ur 体系协调度发展指数

从时间序列上看,库区 SI-Ur 体系协调度总体发展不均衡,结合 SI 系统和 Ur 系统综合发展水平值的变化趋势及库区城镇化进程,可分为三峡工程建设整体协调时期及后三峡时代失调时期两个时间段。

(1)三峡工程建设整体协调时期(2000—2010 年)

此时间段为库区移民安置及城镇迁建中后期。在移民安置方面,库区移民高达 139.76 万人,其中农村移民达 51.89 万人,占总迁移人口数的 37.13%,由于这种移民驱动型高速城镇化,库区平均城镇化率由 1994 年的 9.72% 剧增至 2010 年的 42.91%,虽然远低于全国同期平均水平 26.6% 和 49.68%[1],但其年均涨幅水平达到 1.95 个百分点,远远超过了全国的 1.35 个百分点。在城镇迁建方面,三峡工程造成库区 11 座县城和 114 个农村城镇被淹搬迁。在国家政策及资金的扶持下,截至 2009 年底,库区完成了 2 座城市、10 座县城的完全搬迁,库区城市县城新址占地面积比淹没面积平均扩大 3 倍多,公共设施用地面积与原建成区比较平均扩大 2 倍多,解决了农村移民安置难的问题,扩大了原有城镇建设的规模,更大幅提升了人居环境水平,Ur 系统综合发展水平持续升高。

综上,该时间段库区城镇化及社会基础建设水平均大幅提高,且总体来看 SI 系统的发展水平虽略高于 Ur 系统,但两系统的变化适配,故而 SI-Ur 体系基本处于协调状态。

(2)后三峡时代失调时期(2010—2014 年)

2010 年,移民安置及城镇迁建完成,库区进入后三峡时代,其城镇化的工作重心由移民迁建转为产业结构调整、移民安稳致富及生态建设保护等方面,并开始注重以人为本及质量的提升,Ur 系统综合发展水平增速加快。而在新型城镇化的大背景影响下,教育、医疗、文化、社区服务等社会基础服务设施的需求日益增强。但随着后靠安置移民政策的调整和城镇化发展的需要、二次移民和安置区老居民净增人数迅速增加,按照三峡工程库区移民安置时期淹没实物指标迁建的社会基础设施已无法满足社会需求。此外,库区复杂地形地貌导致的可建

[1] 资料来源于《三峡库区城镇迁建总结性研究》《重庆市统计年鉴》《湖北省统计年鉴》及国家统计局。

设用地缺乏,以及经济基础落后导致的建设资金缺乏,使社会基础设施在需求与供给之间的矛盾突出,SI 系统综合发展水平呈下降趋势。

两者相反的发展趋势,使得库区的 Ur 系统综合发展水平逐步追上 SI 系统,并在 2011 年时与之相当,故而 2011 年 SI-Ur 体系基本协调;此后,Ur 系统上升发展,而 SI 系统下降发展,两者发展趋势相悖且速率差距逐步加大,SI-Ur 体系出现失调趋势,且失调程度也愈加显著。这也证实了此时间段库区新型城镇化及后三峡时代发展目标并行带来的社会经济转型和人本需求提高,与社会基础设施建设缺失间矛盾加大的现状。

2)横向空间格局特征

从空间格局上看(图 4.4、表 4.11),库区各区县 SI-Ur 体系协调度差异较大,发展不均衡。库腹区区县的 SI-Ur 体系失调比例较高,且高度(严重)失调比例较大。在城镇化率与经济发展基本相符的基础上,区县 SI-Ur 体系的协调程度可分为以下 3 类。

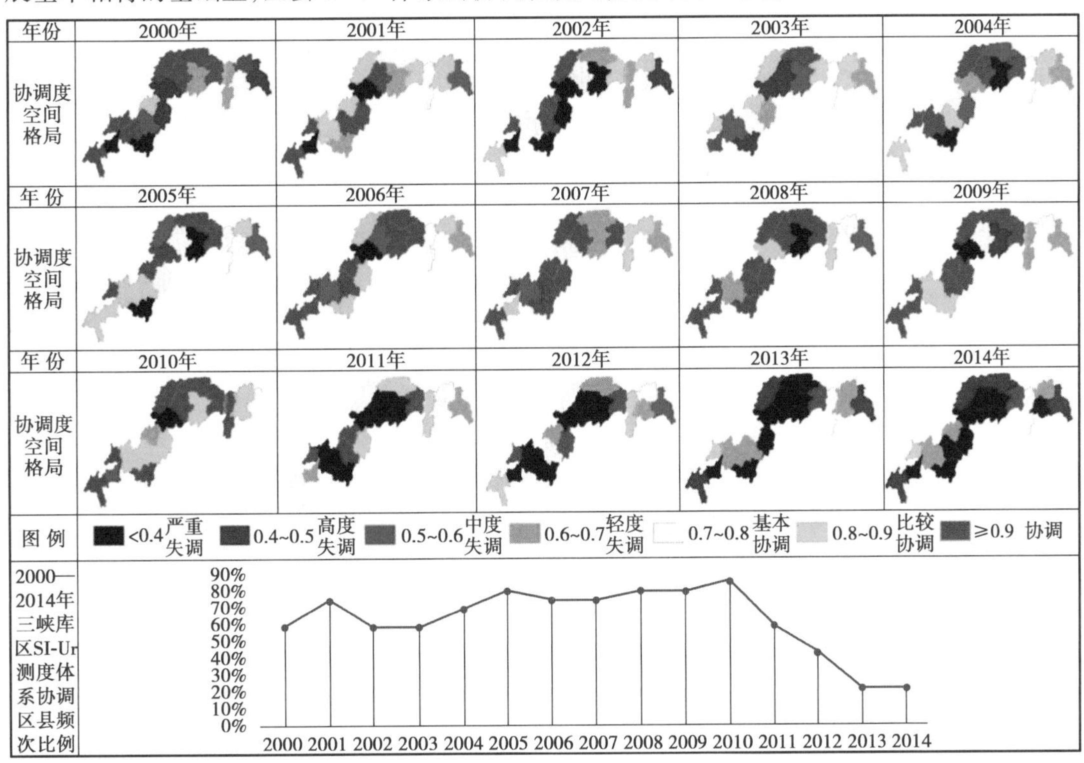

图 4.4 2000—2014 年三峡库区各区县 SI-Ur 体系协调度空间格局

表 4.11 2000—2014 年三峡库区各区县 SI-Ur 体系协调度综合排名

三峡库区分区	区县	失调次数	高度(严重)失调次数	城镇化率		GDP/亿元	
				发展趋势/%	排名	发展趋势	排名
库首区	夷陵区	13	4	19.68~55.65	7	156.92~441.24	6
	秭归县	3	1	13.84~36.53	16	16.60~100.53	15
	巴东县	3	0	11.35~33.27	18	15.67~81.45	17
	兴山县	2	0	22.69~43.19	8	10.84~86.47	16

续表

三峡库区分区	区县	失调次数	高度(严重)失调次数	城镇化率		GDP/亿元	
				发展趋势/%	排名	发展趋势	排名
库腹区	奉节县	13	8	13.5~38.2	14	22.13~181.41	10
	万州区	12	9	36.3~61.11	5	64.92~771.21	2
	武隆区	10	8	17.2~38.7	12	13.98~119.98	13
	巫溪县	6	2	8.5~31.3	19	8.10~66.72	19
	云阳县	6	4	14.1~38.18	15	22.61~170.18	11
	石柱县	6	3	11.2~38.36	13	12.13~119.95	14
	丰都县	3	1	15.9~40.66	10	20.81~135.37	12
	开州区	3	2	15~42.14	9	38.44~300.16	8
	忠县	3	0	17.3~38.89	11	22.87~208.26	9
	巫山县	0	0	12~35.84	17	12.21~81.26	18
库尾区	巴南区	8	6	53.3~77.59	2	48~510.08	5
	长寿区	8	2	37.9~59.94	6	174.67~420.40	7
	涪陵区	8	2	38.3~62.18	3	69.32~757.47	3
	江津区	2	2	33.1~61.99	4	80.14~554.65	4
	渝北区	0	0	42.8~78.74	1	42.86~1 115.38	1

注:①由于数据统计缺失,长寿区城镇化率发展趋势为2002—2014年。

②城镇化率和GDP排名按2014年数据进行。

①城镇化率较高、经济发展较好的区县,社会基础设施的建设与城镇化进程适配,如渝北区和江津区的SI-Ur体系协调度较高。但仍需监控社会基础设施建设水平,确保能满足城镇化进程的需求,使二者达到相互促进、共同繁荣的目的。

②城镇化率较高、经济发展较好的区县,但其社会基础设施的建设与城镇化进程失配,如万州区、夷陵区及巴南区的SI-Ur体系就失调严重。此类区县对周边的区县有一定的区域辐射力,但社会基础设施的建设跟不上经济发展的水平。因此急需厘清人本需求的迫切所在及社会基础设施建设水平的具体问题,利用经济基础优势,制定对应的专项规划,有针对性地进行规划预测及加大资金投入,提升社会基础设施建设水平。

③城镇化率较低、经济发展较为滞后的区县,但其社会基础设施的建设与社会经济发展及需求相适应,如巫山县、巴东县及兴山县的SI-Ur体系协调度较好。此类区县的城镇人口较少,且中青年的外流率及老年儿童的留守率较高,对社会基础设施的需求也相对较少,应根据城镇的具体发展进行社会基础设施的规划,避免过量建设导致浪费。

故此可见,社会基础设施的建设水平并非越高越好,而需与具体区县的城镇化水平及需求相适应,才不会造成缺失或浪费。

4.4 基于协同状态诊断结果的三峡库区城市发展类型划分

针对库区社会基础设施的建设整体不足、与城镇化系统和环节发展不平衡等问题,本节作为三峡库区社会基础设施—新型城镇化体系协调状态诊断框架的基础模块3,其目的是从城乡规划的角度出发,以定量评价为基础厘清社会问题的轻重缓急,从而把注意力转向在城市中最常被忽略的地方,促进具体工作的改善。引用联合国人居署在《全球城市观测站项目》中的一句话:"Better information leads to better decisions. By providing decision-makers with reliable and accurate information this Programme will enable city managers to prioritize issues and channel attention to the most neglected areas within urban areas."

因此,根据SI-Ur体系协调程度的评价结果,从空间格局上看(图4.4),库区各区县SI-Ur体系协调度差异较大,发展不均衡。库腹区区县的SI-Ur体系失调比例较高,且高度(严重)失调比例较大。在城镇化率与经济发展基本相符的基础上,按区县SI-Ur体系的协调程度通过聚类分析法分为良性协调发展型、初步互动萌芽型及低度协调改进型3个基本类型(表4.12)。

表4.12 基于SI-Ur体系协同诊断结果的三峡库区城市发展分类

诊断分类	城市	典型城市协调测度示意
良性协调发展型	渝北区、江津区、丰都县、忠县、开州区、巫山县、兴山县	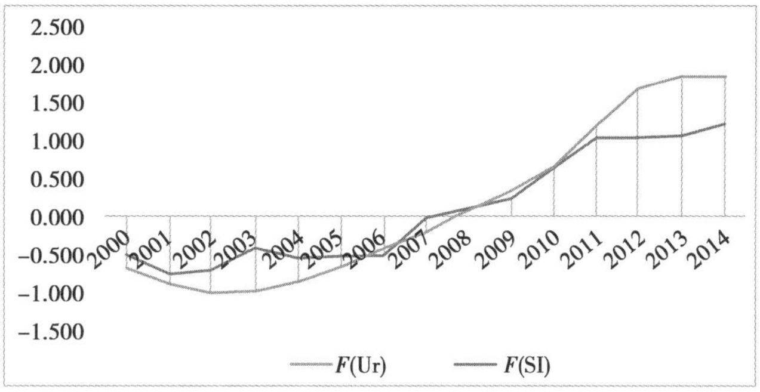 渝北区SI-Ur体系综合发展水平变化趋势 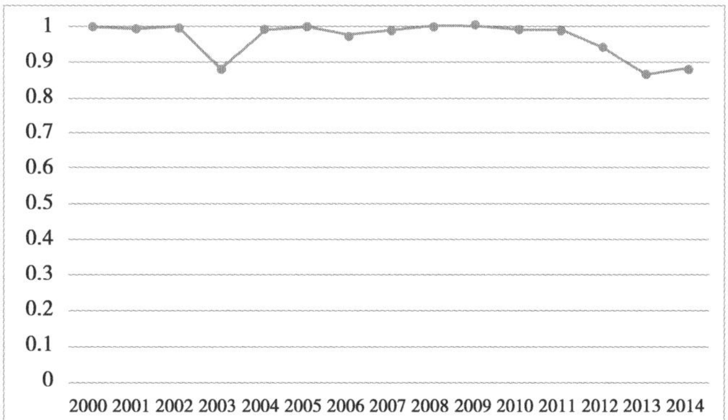 渝北区SI-Ur体系协调度变化趋势

续表

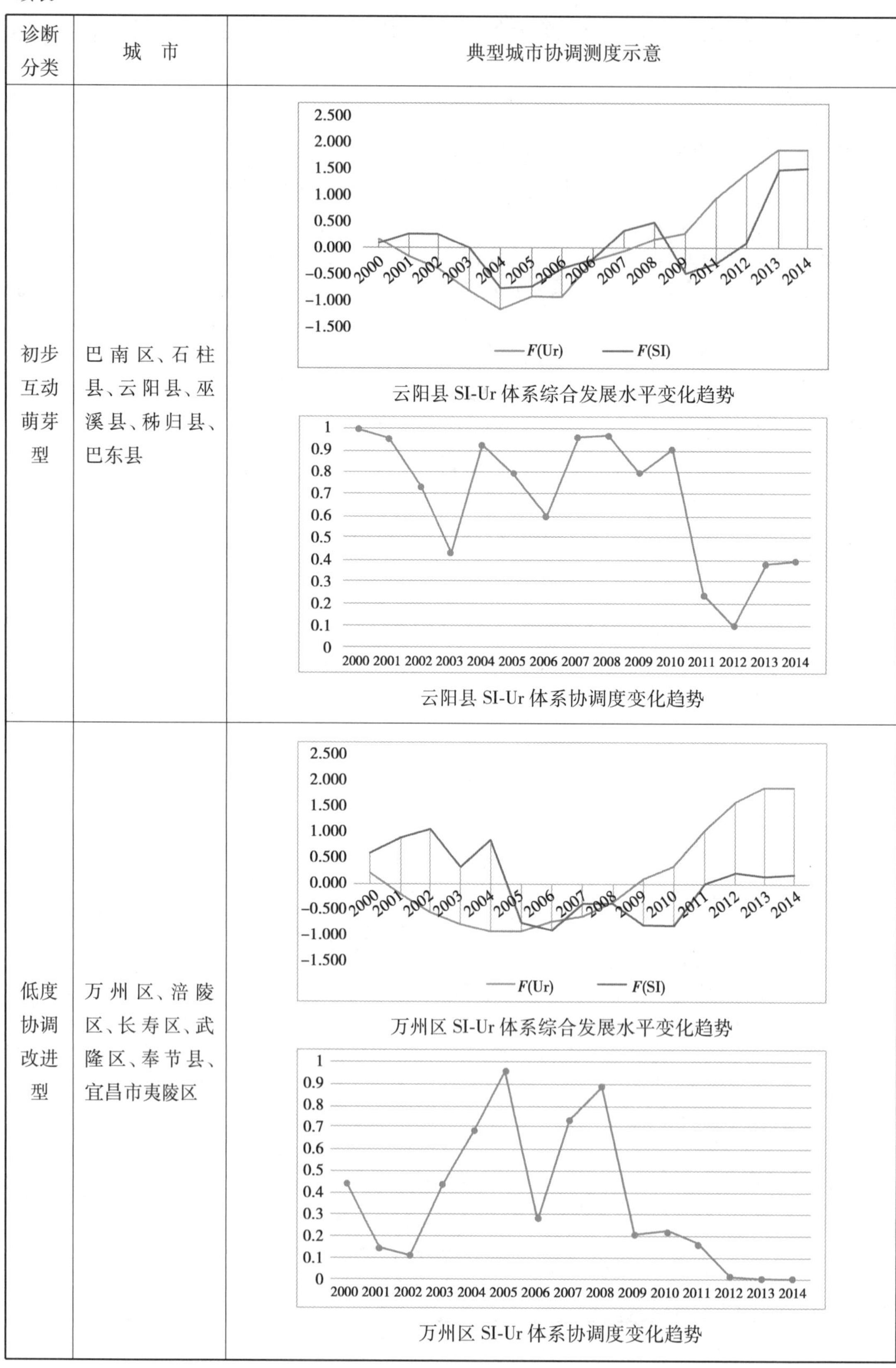

诊断分类	城　市	典型城市协调测度示意
初步互动萌芽型	巴南区、石柱县、云阳县、巫溪县、秭归县、巴东县	云阳县 SI-Ur 体系综合发展水平变化趋势 云阳县 SI-Ur 体系协调度变化趋势
低度协调改进型	万州区、涪陵区、长寿区、武隆区、奉节县、宜昌市夷陵区	万州区 SI-Ur 体系综合发展水平变化趋势 万州区 SI-Ur 体系协调度变化趋势

4.4.1 良性协调发展型

良性协调发展型是指社会基础设施建设水平与其城镇化进程基本相适应,包括渝北区、江津区、丰都县、忠县、开州区、巫山县、兴山县等7个区县,在空间上分布较为均质。此类型区县的社会基础设施建设水平与其城镇化进程基本相适应。按社会经济发展可细分为以下两类。

①城镇化率较高、经济发展较好的区县,其社会基础设施的建设与城镇化进程适配,故而SI-Ur体系协调度较高,如重庆市渝北区。由于受三峡库区整体发展趋势影响,渝北区的SI系统综合发展水平在2011年开始出现了减缓,而Ur系统综合发展水平却在持续快速发展,因此仍需监控社会基础设施建设水平,合理规划,确保社会基础设施的建设能满足其城镇化进程的需求。

②城镇化率较低、经济发展较为滞后的区县,但由于其社会基础设施的建设与社会经济发展及需求相适应,SI-Ur体系协调度依然较好,如巫山县、巴东县及兴山县等。此类区县的社会基础设施的需求相对较少。为避免过量而导致浪费,需实时监测其SI-Ur体系的协调状态,分析问题所在,并在国家政策要求及经济基础上适当建设、完善社会基础设施体系。

4.4.2 初步互动萌芽型

初步互动萌芽型是指社会基础设施建设水平与其城镇化进程有一定差异,SI-Ur体系处于失调的边缘,可分为城镇化滞后型和社会基础设施建设滞后型,包括巴南区、石柱县、云阳县、巫溪县、秭归县、巴东县等6个区县。空间上主要分布在库区中段。其中,巴南区位于重庆主城区内,受主城区政策及经济的倾斜,其社会基础设施的建设水平略高于城镇化进程,属于城镇化滞后型。其他5个区县的社会基础设施建设滞后型,即城镇化水平相对较低,经济发展水平也不十分发达。社会基础设施的建设不完善,但基本上能与经济发展的水平保持一致,故而呈现出协调趋势在失调与协调间徘徊的现象。

以云阳县为例,2009年前其SI系统综合发展水平高于Ur系统综合发展水平,2010年后则反之,故SI-Ur体系在协调与失调之间波动。但测度结果亦显示,SI系统与Ur系统的综合发展水平在2010年后都呈上升趋势,且SI系统综合发展水平的速率逐渐接近Ur系统,说明云阳县社会基础设施建设虽略显滞后,但已显示出与城镇化互动协调发展的趋势。因此,需厘清人本需求的迫切所在,制定对应的专项规划,提升社会基础设施配套水平。

4.4.3 低度协调改进型

低度协调改进型是指社会基础设施建设水平与其城镇化进程差异较大,且社会基础设施建设水平均远低于其城镇化进程,SI-Ur体系基本处于失调状态且趋势加大,需要加强社会基础设施建设规划建设的城镇类型,包括万州区、涪陵区、长寿区、武隆区、奉节县、宜昌市夷陵区等6个区县。空间上主要分布在库区前端、中段及尾端。总体来看,此类区县都是属于城镇化水平较高、经济发展水平相对较高,并对周边的区县有一定的区域辐射力。但社会基础设施的建设跟不上经济发展的水平,故而出现了失调。

以万州区为例,随着2010年开始实施三峡工程后续工作规划,其移民工作战略重心由"搬得出"向"稳得住、逐步能致富"转移,支柱工业的发展成为城镇化的引擎,使得Ur系统综合发展水平增速加大,而同时段的SI系统综合发展水平基本处于停滞状态,社会基础设施建设水平大大滞后于城镇化进程,将严重影响城镇化的迁转俱进。因此,此类型区县需梳理社会基础设施建设水平的具体问题,有针对性地进行规划预测及加大资金投入。

平等和效率(的冲突)是最需要加以慎重权衡的社会经济问题,它在很多的社会政策领域一直困扰着我们。我们无法按市场效率生产出馅饼之后又完全平等地进行分享。

——阿瑟·奥肯(1975 年)

我们决不应迷失经济发展的最终目的,那就是以人为本,提高他们的生活条件,扩大他们的选择余地……如果在经济增长(通过人均收入来衡量)与人类发展(以人的寿命、文化或者成功比如自尊来反映,但不易度量)之间存在着紧密的联系,那么这两者之间的统一是有益的。

——P. 斯特里顿(1994 年)

5 宏观调控策略:三峡库区社会基础设施区域协同规划

库区新型城镇化的发展与社会基础设施存在着密切的关系,在第 3 章针对两者的相关机制已经进行过分析论证,可知社会基础设施是城市社会发展、社会福利提升的重要基础和前提条件,同时社会基础设施也能够带来经济的增长,二者必须协调发展。通过第 4 章中对三峡库区社会基础设施与新型城镇化协同状态诊断可看出,两者各自的综合发展水平都较三峡库区建设时期有较大提升,但是由于两者之间的发展不匹配,失调趋势已然出现。针对这种失调现状,本章秉承对外协同的主旨,探讨社会基础设施系统与新型城镇化系统的协同机制:首先对库区城镇化发展进程及城镇布局模式进行探究、探寻其社会基础设施配置变化的规律;其次对社会基础设施在新型城镇化进程中进行适应性抉择;最后以区域性教育设施规划为例,探讨宏观调控策略,以形成缓解库区由社会基础设施建设水平与新型城镇化进程不协调所引起的社会问题的治理途径。

5.1 三峡库区社会基础设施区域协同规划的必然性

5.1.1 基于宏观调控调控的库区社会基础设施区域规划抉择

根据第 4 章对库区社会基础设施系统与新型城镇化系统协同状态的诊断,可知其已出现失调趋势,在区域内进行协调发展势在必行。就全国来看,包括库区在内,影响区域协调发展的根源有三:一是受计划经济思维模式和唯 GDP 式竞争的束缚,区域的政策、资金、产业、基础设施、公共服务等资源都向着中心城市聚集,这样的发展模式使得市场难以在资源配置中发挥关键性作用;二是源于西方的城镇空间规划理论善于解决以"土地财政"为主导的旧城镇化模式而非"人"的新型城镇化,这天然的理论缺陷使产业发展难以发挥市场经济规律;三是行政壁垒分割体制与空间规划理论缺陷、市场规律困境一起,加重了区域产业空间布局、城镇体系结构、基础设施建设等方面的不协同。因此,如何在城镇化进程中处理好社会经济发展与空间布局的关系,对社会基础设施的协同规划尤为重要。

鉴于城镇化可按阶段划分,如雷・诺瑟姆"S"曲线理论将城镇化分为初始(城市化率低于25%)、加速(城市化率处于25% ~70%)、成熟(城市化率达到70%以上)三个阶段;而经济发展也有明显的阶段性特点,1986 年钱纳里在《工业化和经济增长的比较研究》中,将其划分为准工业化阶段、工业化阶段及后工业化阶段三大阶段。而在城镇化的社会经济发展中,社会基础设施也表现出时代的变迁特点,特别是发展中国家,则表现出与发达国家不同的复杂性。不同类别社会基础设施在不同时期发挥不同的作用,过早或者过晚的建设都将是对城市发展的制约。因此,在各种资源有限的条件下,公共资源如何配置才能发挥最大效应?首先,必须确定区域城镇系统的空间结构、城镇化和工业化的发展趋势以及区域内各个城市的定位及发展预判。其次,在这些发展因素的基础上,本节提出了三峡库区社会基础设施适应性规划,以此来为库区区域性社会基础设施的宏观调控给出些许建议。

5.1.2 基于社会福利提升的库区社会基础设施区域规划抉择

随着以工程建设为周期的大规模外部投资的逐渐减少,库区城镇建设的经济推进动力将逐渐减弱。在库区当前薄弱的经济基础上,更多的政府性投资趋向于道路、管网等经济性基础设施,而投资成本高、回收周期及回收率相对较低的社会基础设施则处于建设投资的弱势,使得民众需求与社会供给严重不对等,从而导致了教育设施不均衡、医疗设施拥挤、文化设施匮乏及社会福利设施缺失等一系列社会问题。而这些社会问题的出现就如同人体产生了病变,在"后工业化社会""后福利国家时代"和新型城镇化的背景下,使城市的目标本质由推动经济增长转型为关注人的发展出现了相悖的现实问题。正如早期城市社会学理论认为城市是一种类似于有机体的生命系统,因此城市价值伦理,即所谓城市生活方式被认为是城市的本质属性[1]。随着新都市社会学,尤其是新马克思主义城市社会学的发展,本质上是社会学的空间性研究转向以后,城市不再被认为是外在于社会结构整体运行而可以独善其身遵守生命规律的有机体,它还是社会再生产要素。因此城市不仅是人们基于自然地理环境改造后的日常生活场所,更是遵守社会再生产规律、由资本生产和创建的"人造环境"。在这样的"人造环境"中,库区对社会福利水平的集体消费的核心本质在于其"集体性"方式。它是由国家提供,满足社会集体性需求而非个人占有的消费产品,比如教育、医疗、文化、停车等社会基础

---

〔1〕 帕克,等.城市社会学:芝加哥学派城市研究文集[M].宋俊岭,吴建华,王登斌,译.北京:华夏出版社.1987:1.

设施,因而集体消费必然具有一定规模的不可分割性[1]。它不像其他消费方式一样产生具体可见的利润,其真正作用在于:总的社会再生产过程而不是资本的局部利润,要求人口围绕着服务设施和公共设施进行集体消费,从而发挥规模效益,以获得足够的劳动力并减小劳动力再生产的社会总成本。城市人造环境无疑是实现这一目标最有效的组织形式和空间单位,而如何更好地实现集体消费则成为当代社会城市结构形态的主要动力。

从资本的循环过程来看,资本第一循环发生在传统生产领域中,主要是生产普通商品,化解局部性危机。当第一循环无法解决传统生产领域内的资本过度积累矛盾时,社会再生产出现转换性危机,过度积累资本投向其他部门或地区,以获取更高利润,形成资本第二循环。而当第二循环不可避免地出现资本饱和时,为了维护市场整体运转,剩余资本也进入社会再生产过程领域开始第三循环,主要包括大力投资科学技术以促进社会整体生产力的革命性发展,投资福利、教育、卫生、环境保护等事业以提高劳动力再生产的整体素质。综述,在资本积累3次循环过程中,社会基础设施的建设在第三循环中最受重视。但由于库区的经济发展水平较低,资本的累积还达不到饱和,而是常年处于资金缺乏的状态,故而其城镇建设的真正目的在某种程度上并不是满足人们的日常生活需要,相反,是为获取更多资本积累利润。从这一层面来看,社会基础设施在库区建设的缺乏也就有了经济本质的解释。

因此,要缓解库区由社会基础设施缺失所带来的社会问题,需结合推拉理论从正反两个方向引导和推动社会基础设施的区域协同规划和建设,面对较为滞后的经济发展和较为薄弱的经济基础,既要结合库区城镇化及工业化水平,“推动”政府和社会资本对社会基础设施建设的投资,又要合理确定库区社会基础设施建设的时空序列,“拉紧”社会基础设施的社会福利调节作用,维护城镇居民的公共利益。而要做到区域协同,首先要搭建统一的技术平台,通过空间、产业等不同规划编制的衔接,实现区域内沟通协调;其次是要使这些协调好的规划空间一致、时序同频。

5.2 三峡库区区域城镇化阶段及城镇体系布局预判

5.2.1 三峡库区区域城镇化及工业化阶段预判

通过对库区区县2014年城镇化率及工业化阶段现状的搜集整理,可知库区2014年的城镇化率为50.65%,人均GDP为36 381元,三次产业结构为10:57:33,已进入为工业化后期阶段(具体数据参见2.2.2)。按照各个区县的城市总体规划,规划至2020年,库区城镇化率将达到59.89%,处于城镇化发展的加速后期(表5.1)。由于库腹及库尾区县的工业化程度较低,其仍将处于工业化后期阶段,经济对城镇化的发展拉动作用将依然有限。

[1] Mckeown Kieran. Marxist Political Economy and Marxist Lirhsn Sociology[M]. London: Macmillan Press. 1987:143-149,97.

表 5.1　库区城镇规模规划一览表

区域	区县	城市总体规划				2014 年现状	
		年份	人口/万人	用地/km²	城镇化/%	城镇化/%	工业化阶段
库尾	江津区	2020	115	135	74	61.99	工业化中期
	巴南区	2020	125	231.99	80	77.59	后工业化
	渝北区	2020	203	460.30	85	78.74	工业化后期
	涪陵区	2020	128	100	70	62.18	工业化后期
	长寿区	2025	58	89.5	70	59.94	工业化后期
	武隆区	2020	13.5	13.34	47.8	38.70	工业化中期
库腹	丰都县	2020	25	26	60	40.66	工业化中期
	石柱县	2020	20	20	48	38.36	工业化中期
	忠县	2020	24.0	20.40	50	38.89	工业化中期
		2030	70.0	43.5	—		
	万州区	2020	168	130.12	78	61.11	工业化后期
	开州区	2020	30.3	28.56		42.14	工业化中期
	云阳县	2020	30	23.29	50	38.18	工业化前期
	奉节县	2020	20	16.68	55	38.20	工业化前期
	巫山县	2020	20	15.8	50	35.84	工业化前期
	巫溪县	2020	20.58	14.5	35	31.30	工业化前期
库首	巴东县	2020	19.5	101.36	—	38.38	工业化前期
	兴山县	2020	9.54	41.80	47.2	43.19	工业化中期
	秭归县	2020	18.9	13.5	50	36.53	工业化前期
		2030	24.0	19.0	63		
	宜昌市	2020	226	—	65	55.65	工业化中期
		2030	302	302	—		
库区		2020	1 274.32	1 440.34	59.89	50.56	工业化后期

资料来源：根据各区县城市总体规划及统计年鉴整理绘制。

5.2.2　三峡库区区域城镇体系规划历程梳理

1）三峡工程建设时期库区移民安置规划

三峡工程建设时期，库区的区域规划编制大致可分为 3 个阶段。

①1992 年三峡工程开建前期，重庆、涪陵、万县（今万州区）、宜昌等市级独立行政区分属四川、湖北 2 省，库区部分区县因为移民试点工作编制过淹没调查与移民安置规划，涉及了区域层面的规划和建设工作[1]。

②1992—2003 年库区城镇迁建前期。库区作为一个整体集中编制了移民迁建规划，同时

[1]　以万县为例，1983 年根据三峡水库 150 m 水位方案进行编制，万县市人民政府配合长江流域规划办公室库区规划设计处及勘察总队对万县市淹没区进行测量调查，并提出移民方案 4 个；1987 年在第一次移民安置规划基础上根据 175 m 水位方案进行编制了《万县市三峡工程移民安置规划》。

延伸到重庆和湖北两省市以及各县(区)层面,构成了“库区—省辖区—区县”三个完整的层次。三峡工程建设之初库区即编制完成《长江三峡工程水库淹没处理及移民安置规划大纲》(1993)和《三峡库区经济发展规划》(1996),以纲领性文件的方式指导库区移民搬迁、城镇及设施复建和生产力重新布局。为确保规划实施,相关协调工作还包括1994年国务院同意将三峡工程库区各市县列为长江三峡经济开发区,实行沿海经济开放区的优惠政策。同时还大量编制了环境保护、产业发展以及历史文化遗产保护等相关专业性区域规划。

③2003—2010年库区城镇迁建后期。随着部分城镇移民迁建主体工作的完成,库区进入社会重建阶段。2004年国务院重编《三峡库区经济社会发展规划》,重点“改善库区投资环境、加快产业培育、增加就业机会”,希望通过投放总额逾260亿元的三峡库区产业发展基金指导项目,有针对性地解决库区产业空虚、移民就业生计以及生态环境等3个问题。

此外,传统意义上的区域规划主要以城镇体系规划模式出现。库区重庆段、湖北段宜昌市及恩施州巴东县2005年左右完成了城镇体系规划的全覆盖。重庆市自2000年以来,规划调整了多版城镇体系,构建了“一圈两翼”的区域空间结构,结合城镇体系的规划前期研究和后期实施,还进行了重庆市空间发展战略研究。

2003年湖北省城镇体系规划要求宜昌市作为湖北省域副中心,发挥战略支点作用带动鄂西南地区发展,提出宜昌都市区构想。结合湖北省“强县扩权”发展思路,宜昌市编制了长江沿岸地区都市区空间规划,总面积1.49万km^2,2004年总人口339.86万人。

2)后三峡时代库区城镇体系规划

进入后三峡时代,库区区域规划的编制多是在国家统一的区域规划背景下进行,从经济发展、产业结构、生态保护等方面,更多的是将三峡库区或其间城市作为空间单元要素纳入更高层级的规划中去。

(1)全国及区域层面

2011年《三峡工程后续工作规划》提出其主要目标:到2020年,战略性调整库区经济结构,使移民生活水平和质量达到湖北省、重庆市同期平均水平;交通、水利及城镇等基础设施进一步完善;建立覆盖城乡居民的社会保障体系,移民安置区社会公共服务均等化基本实现;生态环境恶化趋势得到有效遏制;地质灾害防治长效机制进一步健全,防灾减灾体系基本建立。《三峡工程后续工作规划》对经济发展和社会保障及公共服务设施提出目标要求,对库区社会基础设施建设有较强的指引作用。

2016年《长江经济带发展规划纲要》提出长江经济带的四大战略定位:生态文明建设的先行示范带、引领全国转型发展的创新驱动带、具有全球影响力的内河经济带、东中西互动合作的协调发展带。长江经济带将沿长江分布的11个省市三大城市群串联起来综合规划发展,其中,长三角城市群形成长江下游经济圈为长江经济带的“龙头”;南昌、武汉及长沙形成长江中游经济圈群是为长江经济带的重要支撑,也是引领中部地区崛起的核心增长极;成渝城市群形成长江上游经济圈,是西部推进经济发展与生态环境相协调的开放高地(图5.1)。长江经济带的规划对实现《三峡工程后续工作规划》中的经济目标开启了更为广阔的发展空间。

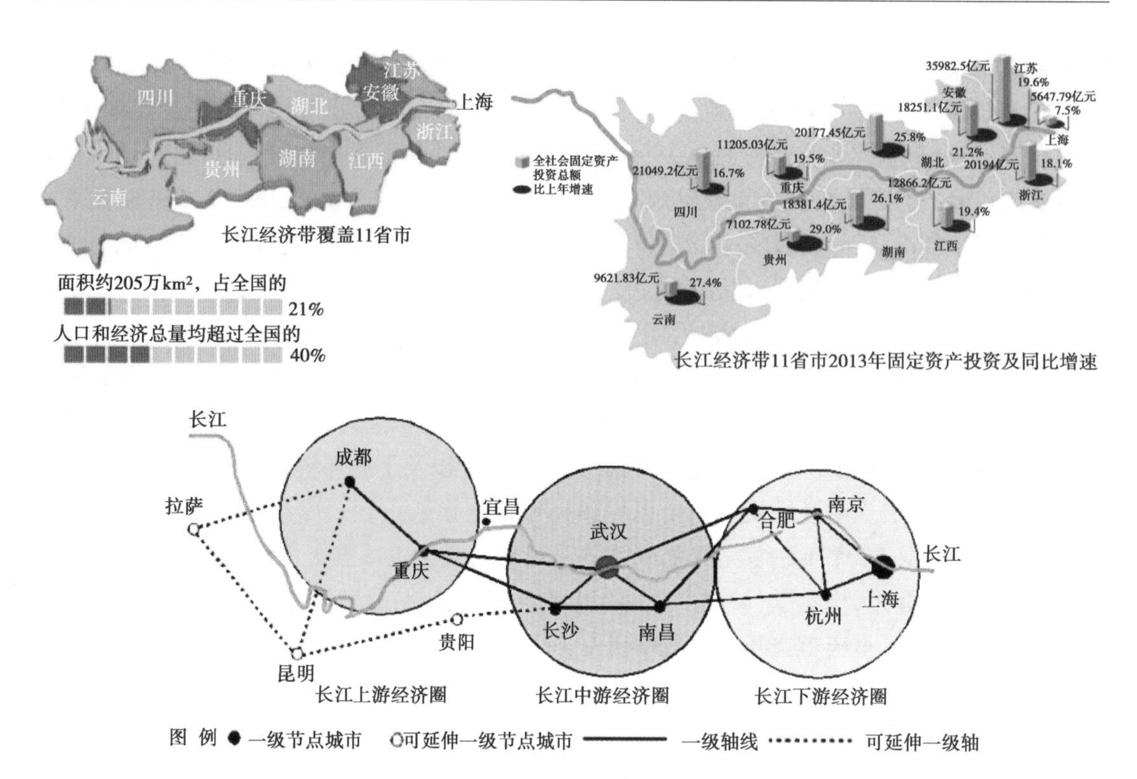

图 5.1　长江经济带空间结构示意图

2016 年《成渝城市群发展规划》中强调要以强化重庆、成都辐射带动作用为基础，以创新驱动、保护生态环境和夯实产业基础为支撑，建设引领西部开发开放的城市群，形成大中小城市和小城镇协同发展格局（图 5.2）。该规划对重庆市的经济发展和生态保护有较强的指导作用。

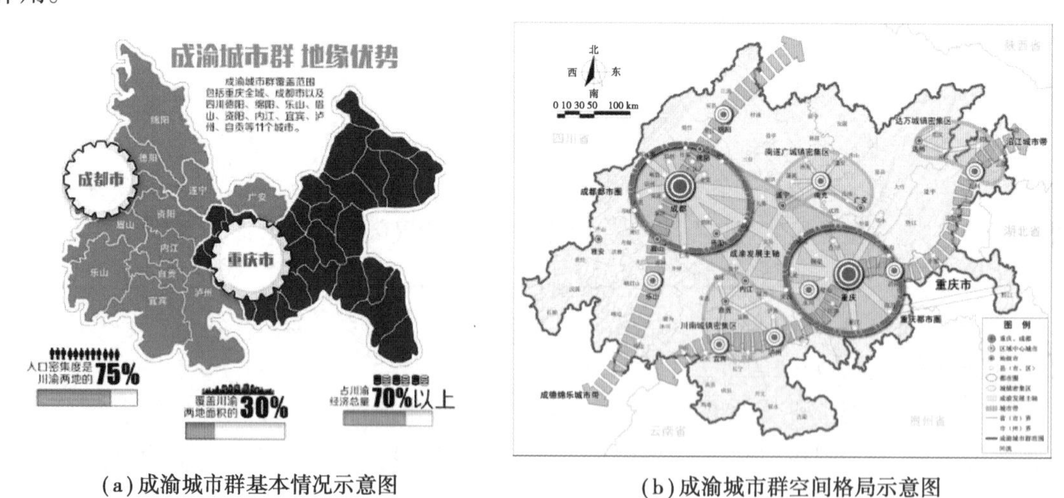

（a）成渝城市群基本情况示意图

（b）成渝城市群空间格局示意图

图 5.2　成渝城市群发展空间结构示意图

资料来源：《成渝城市群发展规划》。

（2）城市层面

重庆市城乡总体规划于 2010 年进行了调整［图 5.3（a）］，构建了“一圈两翼”城镇发展格局。规划提出，市域城镇分为市域中心城市、区域性中心城市、次区域性中心城市、中心镇和一般镇 5 个等级,形成了 1 个特大城市、6 个大城市、25 个中等城市和小城市、495 个左右小城镇的城镇体系。

《宜昌市城市总体规划(2011—2030 年)》将宜昌市规划为 13 个组团的特大城市,形成“沿江带状多组团”空间结构[图 5.3(b)]。规划至 2030 年,市中心城区实际居住人口控制在 300 万人左右,建设用地控制在 300 km^2 以内。规划强调组团间的便捷联系以及公共服务设施的均等化布局。

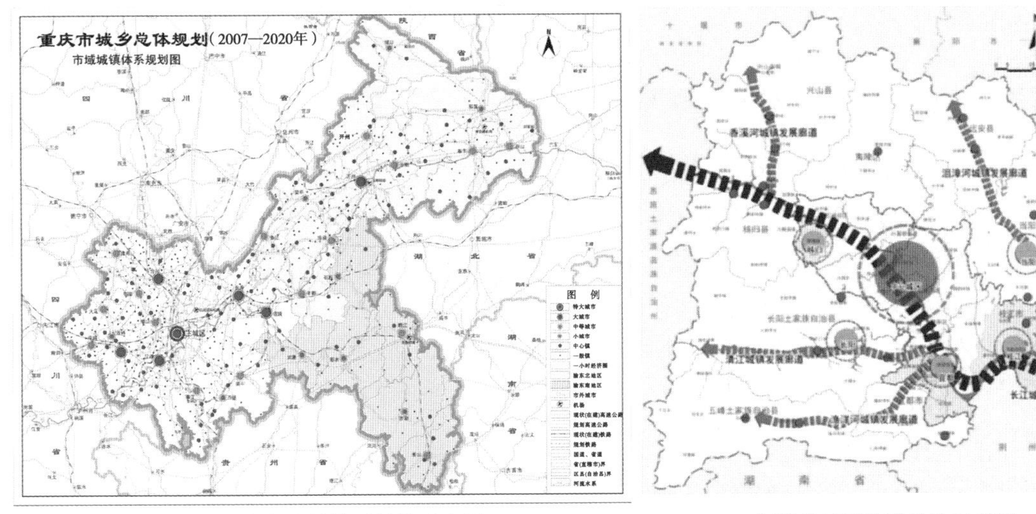

(a)重庆市城镇体系结构示意图　　(b)宜昌市城镇体系结构示意图

图 5.3　城市层面规划示意图

资料来源:(a)《重庆市城乡总体规划(2007—2020)》(2011 年修订);

(b)《宜昌市城市总体规划修改(2011—2030)》。

进入后三峡时代,不论是区域层面还是城市层面的规划,产业布局、经济发展及公共服务设施均等化都是新型城镇化发展阶段的主要关注重点,以上规划对库区区县城镇的城镇化发展模式有较强的指引作用。

5.2.3　基于系统论的库区区域城镇体系规划理论探索

按照本文对城镇化体系的定义可知,城镇化作为一个复杂系统,要协同其他系统及其子系统需从城乡规划学科出发,选取恰当的理论基础。城镇系统规划理论作为城镇系统规划的总指导,其强调的是区域社会、经济、生态等系统的协调发展。该理论的基础可分为均衡发展理论与不均衡发展理论。

1)均衡发展理论对三峡库区城镇规划的指引

以努柯士为代表的均衡发展理论,其策略是通过均衡发展打破贫困的恶性循环。均衡发展理论认为,对于落后国家或地区,多部门平衡投资并维持其均衡发展,可以使各部门互为顾客来扩大内需、诱发投资、扩大生产,从而避免出现供给方面的困难。就城镇体系来看,通过在空间上建立众多据点,将其优势发展效果辐射到邻近地区,从而使国家或地区在空间上呈现协调发展的景象。但根据现实经验,从矛盾论的视角来看,均衡发展理论没能抓住主要矛盾。因此,对于不发达国家或地区来说,多部门齐头并进式的多元发展并不现实。但均衡发展理论仅对特殊情况下的特殊地区城镇的空间结构、职能规模等规划还是有一定的指导意义。以三峡库区为例,虽根据淹没搬迁的不同程度,有重点库区及重点移民区县之分,然而移民及城镇居民对美好生活的向往是没有城镇区分的,因此,顾此失彼的发展模式存在一定的弊端。但是库区薄弱的经济基础和不均衡发展的现状,使均衡发展理论对指导库区的全面发展并不适宜。

2)不均衡发展理论在三峡库区城镇规划的运用

以赫希曼为代表的不均衡发展理论与均衡发展理论正好相反,该理论并不认同通过增加资本来打破恶性循环的说法,而倾向于注重开发策略的制定和管理人才的培养。以不发达、资金有限的三峡库区为例,基于不均衡发展视角,就应该集中有限的资金对重点地区进行投入,从而通过横向水平关联效应来吸引相关产业的集中发展。虽然这样的发展容易造成两极分化,却利于潜力的挖掘,最终形成由点及面、由局部到整体的递进式系统均衡发展格局。其主要理论有以下三点。

(1)增长极理论

作为集中式、不均衡发展的区域理论的代表,法国经济学家弗朗索瓦·佩鲁在《略论增长极概念》中对增长极理论首先进行了系统阐述,提出增长以不同的强度首先出现于一个点或增长极上,然后通过不同的渠道向外扩散,而并非同时出现在所有地方。因此,区域增长极同时具有极化效应和扩散效应。以库区为例,选择万州区、长寿区、宜昌市等可优先、重点、集中的城市构成空间增长极等级体系,从极化效应到扩散效应,带动腹地发展,最终促进库区的全面发展。

(2)梯度转移理论

源于产品生命周期理论的梯度转移理论,最早由美国哈佛大学教授弗农提出,并由威尔斯和赫希哲等对其进行了验证、充实和发展,随后经由经济学家引入、发展为区域经济梯度转移理论。其核心观点是:利用梯度地区经济技术的势差所产生的经济技术推移动力,形成生产力的空间梯度转移规律,即有条件的高梯度地区引进和掌握先进技术,然后逐步依次向二级梯度、三级梯度地区推移[1]。通过这种梯度转移来逐渐缩小地区间的差距,从而实现区域经济分布的相对均衡。如《成渝城市群发展规划》、《重庆市城乡总体规划(2007—2020)》(2014 年深化)及《宜昌市城市总体规划修改(2011—2030)》,都是利用大城市带中小城市的发展模式,以求实现区域的协同均衡发展。

(3)点—轴开发理论

在区域规划中,采用据点与轴线相结合的模式,最初是由波兰的萨伦巴和马利士提出来的。我国经济地理学家陆大道等在深入研究宏观区域发展战略的基础上,吸收了据点开发和轴线开发理论的有益思想,对生产力地域组织的空间过程作了阐述,提出了点—轴渐进式扩

〔1〕 何伟军.增长极辐射梯度衰减及增强效应视角下的区域城镇规划布局:兼论三峡库区新型城镇化建设[J].湖北行政学院学报,2015(3):5-9.

散的理论模式。该理论的核心是:社会经济客体大都在点上集聚,通过线状基础设施而联成一个有机的空间结构体系。点—轴开发的“点”是指区域中的各级中心城市,他们都有各自的吸引范围,是一定区域内人口和产业集中的地方,有较强的经济吸引力和凝聚力。“轴”是联结点的线状基础设施束,包括交通干线、高压输电线、通信设施线路、供水线路等工程线路等。线状基础设施经过的地带称为“轴带”,简称“轴”。通过点—轴系统的演化城镇空间布局结构发生着持续的变化,如《长江经济带发展规划纲要》就是利用点—轴开发来实现长江经济带沿线城市的协调发展。

3)增长极—点轴—梯度均衡系统规划理论的提出

虽然增长极理论、梯度转移理论及点—轴开发理论等在制订区域经济发展战略中得到了很好的运用,但是,这三种理论分别作为独立的理论而不是作为一个整体得到运用的。可否在这三种理论中找出彼此的耦合性,进而提出一种新的理论范式来指导区域城镇的发展?

以库区的实际发展情况来看,库区区域的城镇化发展存在着严重不足。客观地说,在三峡工程建设前,其城镇化进程长期处于低水平的缓慢发展期,这是与其经济社会发展阶段相适应的。然而自三峡工程开建以来,其城镇化发展速度明显加快,目前已进入快速发展期,但同东部及沿海地区相比依然缓慢,城镇化率整体水平不高,且工业化滞后于城镇化的现象也非常明显,成了区域经济社会发展的桎梏。此外,各区县城镇化进程、经济发展水平差距较大,如重庆主城区、万州区和宜昌市的城镇化程度较高、社会经济较为发达,已然成了区域发展的增长极,也就此形成区域不均衡发展的现状。尤其严重的是,由于区域地形地貌、交通条件和高山江河的阻隔,重庆主城区、万州区及宜昌市等三大重点区域增长极的梯度辐射效应有限,使得库区相当大部分地区处于其增长极的“真空”区域,受这几大增长极的辐射扩散效应较弱,主导产业较为缺乏,发展也较为乏力。因此,库区亟须结合上一层级的区域规划,从区域现状及未来发展、地理交通特点等出发,以长江为依托,采用“点—轴”发展,使增长极的梯度辐射增强,从而带动区域城镇化、社会、经济的发展,最终形成均衡发展的愿景。

5.2.4 三峡库区区域城镇体系空间布局模式探讨

考虑单个空间组织的城镇作为经济发展的增长极或次增长极,正在成为推进中国新型城镇化建设的有效单元。增长极的辐射扩散对区域经济发展具有极大促进作用,但增长极的扩散辐射区域和强度也随着范围的扩大成梯度衰减趋势;两个增长极如果距离比较远,就会在增长极间出现“真空”“塌陷”“空心化”区域,因此需要通过扶持建设一个新的增长极以补强或增强经济发展活力,以实现区域经济在更高层次上的均衡发展。三峡区域在实现新型城镇化过程中,可以对该区域增长极(有一定实力的城市)的辐射能力从总量效应、产业效应、社会效应等方面进行界定和度量,通过对增长极辐射梯度衰减及补强效应的测算分析,并结合历史、人文、社会等因素,确定一批小城镇作为重点扶持建设对象,使其成为次增长极,补强或增强经济发展能力,促进库区区域的协调发展。因此,基于城镇系统规划理论,明确梯度衰减及补强效应的范式,改善不均衡发展,对库区区域城镇的规划布局与发展战略制定具有一定的理论参考意义。

1)相关城镇体系空间布局模式研究

根据区域规划和经济地理学理论,一个区域的城镇体系和经济结构布局不仅会直接影响城镇化的水平,还会影响区域经济和工业化的发展。“一个现代化的经济区域,其空间结构必须同时具备三大要素:一是‘节点’,即各级各类城镇;二是‘域面’,即节点的吸引范围;三是‘网络’,由商品、资金、技术、信息、劳动力等生产要素的流动网及交通、通信网组成”。[1] 城镇是区域的行政中心,同时也是经济、交通、文化、商贸、信息的中心。其职能如放射状地向周围地区辐射,影响和带动其所辖区域的物质、文化及社会福利向前发展。正如德国地理学家克里斯塔勒所提出的中心地理论(图5.4),城镇网络体系特别是平原城市,其构成一般为:大城市在经济、文化、交通等方面形成“中心”;其周围小城市、城镇为“节点”;乡镇及农村地区形成广大的“域面”;“心”“点”“面”结合在一起,形成优良的运营状态(图5.5)。

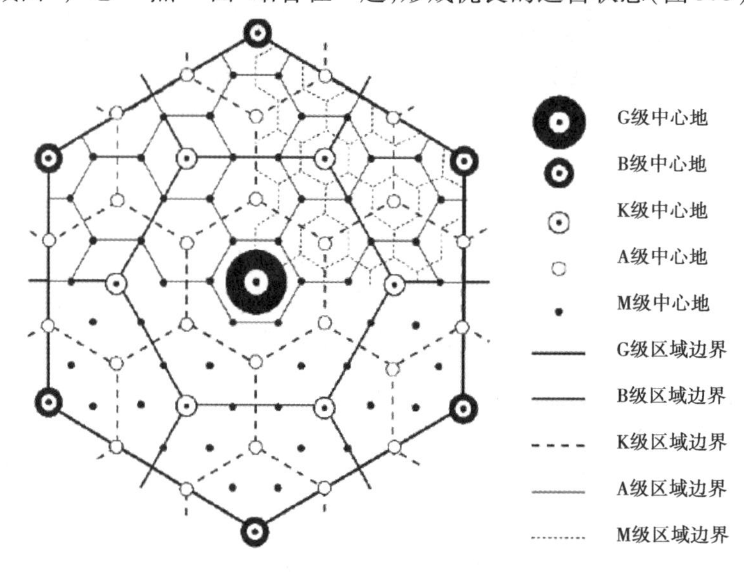

图5.4 中心地六边形模型

资料来源:沃尔特·克里斯塔勒.德国南部中心地原理[M].常正文,王兴中,等,译.北京:商务印书馆,2010:82.

我国经济比较发达的地区,如珠江三角洲、长江三角洲、京津唐地区,从城镇初期所形成结构网络来看,均表现出中心城镇的结构特征。但随着社会经济的发展、产业结构的转型,长江三角洲等的城镇化体系的构成模式,开始出现“点—轴”式(图5.6)。这是针对现阶段不均衡发展的比较有效的一种空间组织形式。“点”,即城市发展区域中各级中心城市;“轴”,是联结若干大小不等中心城市的线状基础设施(各类交通线、动力供应线、水源供应线等)所经过的地带。

〔1〕 刘再兴.中国区域经济:数量分析与对比研究[M].北京:中国物价出版社.1993:20.

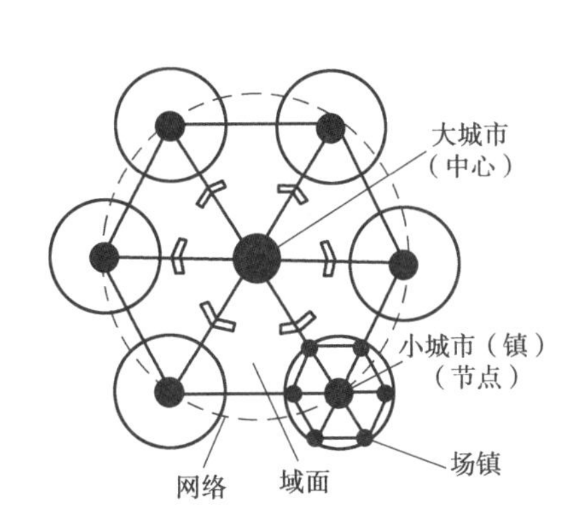

图 5.5 平原城市(镇)“心—点—面”网络构成理性模式示意图

资料来源:赵万民. 三峡工程与人居环境建设[M]. 北京:中国建筑工业出版社,1999:33.

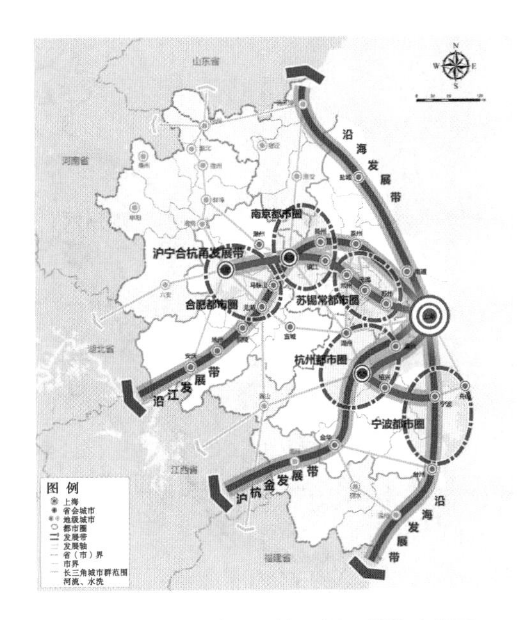

图 5.6 长三角“一核五圈四带”示意图

资料来源:《长江三角洲城市发展规划(2016—2020)》。

“点—轴”空间格局是一种地带开发模式,它对区域经济的推动作用要大于单纯的“点状开发”,在空间结构上点与面的结合,呈现出一种立体网络结构,可以促进整个区域逐步向经济网络系统发展。

2)库区区域城镇体系空间格局预判

三峡库区城镇沿长江布局,西起重庆、东至宜昌有 600 km 的长江岸线,顺应《长江经济带发展规划纲要》的规划布局,并结合其他区域及城市发展规划,在库区区域采用“点—轴”空间格局,有利于充分发挥库尾重庆主城区(特大城市)、库中万州区(大城市)和库首宜昌市(大城市)在库区前、中、后三点的辐射和影响作用,同时依靠长江的航运交通作为串联库区各城镇的“轴线”,构成三峡库区“点—轴”开发的格局也更加明显(图 5.7)。

考虑到库区仅一条长江“轴”串联三个中心城市,是单一的“线”状联系,缺乏与之相平行或交叉的第二、第三条轴辅助产生,难以形成网络辐射纵深地区经济和文化相对落后的中腹地区,且库区地处山区,其城镇的建设发展受到用地条件的影响和制约,对中心城市的辐射能力相较平原地区等距离向四周辐射的影响会受地形、交通等影响而减弱。因此,除“点—轴”空间格局外,强调“域面”和“网络”的建设,加强纵深地区与长江开发轴的陆域联系,借鉴既有研究库区城镇化发展可采用“点—轴—网”开发模式(图 5.8)。

“点—轴—网”开发模式的要点是以“点—轴”开发为基础,同时沿中心城市和长江主轴向纵深地区延伸,使沿江地区经济和文化的发展,沿交通轴伸向内陆的贫穷地区,形成城镇化的“次轴”。主轴与次轴再与纵深地区的陆域交通联结,形成中心点—轴线—域面相结合的城镇体系网络骨架。

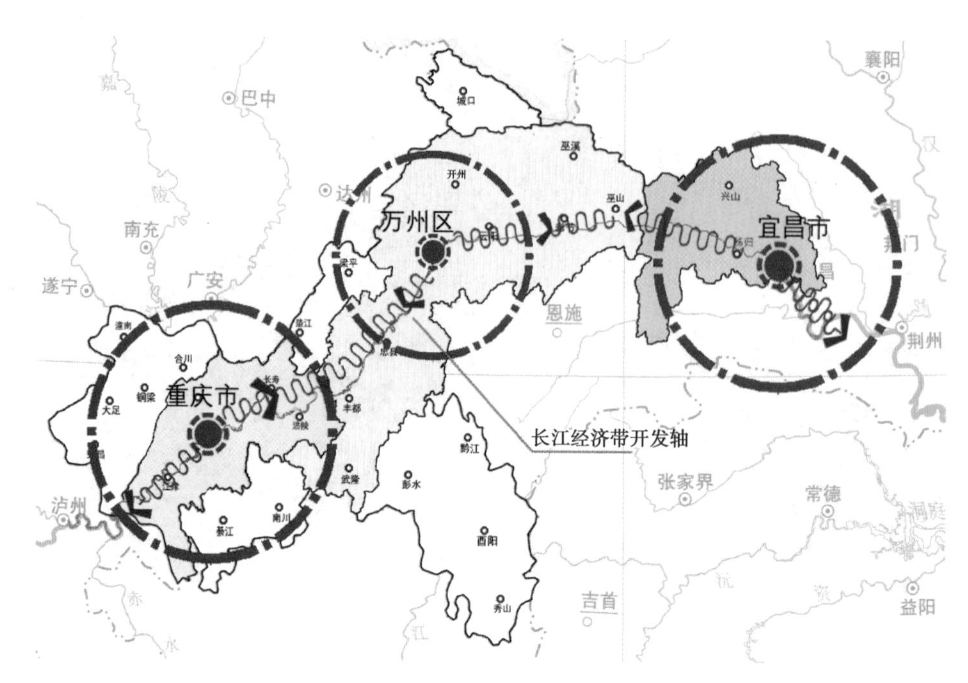

图 5.7 库区城镇“点—轴”空间格局规划示意图

［审图号：GS(2016)1612 号］

图 5.8 库区“点—轴—网”空间格局规划示意图

［审图号：GS(2016)1612 号］

3）库区区域城镇体系规划空间布局

承接上层次区域规划，结合库区城镇“点—轴—网”空间格局，根据增长极辐射梯度衰减及增强理论范式，库区区域城镇体系空间结构可构型为“三极三轴三域”的三峡库区城市群空间发展结构（图 5.9）。

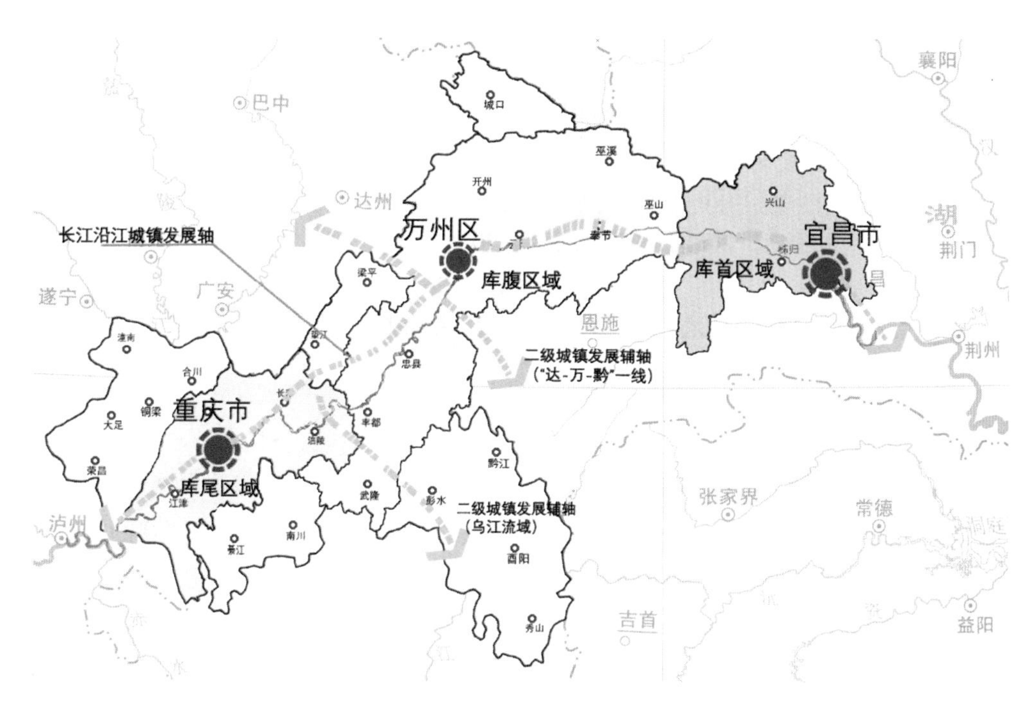

图 5.9　库区城镇体系规划示意图

[审图号:GS(2016)1612 号]

(1)三极

三极即是三个区域增长极,包括:库尾的重庆主城区增长极,辐射带动江津区、巴南区、渝北区、涪陵区、长寿区及武隆区 6 个区;库腹的万州区增长极,辐射带动丰都县、石柱县、忠县、开州区、云阳县、奉节县、巫山县及巫溪县 8 个区县;库首的宜昌市增长极,辐射带动秭归县、兴山县和巴东县 3 个县。

(2)三轴

三轴包括"一主二副"三条发展轴。其中,"一主",是指包括长江黄金水道、沿江铁路及高速公路和"一大三小"机场在内的三峡区域长江沿江城镇发展主轴,也是长江沿岸产业经济带的所在。它是实现空间结构重组的重要支柱,不仅串起了三峡区域的库尾重庆主城区、库中万开云城镇群及库首宜昌水电城,使其以水环境的保护和开发利用为纽带构成了完整的三峡区域人地系统,而且其沿线的城乡人居环境、交通基础设施、资源环境构成因子都成为三峡区域人们的生存发展资源。

"二副",是指沿长江支流乌江和"达—万—黔(利)"铁路、高速公路沿线所形成的三峡区域二级城镇发展辅轴。该二轴不仅是三峡区域长江沿岸与内陆腹地的重要联系通道,而且从产业关联及流域经济发展的角度更是加强了三峡区域与外部区域的经济社会关联。

(3)三域

三域分别以三极为核心构成的区域范围:以重庆 1 小时经济圈为依托的库尾区域(江津区—涪陵区 6 个区县)、库腹区域(武隆区—巫溪县 9 个区县)和库首区域(秭归县—宜昌市 4 个市县)。

采用以“点—轴—网”空间结构为基质的增长极辐射梯度增强理论范式，既是顺应库区特殊地理地貌条件的人口再分布的空间格局演化使然，更是产业集群发展的布局要求结果。这样的城镇体系结构，有利于充分发挥作为增长极城市的带动作用，协调人口、产业、资源环境和经济社会发展。同时网络式的构架也有利于带动周边“真空”区域的发展。在社会基础设施的区域布局时，将以此空间布局为依托，发挥区域性社会福利设施的辐射作用。

5.3 三峡库区社会基础设施区域规划适应性抉择模型建构

基于第3章构建的社会基础设施规划的三维协同理论框架，社会基础设施规划主要需协同三个维度的主体：社会基础设施、新型城镇化及人本需求。基于适应性协同观的视角，协同对应着竞争，是自然界系统以及社会经济系统中普遍存在的一种作用关系。故此，系统之间及系统内部的竞争是其演化的动力之源。正是由于社会基础设施系统中的各子系统之间、社会基础设施系统与新型城镇化系统之间，以及新型城镇化中的社会经济发展与人本需求之间存在的竞争或协同作用，社会基础设施的需求与供给之间或协调、或矛盾，才会出现相应的社会问题。按照第4章中对SI-Ur体系协调度的诊断及其时空表征的分析可知，库区区县的SI-Ur体系协调度在空间上分布不均，但并非源于单纯的社会经济不发达；鉴于社会基础设施的高投入及低回报性导致的建设必要性与实施性之间存在较大差距，无论是超前说（发展经济学中的“外部条件论”）、同步说及滞后说（发展经济学中的“压力论”或“被动论”），都需结合各个区县的具体社会经济发展及人本需求情况，确保社会基础设施的建设规模及时序与其城镇化进程、城市社会经济活动所产生的需求及压力相适应。而社会基础设施系统中的各子系统之间存在竞争和协作，在库区薄弱的经济基础上，存在着恶性竞争的可能性。根据笔者对区县教委、卫生局、文体委等职能部门的走访调查，发现库区区县的财政支出有限且远小于各个部门的需求，因此，社会基础设施分项的建设互相牵制，易形成恶性循环，从而使社会基础设施整体系统走向无序，故而需要通过宏观调控来使系统重新走向有序。

因此，在既有问题的基础上，构建库区社会基础设施适应性规划模型，来宏观调控新型城镇化中库区区域社会基础设施分项规划时序。基于新型城镇化中经济发展对社会基础设施的建设水平具有决定性的因素，主要以经济发展的阶段，即工业化阶段为主要识别要素，其他城镇化子系统为次要识别要素，通过权衡库区不同区县城镇化进程中人口、社会、经济等方面的权重，来构建三峡库区社会基础设施规划适应性抉择模型时，协调其社会基础设施各个子系统规划建设时序。

5.3.1 三峡库区区域社会基础设施适应性抉择模型构建

根据协同论的“支配原理”观点，复杂系统要协调发展，意味着其系统内部要处理好竞争与协同的关系，即子系统为了整体效益的实现，求同存异，在系统中占据各自合适的地位，缓解竞争压力，形成既相互补充、又相互制约的整体协同系统。库区城镇系统由 19 个空间规模、发展水平各异的城镇组成，社会基础设施系统各功能体系也由多设施构成。要在库区未来的发展中，确保区域社会基础设施有效空间布局、最优发挥功能，必然要确定系统内的主要、次要系统，而三峡库区区域社会基础设施适应性抉择模型的构建就是为了确立一个或几个占据主导地位的社会基础设施子系统，与其他起协同与辅助作用的次要子系统一起，保证了库区社会福利供给及公共服务体系的有效运作。

1）已有研究探索

目前对基础设施和经济发展的研究，已有较多研究成果。国外许多学者对基础设施和经济发展的关系进行了研究，如《A model for interoperable performance assessment for infrastructure evaluation》中综合了工程性、适用性、可持续性、财务、安全绩效 5 个方面，以期为各类设施间的资金合理分配提供依据[1]。De Anvery 和 Renkow 从不同角度阐述了农村基础设施建设如何减少交通不便和降低交易成本，从而促进农村的发展。Aschauer 等人运用柯布—道格拉斯 C—D 生产函数进行分析，得出基础设施建设对经济发展有明显的积极作用。Barro 认为基础设施建设投资是生产性支出中最为重要的部分。Sun 利用中国 1985—1994 年数据进行了研究，结果显示基础设施改善有利于促进区域经济发展，但短期内也可能会对区域经济发展带来负面影响。Vijaya 构造了一个“S”形的生产函数，通过实证研究表明基础设施对经济增长具有重要作用。Rietveld 等分别从地方、区域和国家三个层面分析基础设施投资对经济的影响。

国内一些学者也对经济发展与基础设施的关系进行了研究，并取得了一定的进展。李泊溪、踪家峰等对基础设施投资水平与经济增长进行区域比较分析，发现基础设施投资水平与经济增长之间存在正相关关系。刘海隆、罗明义等的研究也证明了基础设施建设对区域经济的发展具有重要作用，是城市经济发展与区域经济一体化的基础与关键。

综合国内外的社会基础设施与社会经济发展研究，国外研究较为集中在美国等，国内研究文献主要集中在定性分析层面，而定量研究文献较少。与国外研究相比，我国的研究稍显滞后，主要表现为：实证研究少，多为泛泛的定性分析；研究方法单一落后；研究数据陈旧，一手调研数据匮乏。

2）模型建构流程

根据已有研究，以协同论的“支配原理”为基础，结合社会统计学及社会经济学的研究视角及研究方法，来构建库区社会基础设施的适应性抉择模型，使其在宏观区域层面及中观城市层面能适应城镇化进程，进行合理的优化规划配置。

统计学是通过搜索、整理、分析、描述数据等手段，以达到推断所测对象的本质，甚至预测

[1] 刘剑锋. 城市基础设施水平综合评价的理论和方法研究[M]. 北京：中国建筑工业出版社，2012.

对象未来的一门综合性科学[1]。社会统计学在研究对象上认为统计学是研究体而不是个别现象,而且认为由于社会现象的复杂性和整体性,必须进行大量观察和分析,研究其内在联系,才能揭示现象的内在规律。统计建模的数据须经过科学的评估和检验,其建模实施流程如图 5.10 所示。

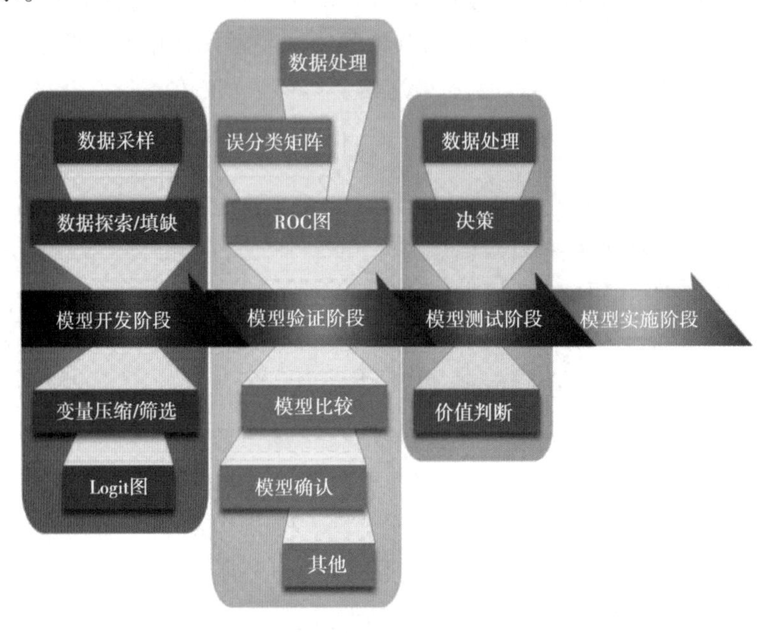

图 5.10　建模实施流程图

研究数据来源于 2000—2014 年对三峡库区的社会基础设施的统计和调研资料,通过社会统计学中[2]多变量统计学分析法,研究在社会基础设施建设与城镇化不同协调发展阶段中,各类社会基础设施的作用机制和优化配置原则,主要采用偏相关系数法确定不同协调发展阶段的相关基础设施,再利用回归分析法中的多元回归分析,定量揭示二者的作用及规律。其目的在于针对不同城镇化及工业化发展阶段的库区区县,在其协调程度发展类别分区的基础上,对社会基础设施进行适应于不同发展阶段的识别,从而知道其合理规划配置。

5.3.2　基于阶段性相关的库区社会基础设施适应性识别

利用偏相关系数分析法(图 5.11),选取系统的序参量、控制参量,从定量的角度分析说明社会基础设施和库区城镇社会经济发展之间的相关关系和相关程度。从表 5.2 可以看出每千人普通小学 SI1 与每千人拥有卫生机构数 SI6 都与时间高度正相关,因此每千人普通小学 SI1 与每千人拥有卫生机构数 SI6 之间高度正相关。两个社会基础设施变量之间的高度相关关系,有时并不是这两个变量本身的内在联系所决定的,它完全可能是由另外一个变量的媒介作用而形成高度相关。所以,不能只根据相关系数很大,就认为两者变量之间有直接内在的线性联系。此时要准确地反映两个 SI 变量之间的内在联系,就不能简单地计算相关系

〔1〕 孙静娟.统计学[M].北京:清华大学出版社,2006.

〔2〕 布莱洛克.社会统计学[M].傅正元,等,译.北京:中国社会科学出版社,1988.

数,而是需要考虑偏相关系数。

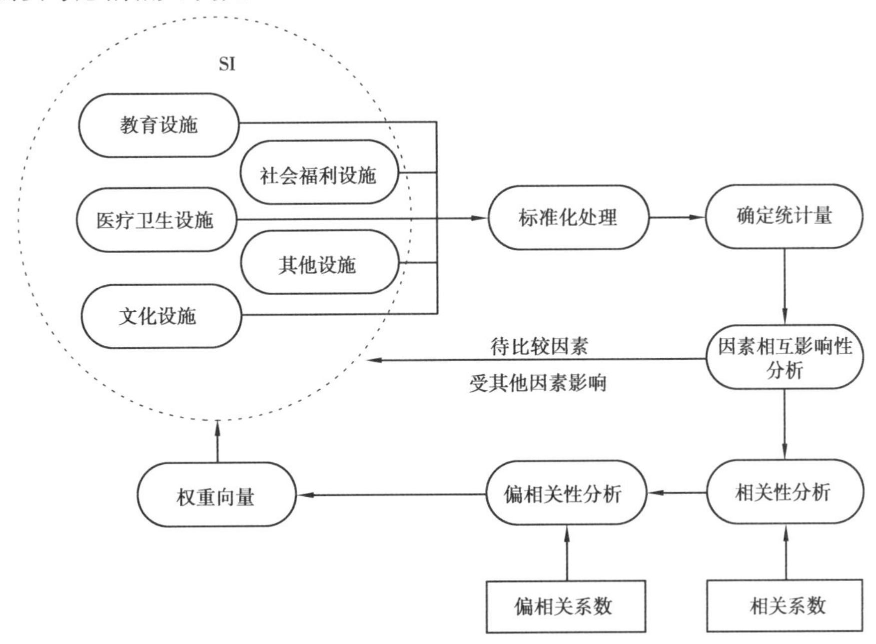

图 5.11 基于偏相关的适应性识别流程示意

表 5.2 标准化数据矩阵

年　份	每千人普通小学 SI1	每千人拥有卫生机构数 SI6
2000 年	1.842 16	-1.025 5
2001 年	1.315 56	-0.989 81
2002 年	1.153 19	-0.953 58
2003 年	0.995 21	0.319 76
2004 年	0.560 77	-0.834 12
2005 年	0.227 25	-0.729 98
2006 年	-0.286 18	-0.648 69
2007 年	-0.488 04	-0.483 95
2008 年	-0.667 97	-0.201 23
2009 年	-0.676 74	0.361 09
2010 年	-0.931 27	0.851 31
2011 年	-0.935 65	1.379 42
2012 年	-1.054 14	1.553 07
2013 年	-1.654 14	1.721 98
2014 年	-1.264 2	1.574 76

偏相关分析是在相关分析的基础上考虑了两个因素以外的各种作用,或者说在扣除其他因素的作用大小以后,重新来测度这两个因素间的关联程度。在计算偏相关系数时,需要掌握多个变量的数据,一方面要考虑多个变量之间可能产生的影响,另一方面又要采用一定的方法控制其他变量,专门考察两个特定变量的净相关关系。在多变量相关的场合,由于变量

之间存在错综复杂的关系,因此偏相关系数与简单相关系数在数值上可能相差很大,有时甚至符号都可能相反。公式如下:

一次偏相关系数 r 的计算公式:

$$r_{ij\cdot k} = \frac{r_{ij} - (r_{ik})(r_{jk})}{\sqrt{1 - r_{ik}^2}\sqrt{1 - r_{jk}^2}} \tag{5.1}$$

分子中的第一项相关系数是变量 i 与变量 j 之间的全相关系数。控制变量 k 在分子的第二项中出现,在分母的两项中它与另两个变量(i,j)中的每一个关联。

二次或更高次偏相关系数的公式如下:

$$r_{ij\cdot kl} = \frac{r_{ij\cdot k} - (r_{il\cdot k})(r_{jl\cdot k})}{\sqrt{1 - r_{il\cdot k}^2}\sqrt{1 - r_{jl\cdot k}^2}} \tag{5.2}$$

$$r_{ij\cdot klm} = \frac{r_{ij\cdot kl} - (r_{im\cdot kl})(r_{jm\cdot kl})}{\sqrt{1 - r_{im\cdot kl}^2}\sqrt{1 - r_{jm\cdot kl}^2}} \tag{5.3}$$

偏相关系数的取值与简单相关系数一样,相关系数绝对值越大(越接近1),表明变量之间的线性相关程度越高;相关系数绝对值越小,表明变量之间的线性相关程度越低。利用SPSS21统计分析软件分别计算在三峡库区 SI-Ur 协调发展阶段中,17 个具体指标与 SI-Ur 协调发展的偏相关系数。以相关性的置信度水平 $\alpha = 0.05$ 为标准,确定各阶段与 SI-Ur 协调发展密切相关的社会基础设施类别。

5.3.3 基于阶段性识别的库区区域社会基础设施建设抉择

通过比较选用多元线性回归模型对社会基础设施和 SI-Ur 体系协调发展的内在关系进行实证分析,并进一步研究每一个影响因素对协调发展的作用。多元回归分析是研究多个变量之间关系的回归分析方法(图 5.12),按因变量和自变量的数量对应关系可划分为一个因变量对多个自变量的回归分析(简称“一对多”回归分析)及多个因变量对多个自变量的回归分析(简称“多对多”回归分析),按回归模型类型可划分为线性回归分析和非线性回归分析[1]。

设(y_i, x_{1i}, x_{2i}),$i = 1, 2, \cdots, n$ 是取自总体的一组随机样本。在该组样本下,总体回归模型式可以写成方程组的形式(式 5.4)

$$\begin{aligned} y_1 &= \beta_0 + \beta_1 x_{11} + \beta_2 x_{21} + \mu_1 \\ y_2 &= \beta_0 + \beta_1 x_{12} + \beta_2 x_{22} + \mu_2 \\ &\vdots \\ y_n &= \beta_0 + \beta_1 x_{1n} + \beta_2 x_{2n} + \mu_n \end{aligned} \tag{5.4}$$

利用矩阵运算,可表示为

$$\begin{bmatrix} y_1 \\ y_2 \\ \vdots \\ y_n \end{bmatrix} = \begin{bmatrix} 1 & x_{11} & x_{21} \\ 1 & x_{12} & x_{22} \\ \vdots & \vdots & \vdots \\ 1 & x_{1n} & x_{2n} \end{bmatrix} \begin{bmatrix} \beta_0 \\ \beta_1 \\ \beta_2 \end{bmatrix} + \begin{bmatrix} \mu_1 \\ \mu_2 \\ \vdots \\ \mu_n \end{bmatrix} \tag{5.5}$$

---

[1] 施锡铨,范正绮.数据分析与统计建模:社科研究中的统计学方法[M].上海:上海人民出版社,2007.

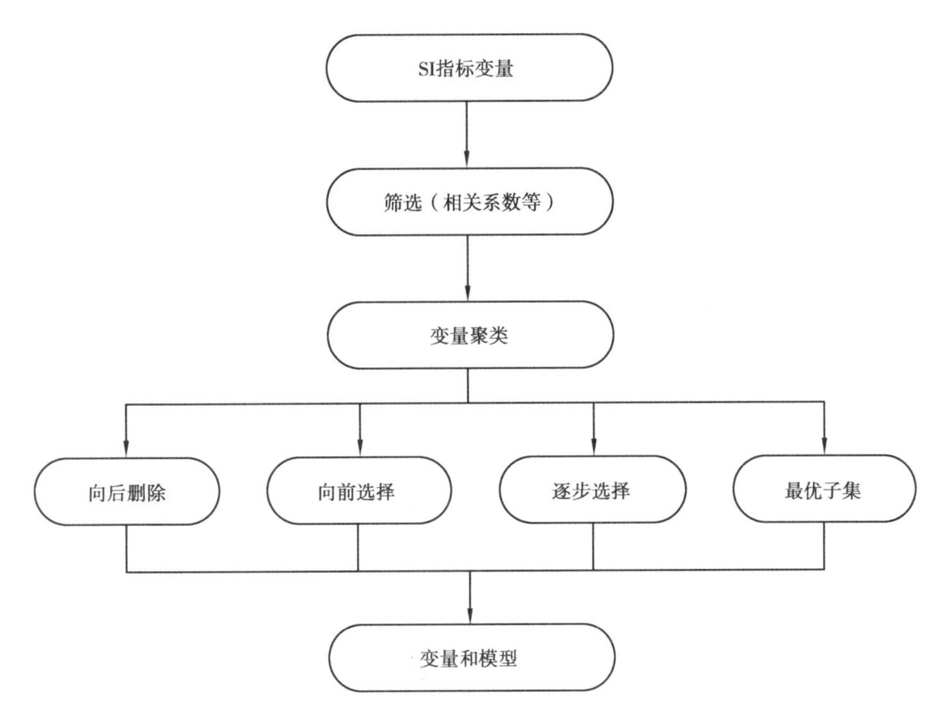

图 5.12 基于回归分析的阶段性特征分析流程图

记
$$\boldsymbol{y}=\begin{bmatrix}y_1\\y_2\\\vdots\\y_n\end{bmatrix},\boldsymbol{X}=\begin{bmatrix}1&x_{11}&x_{21}\\1&x_{12}&x_{22}\\\vdots&\vdots&\vdots\\1&x_{1n}&x_{2n}\end{bmatrix},\boldsymbol{\beta}=\begin{bmatrix}\beta_0\\\beta_1\\\beta_3\end{bmatrix},\boldsymbol{\mu}=\begin{bmatrix}\mu_1\\\mu_2\\\vdots\\\mu_n\end{bmatrix}$$

则在该组样本下,总体回归模型的矩阵表示为

$$y = X\beta + \mu \tag{5.6}$$

记
$$\hat{\boldsymbol{\beta}}=\begin{bmatrix}\hat{\beta}_0\\\hat{\beta}_1\\\hat{\beta}_2\end{bmatrix},\boldsymbol{e}=\begin{bmatrix}e_1\\e_2\\\vdots\\e_n\end{bmatrix}$$

则式(5.6)变为

$$y = X\hat{\beta} + e \tag{5.7}$$

式(5.7)称为多元线性回归模型的矩阵形式,在本书中用以识别在指定的城镇化及工业发展阶段与社会经济发展密切相关的社会基础设施子系统。

社会经济发展与基础设施建设时序、投资比例等密切相关。不同社会经济发展阶段,社会基础设施作用的类别和作用的大小均不相同。因此应该根据经济发展阶段,合理选择社会基础设施的投资种类,指引政府宏观配置并带动市场经济介入,从而做到资金配置比例得当,不仅可使投资收益最大化,更能满足市民的现实需求、提高社会福利水平。通过库区社会基础设施规划适应性抉择模型,在库区 2020 年处于城镇化发展的加速后期及工业化后期阶段的城镇化预测背景下,对库区区域社会基础设施进行阶段性识别。识别结果显示,后工业化阶段与社会经济发展密切相关的社会基础设施前 3 项分别为教育设施、医疗卫生设施及社区综合服务设施。

该结果与发达国家的城镇化进程中已有的社会基础设施建设时序经验基本吻合。首先，这源于后工业化阶段是知识经济时代，是以知识等无形的资产为主，竞争的优势主要是知识、智力、技术、信息资源等，创造财富的主要部门是第四产业。[1]其次，随着人们生活水平、经济收入的提升，人们对身体健康关注度也逐渐提高，更高品质的医疗卫生服务超越了生理需求达到了安全需求的程度。最后，由于库区的老龄化程度较高，其对社区文化娱乐服务及社区养老服务等综合性服务设施的需求逐步提升。同时该结果也与笔者所做问卷调查基本一致（详见2.4.3）。最后，值得注意的是，停车设施虽然在阶段性识别过程中，也不是前3项与社会经济发展最为相关的设施，但根据笔者的实地调研及库区的现实社会问题，停车设施的建设需作为当前城市社会基础设施建设的重点选项。

因此，在库区社会经济发展相对滞后、基础设施建设投资总量有限的情况下，根据库区区域社会基础设施阶段性识别，在整个社会经济发展过程中，首先应不断加大对教育基础设施的投资力度，随着社会经济的增长，其贡献不断地增大，教育设施为经济增长注入的持续动力也在持续增大。其次应大力建设对医疗卫生设施、社区综合活动服务设施和停车设施，从而提升居民生活的安全度及舒适度。

考虑到教育设施（特别是高等学校）及医疗卫生设施（主要是县级以上医院）的区域辐射力，以及社区综合活动服务设施和停车设施的城市内容性，本节主要将结合库区城镇空间结构，尝试对高等学校进行区域层面协同规划的探讨。

5.4 三峡库区社会基础设施区域协同规划：以区域性教育设施为例

5.4.1 三峡库区区域性教育设施现状及问题

1）三峡库区区域性教育设施界定及发展现状

区域性教育设施是指除服务设施所在城市的教育需求外，向外辐射周边区的教育设施。本书所研究的区域性教育设施主要为高等及中等教育设施，即高校及中等专业学校。此外，考虑到区域性教育设施的辐射面域广阔的特性，其布局研究涵盖库区19个区县及重庆市非库区区县。

库区现有高校共计23所、中等专业学校118所，普通高等学校主要分布在重庆主城区及宜昌市，万州、涪陵次之，石柱县、奉节县、巫溪县及秭归县只有一所中等专科学校，巫山县、巴东县及兴山县则无大中专院校（图5.13）。教育资源的分布过于集中，由于普通教育与职业教育的比例失调使库区中高等教育功能等级结构不合理。在教育功能上，义务教育水平不

[1] 苗展堂，黄焕春，运迎霞. 社会经济发展中农村基础设施优化配置调控规律分析[J]. 吉林师范大学学报（自然科学版），2013，34（2）：78-83.

高,高中和中职阶段教育发展滞后,高等教育实力不强,教师数量不足、结构不合理、待遇偏低等现实问题制约着教育职能的发挥。[1]

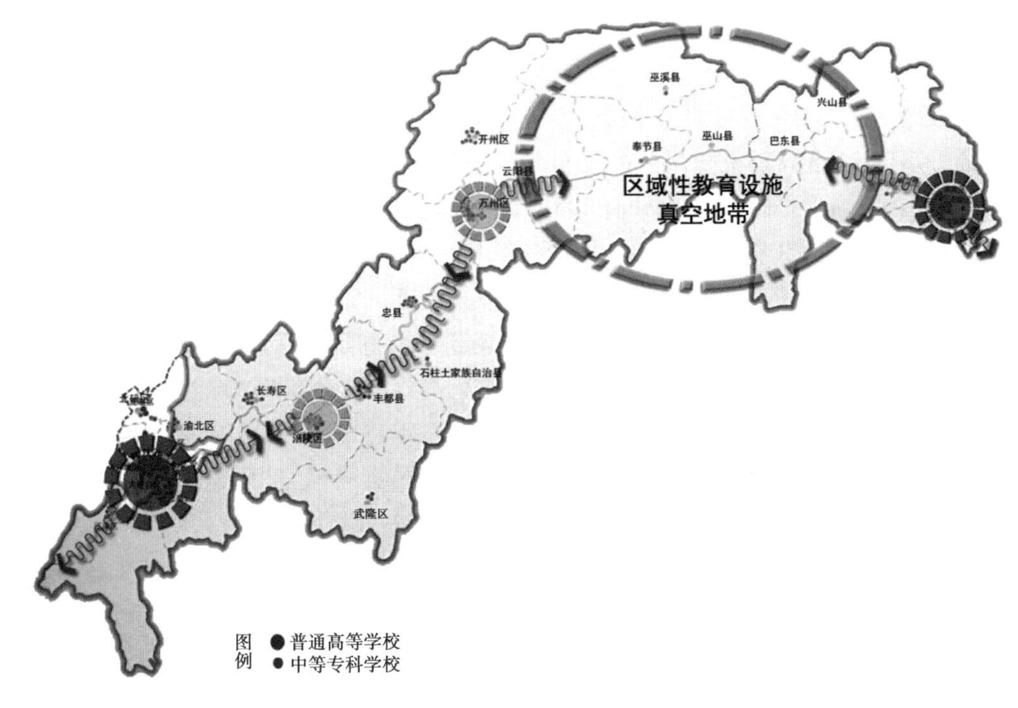

图 5.13　库区区域性教育设施现状图

资料来源:《三峡库区地图集》

2) 三峡库区区域性教育设施建设现状及问题

首先,虽然教育资源的集中分布有利于提高其有效率,但职业教育的缺失不利于库区经济社会发展较为缓慢的区县的人力资源提升;其次,如图 5.13 所示库区区域性教育设施不但没有随着库区的城镇化水平提高而均衡,反而是质量与数量和空间差异在逐年上升。因此,库区不同区域居民接受高等教育的机会和质量差距显著(万州—宜昌中间形成了真空地带),区域高等教育发展差距对教育公平形成严峻挑战。收益的外溢性表明区域高等教育只有协调发展才能稳健发展,统筹区域发展必然需要统筹区域高等教育发展。一个区域的高等教育既要与全国其他区域的高等教育发展水平大体相当,又要与本区域经济社会发展"搭配得当",因此,库区政府应成为协调区域高等教育发展的主体,从而促进库区区域性中高等教育设施的合理布局。

5.4.2　三峡库区区域性教育设施协同规划路径

调整高校区域布局的思路,好处在于能使各个省区内的高校数量和质量"大体相当",这一目标的实现不仅能带来区域居民就学机会的大体相当,实现高等教育公平,而且可以通过

---

[1] 甘联君. 三峡库区人口迁移与城市化发展互动机制研究[D]. 重庆:重庆大学,2008.

高校特别是优质高校落地中、西部地区从而引领中、西部社会文化的进步，带动当地经济社会的发展。这是最理想的“协调”方案。但是其关键问题在于，新建或扩建中、西部高校的经费来源困难，依靠本省区地方政府出资显然缺乏现实性，主要还是依靠中央政府投资，一是短期内中央财政拿出巨额资金存在财力困难，二是与目前我国的财政分权体制不符。而且，在中、西部地区办高水平大学还存在高水平师资缺乏问题。那么，是不是说明调整高校布局的思路就行不通？事实上，这只是说明调整高校布局是一项艰苦的工作，需要一个比较长的过程。就全国来看，新中国成立初期，全国共有205所高校，位于北京、上海、江苏和广东的高校就有78所，而西北地区仅有9所高校。在学科结构上，院系设置重复，偏重文、法而轻理、工，工科、师范、医药、农林等系科的数量和质量难以满足国家实施“第一个五年计划”对人才的需求。1951年，中央政府开始对各高校进行全面的院系调整。调整分为两个阶段，1951—1953年的重点是高校院系结构的调整，1955—1957年则偏重于高校地区分布的战略性调整。经过这次调整，至1957年底，沿海地区与内陆地区的高校数量基本持平，高校布局过分集中在少数大城市的状况得到了明显改善。与1951—1957年高校布局结构调整相比，目前我国财政体制发生了巨大变化。现阶段调整高校地区布局应该考虑由中央和地方政府共同出资，由中央政府资助一批中、西部发展比较好的高校，使其快速成长为国内高水平大学，提升中、西部地区高等教育的优质性，缓解中、西部地区优质高等教育资源缺乏矛盾；鼓励中、西部地区地方政府新建、扩建一批高校，扩大中、西部地区高等教育规模，增加本地居民接受高等教育的机会。当然，这一路径在短期内不可能从根本上解决区域高等教育发展不“协调”的问题，这就需要中央政府的长期坚持，制定中长期规划，使问题逐步得到缓解，在每一个阶段有所进步。[1]

鉴于以上思路，库区作为西部地区重要的“三峡城市群”，在现状经济条件、政策经济支撑及既有设施资源的基础上，依据“增长极—点轴—梯度均衡系统规划理论”及库区“三极三轴三域”的城镇空间结构，通过设置不同层次的教育增长极，辐射拉动库区高等教育服务水平(图5.14)。

(1)一级教育增长极

以库尾的重庆主城区为一级教育增长极，带动库尾区县的高等教育设施建设，并辐射非库区的重庆市其他区县，其主要依托该区域已有的高等院校资源，发展以高等院校为主、职业教育为辅的区域性教育设施。

以库首的宜昌市为一级教育增长极，带动湖北省其他县城的高等教育设施发展。考虑到湖北省与重庆市的行政单位不同，其区域性教育设施建设适宜结合湖北省的发展规划进行布局。

(2)次级教育增长极

库腹地区现状的区域性教育设施较为缺乏，且布局过于集中在万州、涪陵，而在奉节县周边区域形成区域性教育设施的真空地带，不利于设施的均衡布局。故此，在库腹地区设置3个次级教育增长极，优化发展涪陵及万州原有区域性教育设施，形成以高等教育为主、中等职业教育为辅的两个次级教育增长极；新增奉节为次级教育增长极，主要发展中等职业教育设

[1] 严全治.协调区域高等教育发展的路径[J].教育研究.2012(1):89-94.

施,推动其周边区县,如云阳、巫溪及巫山的职业化教育水平。

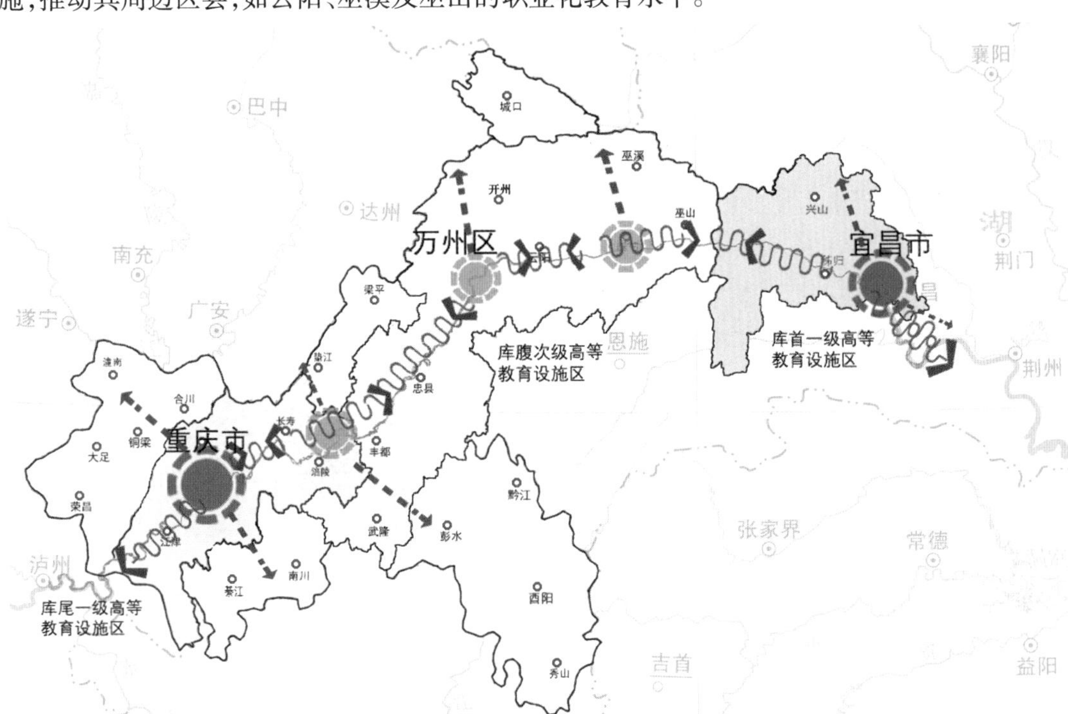

图 5.14 库区区域性教育设施规划示意图

[审图号:GS(2016)1612 号]

设计一个各幻城市很容易，然而建造一个活生生的城市则煞费思量。

——雅各布斯

城市的主要目的是给居民提供生活上与工作上的良好设施。

——伊利尔·沙里宁

6 中观协作治理：三峡库区社会基础设施城区协同规划

通过第 4 章对库区 19 个城市社会基础设施与新型城镇化协同状态的诊断分类可知，源于社会基础设施供需矛盾所引起的社会问题，就其本因是社会基础设施的建设与新型城镇化中城市社会、经济、人口、需求等多方面的不匹配。而要治理这些社会问题，不仅需要在宏观层面对库区区域性社会基础设施进行协同规划，更需要深入到具体城市或社区，在中观层面与近期城市发展目标相适应的基础上，关注规划背后的人本需求、人文关怀及福利担当，这也是库区社会基础设施城区规划建设需强调的重要理念。因此，本章首先通过适应性抉择模型对 3 种诊断分类的城市分别进行近期最为需要的社会基础设施各子系统判别，然后选取万州区作为典型城市、长寿区三倒拐历史街区作为典型社区，以新型城镇化中的人本需求为线索，秉承内部协作的理念，从实际社会问题着手，因地制宜地进行中观层面的具体设施的协同规划研究，以期达到治理社会问题的初衷。

6.1 基于适应性抉择模型的三峡库区城市社会基础设施规划识别

诚如 5.1 节所述，库区各个城市的城镇化及社会经济发展水平不均衡，不均衡就有压力，而正是这种不均衡产生的压力推动了库区的整体发展，因此，在这种不均衡的发展过程中就更加需要政府的干预。例如库区城市建设的资金有限，如果将有限的资金均匀分配于各个发展点，不仅效果小，还会互相抵消。因此，应该集中有限的资金，投入城市发展最为需要的部门，通过横向水平关联及前向关联效应，吸引相关产业的集中发展，扩大经济效果[1]。这也

〔1〕 李秉毅. 城镇系统规划理论[D]. 上海：同济大学，2003.

就是适应性抉择模型在社会基础设施协同规划中的作用。

6.1.1 三峡库区城市社会基础设施适应性抉择的要义

在库区城镇迁建时期，空间设计的比重较高，面对压缩的时空要求规划建设从无到有的移民新城，规划师们必须回答什么样的城市是最快最优的；而在移民迁建结束且城市发展进入相对稳定的阶段，物质空间已然形成，如何通过产权之间交易和最优组合来治理其间的社会问题，是规划师更需解决的要务，物质规划因而处于相对次要的辅助位置。在这样的规划背景下，目前城市规划体系中到底缺少了什么？从制度经济学角度来看，规划方案的"合理性"实际上可以分为两个部分：交易成本为零的"科斯-图能世界""最合理"方案以及存在交易成本的真实世界"最优"规划。显然，在前一个世界里"合理"和"最优"的规划，在后一个世界里未必是"合理"和"最优"的。从这个角度反思城市规划理论，物质规划和社会规划就不再是非此即彼的选择。规划既不是完全"科学合理性"的，"技术"也不是完全被动的"协调与合作"，而应是两者的结合。规划师必须能够从"专业"的角度创造性地提供空间的解决方案，同时，也必须寻找出实现这一方案交易成本最低的制度路径，很自然的，在不同的社会经济发展阶段和面对不同问题时，这两部分问题的比重不同。[1]

就此来看，不同的城市在面对不同的城镇化发展阶段，如何在库区城镇经济基础薄弱、资源相对有限的条件下，在城镇内部及社会基础设施系统内部进行协调与合作，合理有效地规划城镇内不同社会基础设施的建设时序，为规划技术层面的"合理"和"最优"提供数理基础，即是本节研究具体城市适应性抉择模型的主旨所在。

6.1.2 三峡库区区县社会基础设施的适应性识别

根据5.3节构建的社会基础设施规划适应性抉择模型，结合4.4节的协调诊断分类，对库区19个区县进行基于阶段性识别，以便于结合不同区县的实际城镇化、社会、经济的发展现状，抉择各类区县的各项社会基础设施规划建设时序。

1）良性协调发展型区县的社会基础设施适应性识别

良性协调发展型区县有渝北区、江津区、丰都县、忠县、开州区、巫山县、兴山县等7个区县。选取其相关数据，通过适应性抉择模型进行社会基础设施适应性识别，从模型计算结果（表6.1）来看，良性协调发展型区县与SI-Ur体系协调密切相关的6个社会基础设施分别为：每千人普通中学、每千人小学专任教师数、每千人拥有卫生机构数、每千人公共图书馆藏书量、公共停车场和停车库数、生活垃圾转运站数。通过识别，现阶段良性协调发展型区县最为需要建设的前4项社会基础设施为教育设施、医疗卫生设施、文化设施及停车设施。

---

[1] 赵燕菁. 制度经济学视角下的城市规划（上）[J]. 城市规划，2005(6)：40-47.

表 6.1　良性协调发展型与 SI-Ur 协调度的偏相关系数

具体指标	每千人普通小学 SI1	每千人小学专任教师数 SI2	每千人普通中学 SI3	每千人普通中学专任教师数 SI4	每千人大专及以上 SI5	每千人拥有卫生机构数 SI6
偏相关系数	-0.458	0.904	0.937	-0.639	0.529	0.873
排序	11	2	1	8	10	3
具体指标	每千人医院、卫生院数 SI7	每千人卫生机构床位数 SI8	每千人公共图书馆 SI9	每千人公共图书馆藏书量 SI10	每千人社会福利收养单位 SI11	每千人社会福利收养单位床位数 SI12
偏相关系数	0.367	0.573	-0.421	0.752	0.692	0.425
排序	14	9	13	4	7	12
具体指标	每千人便民利民服务网点 SI13	每千人社区服务设施数 SI14	公共停车场和停车库数 SI15	生活垃圾转运站数 SI16	公厕数 SI17	
偏相关系数	0.245	-0.342	0.731	0.701	0.254	
排序	17	15	5	6	16	

2)初步互动萌芽型区县的社会基础设施适应性识别

初步互动萌芽型区县有巴南区、石柱县、云阳县、巫溪县、秭归县、巴东县等 6 个区县。选取其相关数据,通过适应性抉择模型进行社会基础设施适应性识别,从模型计算结果(表6.2)来看,初步互动萌芽型区县与 SI-Ur 体系协调密切相关的 6 个社会基础设施分别为:每千人社会福利收养单位床位数、公共停车场和停车库数、每千人拥有卫生机构数、每千人小学专任教师数、生活垃圾转运站数、每千人普通中学。通过识别,现阶段来初步互动萌芽型区县最为需要建设的前 4 项社会基础设施为教育设施、停车设施、医疗卫生设施及养老设施。

表 6.2　初步互动萌芽型与 SI-Ur 协调度的偏相关系数

具体指标	每千人普通小学 SI1	每千人小学专任教师数 SI2	每千人普通中学 SI3	每千人普通中学专任教师数 SI4	每千人大专及以上 SI5	每千人拥有卫生机构数 SI6
偏相关系数	0.236	0.965	-0.839	0.632	0.627	0.902
排序	17	4	6	8	9	3
具体指标	每千人医院、卫生院数 SI7	每千人卫生机构床位数 SI8	每千人公共图书馆 SI9	每千人公共图书馆藏书量 SI10	每千人社会福利收养单位 SI11	每千人社会福利收养单位床位数 SI12

续表

偏相关系数	-0.278	0.579	-0.368	0.557	0.674	0.887
排序	15	10	13	11	7	1
具体指标	每千人便民利民服务网点SI13	每千人社区服务设施数 SI14	公共停车场和停车库数 SI15	生活垃圾转运站数 SI16	公厕数SI17	
偏相关系数	0.276	0.347	0.931	-0.845	-0.527	
排序	16	14	2	5	12	

3）低度协调改进型区县的社会基础设施适应性识别

低度协调改进型区县有万州区、涪陵区、长寿区、武隆区、奉节县、宜昌市等6个区县。选取其相关数据，通过适应性抉择模型进行社会基础设施适应性识别，从模型计算结果（表6.3）来看，低度协调改进型区县与SI-Ur体系协调密切相关的6个社会基础设施分别为：每千人医院、卫生院数，每千人社区服务设施数，每千人普通中学，公共停车场和停车库数，生活垃圾转运站数及每千人卫生机构床位数。通过识别，现阶段低度协调改进型区县最为需要建设的前4项社会基础设施为医疗卫生设施、社区活动文化设施、教育设施及停车设施。

表6.3　低度协调改进型SI-Ur协调度的偏相关系数

具体指标	每千人普通小学SI1	每千人小学专任教师数 SI2	每千人普通中学 SI3	每千人普通中学专任教师数 SI4	每千人大专及以上SI5	每千人拥有卫生机构数 SI6
偏相关系数	0.63	0.014	0.802	0.259	0.432	0.543
排序	8	17	3	15	13	10
具体指标	每千人医院、卫生院数 SI7	每千人卫生机构床位数 SI8	每千人公共图书馆 SI9	每千人公共图书馆藏书量 SI10	每千人社会福利收养单位SI11	每千人社会福利收养单位床位数 SI12
偏相关系数	0.968	0.735	0.246	0.463	-0.363	-0.663
排序	1	6	16	11	14	7
具体指标	每千人便民利民服务网点SI13	每千人社区服务设施数SI14	公共停车场和停车库数SI15	生活垃圾转运站数SI16	公厕数SI17	
偏相关系数	0.626	0.904	-0.785	0.75	0.45	
排序	9	2	4	5	12	

6.1.3 三峡库区区县社会基础设施的建设抉择

利用 SPSS21 统计分析软件分别对三个类型协调发展进行回归分析,因变量 y 为 SI-Ur 体系协调度协调度,自变量 x 为各类型通过偏相关系数检验的相关社会基础设施指标。通过回归分析:

①良性协调发展型的多元线性回归模型为:

$$y = 1\,335.4 + 6.42x_{15} + 12x_{10} + 686.52x_2 + 235.47x_3 + 271.98x_8 + 27.37x_{16}$$

方程总体显著性较好,拟合优度较高,调整 r^2 达到 0.825,信度水平 $\alpha = 0.001$,说明模型具有较好的解释能力。x_{15} 为公共停车场和停车库数,x_{10} 为每千人公共图书馆藏书量,x_2 为每千人小学专任教师数,x_3 为每千人普通中学,x_8 为每千人拥有卫生机构数,x_{16} 为生活垃圾转运站数。由拟合方程可看出,良性协调发展型,教育设施的投入是 SI-Ur 体系协调度的最重要的动力,而医疗卫生设施也起到了积极的作用,确保能满足城镇化进程的需求,使二者达到相互促进、共同繁荣的目的。结合同样处于发展中的美洲国家的经验来看,其在应对城市的弊病中,投资于实物资本、金融资本、人力资本和社会资本是互补的,而不是竞争备择方案。例如,如果他们结合了社区协会的振兴,就业和教育方面的投资就更有效。[1]

②初步互动萌芽型的多元线性回归模型为:

$$y = 2\,399.36 + 2.90x_5 + 120x_7 - 26.13x_9 + 95.59x_{14} + 113.92x_{15} + 39.63x_4$$

方程总体显著性较好,拟合优度较高,调整 r^2 达到 0.915,信度水平 $\alpha = 0.001$,说明模型具有较好的解释能力。x_5 为每千人大专及以上,x_7 为每千人医院、卫生院数,x_9 为每千人公共图书馆, x_{14} 为每千人社区服务设施数,x_{15} 为公共停车场和停车库数,x_4 为每千人普通中学专任教师数。由拟合方程可看出,初步互动萌芽型,医疗卫生设施、教育设施、社区服务设施的投入都是 SI-Ur 体系协调度很大的促进作用。

③低度协调改进型的多元线性回归模型为:

$$y = 3\,963.35 + 739.30x_7 + 41x_9 - 357.37x_{16} + 276.12x_3 + 135.25x_{15}$$

方程总体显著性较好,拟合优度较高,调整 r^2 达到 0.842,信度水平 $\alpha = 0.001$,说明模型具有较好的解释能力。x_7 为每千人医院、卫生院数,x_9 为每千人公共图书馆,x_3 为每千人普通中学,x_{16} 为生活垃圾转运站数,x_{15} 为公共停车场和停车库数。由拟合方程可看出,低度协调改进型,严重依赖于医院、卫生机构等与医疗直接相关的基础设施,教育基础设施也发挥了积极的正向带动作用。此时,如果将过多的资金投入环卫建设,将会对 SI-Ur 体系协调度发展带来负面影响。

6.1.4 三峡库区城市社会基础设施适应性抉择结果

通过基于阶段性相关的社会基础设施适应性识别及 SI-Ur 体系阶段性特征分析,结合库区社会问题特征及笔者问卷调查的需求分析,可综合得出社会基础设施的适应性配置结果:

---

[1] Putnam R D. The Prosperous Community[J]. The american prospect, 1993, 4(13): 35-42.

①近期(截至 2020 年)良性协调发展型区县最为需要规划建设的前 3 项社会基础设施为教育设施、医疗卫生设施及停车设施。

②近期(截至 2020 年)初步互动萌芽型区县最为需要规划建设的前 3 项社会基础设施为医疗卫生设施、教育设施及社区服务设施。

③近期(截至 2020 年)低度协调改进型区县最为需要规划建设的前 3 项社会基础设施为医疗卫生设施、教育设施及停车设施。

鉴于本书的研究篇幅有限,下文将选取社会问题相对较为严重的低度协调改进型区县的代表万州区为例,进行城市层面的社会基础设施协同规划研究。

6.2　低度协调改进型城市社会基础设施协同规划:以万州区为例

万州区作为库腹区的增长极,同时也是低度协调改进型的典型城市,根据笔者的走访调查,其教育、医疗及停车方面的社会问题不仅具有代表性,更亟待缓解。根据 6.1 节适应性抉择模型中对 SI-Ur 体系阶段性特征的分析,万州区近期(截至 2020 年)最为需要建设的前 3 项设施为医疗卫生设施、教育设施及停车设施。故此,在库区社会基础设施宏观布局的框架下,将万州区作为城市层面的典型案例,结合其实际社会问题进行基础教育、医疗卫生及停车等设施的协同规划研究。

6.2.1　万州区社会基础设施建设现状及问题概纳

1)万州区城镇化及城市建设现状

随着经济的快速发展和社会的不断进步,截至 2013 年底,万州中心城区常住人口为 80.50万人,万州城镇化率也由 2010 年的 51.10% 增长到 2013 年的 59.76%。万州中心城区人口呈现持续增长态势且速度较快,年均增长率达到 1.7%。从人口空间分布来看,居住片区的人口密度差别较大,高笋塘片区常住人口约 20 万人,其他居住片区则在 5 万 ~6 万人,与居住区级人口规模基本相当。近年来随着高层建筑的增加,各居住片区人口密度呈逐年增加的趋势(图 6.1)。

万州区城市用地被江水及山地分隔,呈“多中心组团式”的空间结构。特别是随着 20 世纪 90 年代后的房地产开发和移民迁建的跨江发展,逐步了形成“一江四片,一主两副”的总体布局结构(图 6.2)。

2)万州区社会基础设施现状问题

(1)空间分布问题

①空间分布不均衡,制约了城市人口向新区的疏解。由于受历史行政体制的影响,现状万州区级设施(包括商业金融、文化娱乐、体育、医疗、卫生等)均高度集中于高笋塘地区,在便

于市民使用的同时也造成该地区人口的高度聚集和交通拥堵。而受配建规模运行门槛效应的影响，新区设施配套建设不足，不仅无法集聚人气，也不利于旧区的有机疏解。

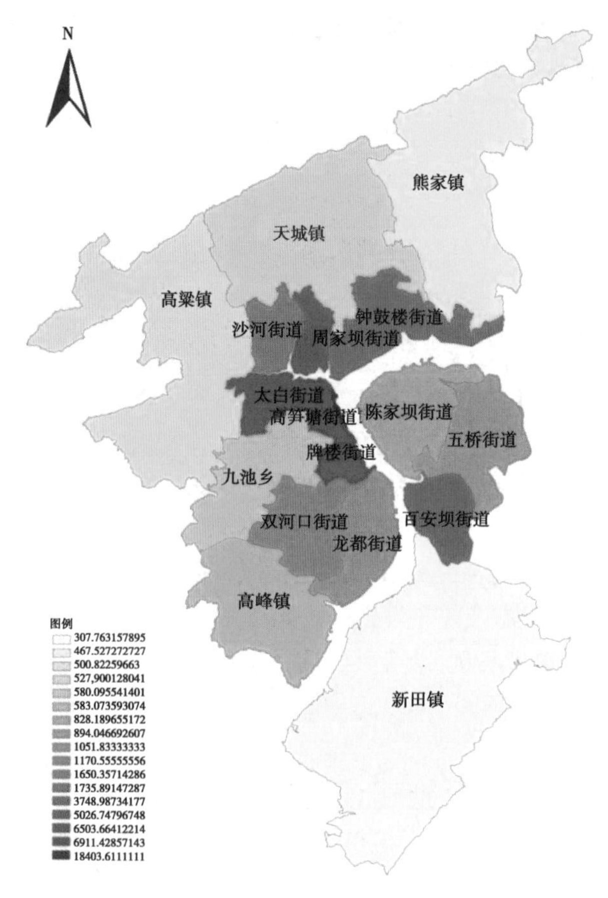

图 6.1　万州中心城区人口密度分布图

资料来源：《万州中心区公共服务设施配建适宜性研究》。

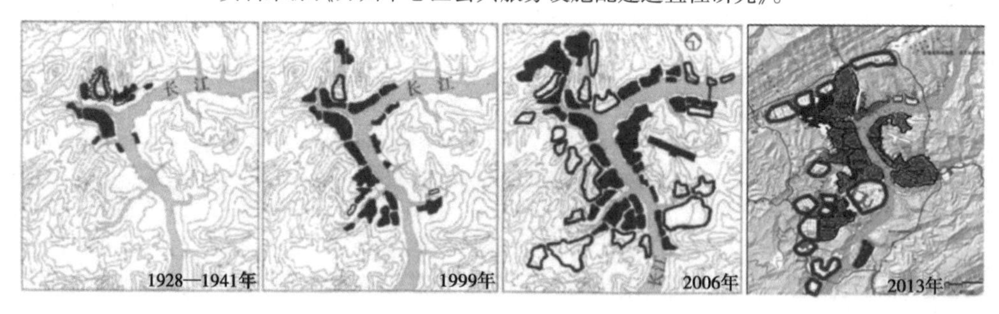

图 6.2　万州区空间结构演变

②配置等级不完善，缺乏高品质社会基础设施。随着城市规模的扩大，城市人口的增加，原有移民时期建设的社会基础设施服务规模小、档次低。近年虽然加大了区级设施的建设，但受用地条件的限制，居住区级规模的设施相对缺乏且规模普遍较小，无法满足市民高品质生活的需求。

③部分优质设施资源过度集中，导致人口的过度集聚。以教育设施为例，优质设施过度集中于高笋塘地区，造成中心城区部分小学、初中普遍出现大班额现象。

(2)投资管理问题

公益性设施投入较少,不利于城市社会福利的提高。

城市建成区内公益类设施投入不足导致部分现状公益性设施,如小学、初中、停车设施等人均面积偏低,从而超负荷运转。而部分盈利类设施,如幼儿园、医院、养老院等,通过市场化调控,面临的压力相对较小。

3)万州区社会基础设施供需求矛盾

根据适应性抉择模型对万州区 SI-Ur 体系阶段性特征的分析所得,笔者针对教育设施、医疗卫生设施及停车设施的建设现状进行了实地调研,同时对行政部门及城市居民现场访问。调研结果显示,居民对移民迁建后的新城较为满意,且已然度过了移民适应期,但对社会基础设施的供给及品质开始有了较高需求。而就主管各项社会基础设施的行政部门的走访来看,管理部门也在设施的建设、管理等方面有诸多困惑及诉求。

以主管基础教育设施的教委来看,总体来说,移民迁建让教育得益良多,如沿江小学原条件较差,但在移民迁建专项资金的支持下得到迁建,办学条件得到了较好的改善。但依然存在以下问题:①基础教育体量大(有一百多万元的义务教育需求),但政府的投入跟不上需求,需要多方面的资金投入;②出于历史原因,且建设标准随着时间段有所变化,需求与规划时常有冲突,导致具体建设无法落地;③不同地段的经济发展、人口分布及发展意识不同,基础教育的发展程度也不一样,需要采用不同的规划途径及方式。上述问题导致了万州区入学难的问题。

万州区作为库区库腹的大城市,医疗卫生条件相对较好,但通过对主管医疗卫生设施的卫健委的访谈,依然存在以下问题:①城区空间上有三个不均衡,一是设施在某些地段过于密集(如牌楼—青龙寺之间聚集了80%的设施),二是某些个体设施过强(如三峡中心医院不论在床位数、医疗人员还是营业额都比其他7家二甲医院总计还多),三是民营医院较公立医院过于弱小,和国家医改的方向不一致;②资金投入不足,国家、政府投入少,全靠医院的自身发展;③医院选址存在服务半径、地质条件等多重问题。上述问题导致了万州区就医不均的问题。

随着万州区经济的快速发展,其汽车保有量在逐年攀升。市政园林局就表示停车设施的缺乏已然影响到交通出行及日常生活。而造成停车设施匮乏的原因如下:①原有配建标准缺乏或过低;②地质条件造成地下停车场难建或成本过高;③配套改建资金不足、公共停车设施融资困难。上述问题导致了万州区停车难的问题。

由此可见,入学难且挤、就医不均、停车难等问题不仅成为影响万州城区居民生活品质的社会问题,更对万州区在新型城镇化中推进公共服务均等化带来阻滞。基于上述问题,结合适应性抉择模型的分析结果,下文将对教育设施、医疗卫生设施及停车设施展开协同规划的策略研究,从而对相应社会问题提出治理途径。

6.2.2　基于治理入学难问题的基础教育设施协同规划研究

基础教育设施主要是指为9年制义务教育服务的小学及初中,也是本节研究的对象。

1)现状及问题剖析

(1)现状设施不足,大班额现象普遍存在

一方面,城市新区、边缘区人口规模未达到办学门槛要求时,生源不足,学校投入经费不足,导致教育设施的不足,学校分布相对稀疏,该区域的学生只能转移到其他地区就读,从而增加了其他地区设施的压力。

另一方面,中心城区的学校建设时期较早,积淀了一定办学经验和教育资源,教学质量上具有优势,但配建标准相对较低,学校规模与现行配建标准存在一定差距,这部分学校吸引了大量外来生源,导致这些学校所服务片区的教育设施严重不足,从而中心城区实际生均设施指标偏低,出现普遍性的大班额现象,小学班均生数最高的学校达 60 人,初中班均生数最高的学校达 74 人。

(2)地形制约设施布局(图 6.3—6.4)

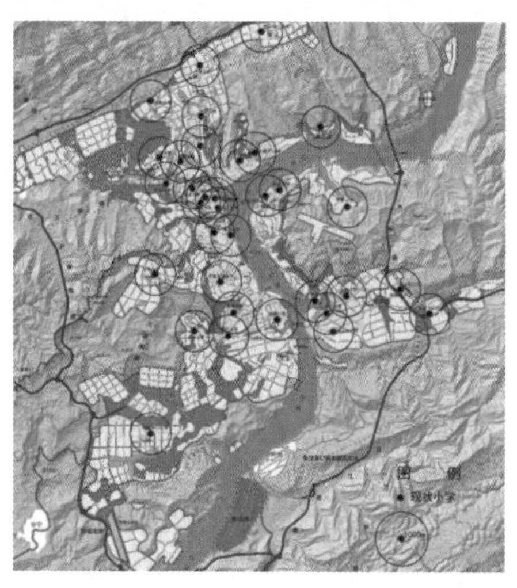

图 6.3　万州中心城区小学现状分布图
资料来源:《万州中心城区公共服务设施配建适宜性研究》。

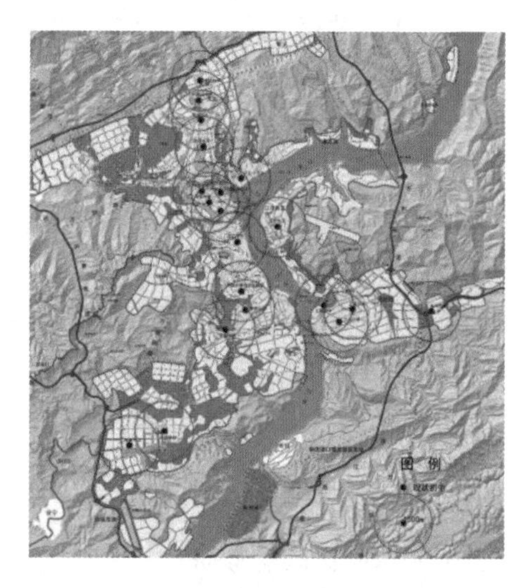

图 6.4　万州中心城区初中现状分布图
资料来源:《万州中心城区公共服务设施配建适宜性研究》。

受山地地形制约,万州城市发展不能像平原城市一样向四周均衡延展,万州城市总体呈带状沿江延展,受横向地形阻隔,局部地区腹地较窄,小学、初中服务范围只能沿长江纵向展开,导致服务半径相对较大。

(3)优质资源过于集聚

个别学校办学历史悠久,积淀了良好的教学资源,具有明显的办学优势,集聚效应明显,吸引大量生源,从而影响义务教育设施及资源使用的均等性。

2)需求趋势预测

(1)生源变化趋势

小学在校生数量 2006—2009 年总体呈增长趋势,2009—2013 年总体呈下降趋势(图6.5)。

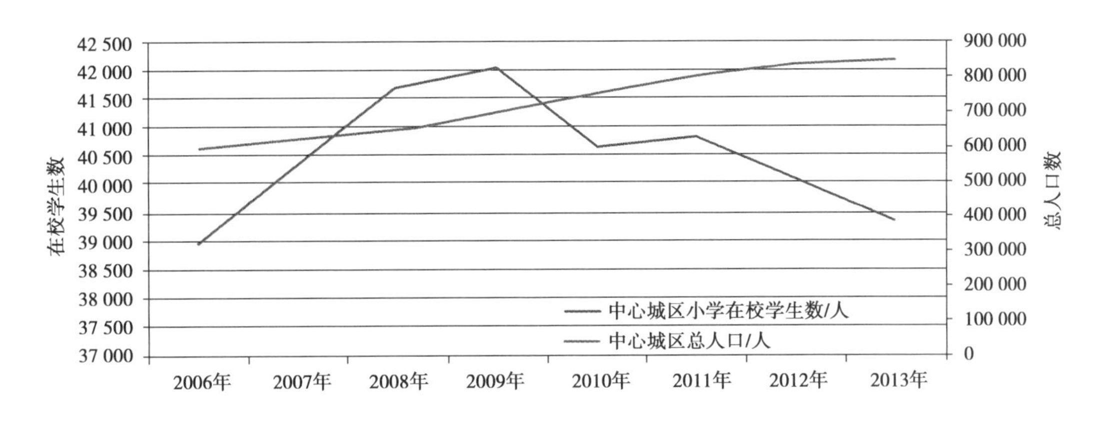

图 6.5　中心城区小学在校学生与总人口变化对比图

资料来源:万州区教委。

初中在校生数量总体呈增长趋势,增长速度与万州中心城区人口增长速度基本一致(图 6.6)。

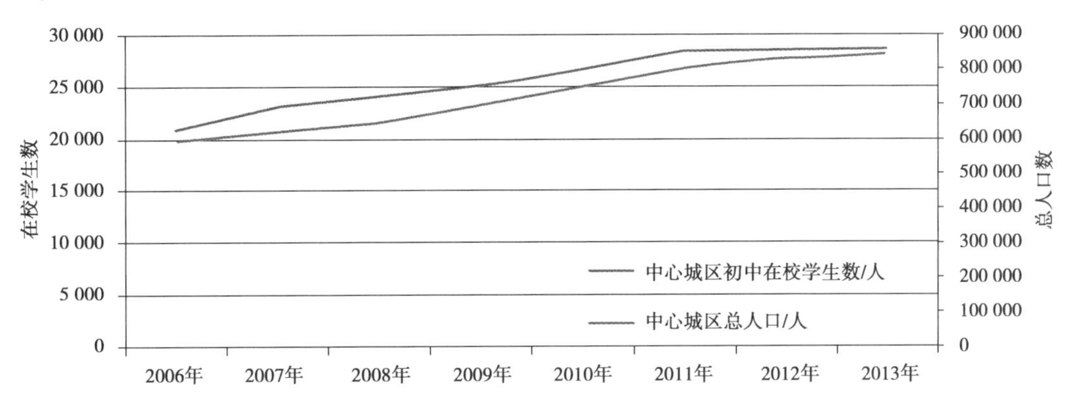

图 6.6　中心城区初中在校学生与总人口变化对比图

资料来源:万州区教委。

(2)建设趋势

万州旧城区人口趋于饱和,配套设施相对齐全,该区域小学、初中设施需求趋于稳定;新区人口较分散,配套设施建设受生源和师资的影响,建设相对滞后,导致部分区域小学、初中服务范围较大。

3)空间问题的治理途径:规划指标地域化

根据万州区的具体问题及建设条件,主要遵照《重庆市城乡公共服务设施规划标准》(DB 50/T 543—2013)(以下简称《标准》)进行指标研究。

(1)千人指标研究

《标准》中规定,在城市发展新区和渝东北生态涵养发展区内,小学生源指标按照 72 生/千人进行测算,班均人数按 45 生/班计算,城区范围内小学服务半径宜为 500 ~ 1 000 m,宜设 24 ~ 36 班,不超过 48 班;初中生源指标按照 36 生/千人、50 生/班计算,城区范围内初中服务半径宜为1 000～1 500 m,宜设24～36班,不超过48班。

根据万州区人口统计分析,按照人口出生率测算,现状中心城区小学的千人学生指标约为52生/千人,结合与乡村及其他地区向中心城区的流动人口综合测算,现状中心城区小学的千人学生指标约为58生/千人(表6.4),与《标准》指标的72生/千人相比仍有较大差距,现状小学学生千人指标较低;现状中心城区初中千人学生指标约为38生/千人,与规划《标准》指标36生/千人相比,现状初中学生千人指标略高,经分析,现状中心城区初中在校学生有较大部分外来生源,因此初中千人学生指标较高。

表6.4 现状学生千人指标表

名　称	总人口/万人	人口出生率/‰	小学在校学生数/万人	初中在校学生数/万人	小学学生千人指标/(生·千人$^{-1}$)	初中学生千人指标/(生·千人$^{-1}$)
中心城区	84.60	8.6	3.93	2.85	58	38

数据来源:万州区教委、民政局。

通过对万州中心城区2006—2013年的人口出生率统计分析,中心城区人口出生率年均约为10.0‰(图6.7),综合考虑人口政策和机械增长的因素,小学适龄人口约占总人口的11‰,小学是义务教育,入学率为100%,按6个年级计,小学学生千人指标为66生/千人。初中作为义务教育,计算方法与小学相同,考虑到初中人口机械增长比例相对较大,初中适龄人口按总人口的12‰计算,按3个年级计,初中学生千人指标为36生/千人。

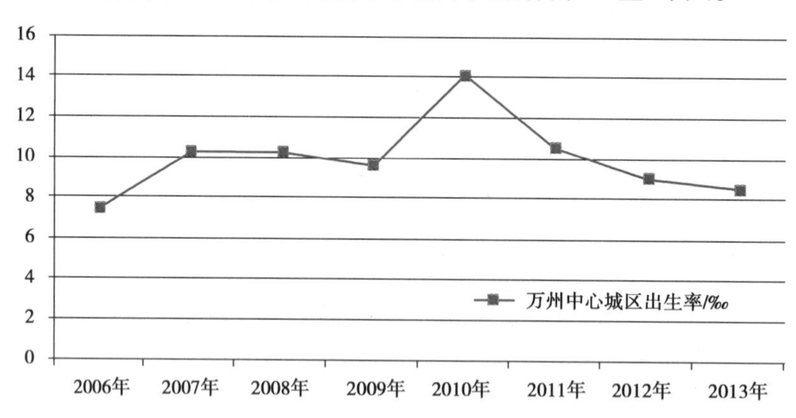

图6.7 2006—2013年万州中心城区人口出生率变化表

资料来源:万州区民政局。

学生千人指标的确定主要受人口结构的影响,目前万州人口出生率趋稳,总体较以前有所下降。因此,结合万州中心城区人口结构发展变化和外来生源影响,分析建议小学学生千人指标为66生/千人为宜;初中学生千人指标为36生/千人为宜。

(2)服务半径研究

万州城区整体呈沿江带状延展,两岸腹地较窄,受用地条件限制,小学、初中服务距离相对较大。随着城市规模的不断扩大以及社会多元化的发展,居民的平均通勤距离较以前有所增大,城市朝九晚六的上班族比例和数量大幅增加,其中一部分家庭的子女午餐和午休就由学校提供,学生平均往返学校次数在减少。

随着交通条件的不断发展,公共交通的日趋完善,小汽车家庭化,校车、社区接送服务的出现,为在更大的范围内考虑中小学教育设施的服务半径成为可能。服务半径扩大有利于教育资源与规模效应的整合。

因此,建议结合万州中心城区建设实施情况适当扩大小学、初中服务半径,小学服务半径不得大于1 000 m,初中服务半径不得大于1 500 m,同时应满足每2万人布局1所小学(30个班),每3.5万人布局1所初中(30个班)的原则。

(3)配建规模研究

《标准》中小学、初中生均用地面积根据《中小学校建筑设计规范》和重庆市近几年小学实际情况的调查统计制定。通过将万州教育部门与规划部门标准对比,生均用地面积标准一致,同时《标准》中旧城区用地标准做了适当调减,符合万州旧城区用地紧张的现实。因此,《标准》中小学、初中生均用地面积标准均符合万州发展要求。

万州中心城区现状小学规模以18~36班为主,现状初中以18~30班为主,通过将《标准》与义务教育办学标准及北京、上海、深圳等城市标准的对比,小学办学适宜规模为24~36班,初中办学适宜规模为24~30班。24~36班办学规模符合《重庆市人民政府办公厅关于进一步推进中小学布局结构调整的实施意见》(渝办法〔2012〕281号)每2万人布局1所小学(30个班),每3.5万人布局1所初中(30个班)的原则(表6.5)。

表6.5 办学适宜规模对比表

名　称	规划标准	义务教育办学标准	北京、深圳、上海
小学办学适宜规模	24~60班	12~30班	18~36班
初中办学适宜规模	24~30班	12~30班	18~36班

首先,通过小学、初中配建适宜性研究,结合万州人口变化趋势,《标准》内小学生源指标72生/千人较不适宜,建议结合万州实际情况及发展趋势修改为66生/千人,初中生源指标36生/千人不变。其次,根据对配建规模的标准及相关案例的研究,建议万州小学办学规模宜为24~36班,人口不足1.2万人的独立地区宜设置18班;初中办学规模宜为24~30班,人口不足2.7万人的独立地区宜考虑设置18班。

4)投资管理的治理途径:配建模式多样化

(1)配建模式研究

小学、初中配建指标除受人口结构影响外,还与人口政策、人口出生率、人口流动、土地资源等因素有关。随着社会、经济的快速发展,万州目前正处于快速城镇化时期,人口流动较大,城市格局变化快,小学、初中配建指标应在一定时期内适时校正和调整。

在规划实施过程中,为了有效落实初中、小学规划,满足需求,在各片区控制性详细规划中,小学、初中必须单独占地,且应明确每所学校用地规模和班级规模。

目前,万州优质教育资源分布不均,择校现象十分突出。名校拥有优质的教育资源,生源集聚优势明显,严重影响教育的公平性和优质教育资源的机会均等性。建议小学、初中采用名校办理分校的模式(如电报路小学江南中恒分校),通过统一办学、统一管理,合理分配教学资源,以保障义务教育的均等性。

(2)配建模式实施建议

①根据新区与旧城设施的需求差异,区别配建。结合万州城市建设实际,按照"新旧有别,综合利用"的原则对控规管理单元进行分类控制,重点对文化体育设施进行分类配建,在区级文体设施集中的区域可不用配建居住地区级文体设施,如高笋塘组团。在新区主要按标准进行配建实施。

②规模化集中配建,提高设施利用效率。参考香港和合肥市公共服务设施的建设经验,同级别公共设施可通过规划预留中心用地的方式进行布局,形成各级集中的中心。鼓励同一级别、功能和服务方式类似的公共建筑和设施集中组合建设,选址宜位于服务区域的中心,以及交通条件有利的地点。规划可结合各管理单元中居住区公共服务设施用地规划,强化社区服务中心、社区卫生服务中心、幼儿园、托老所的混合建设。

5)借鉴学区管理模式整合资源,提高资源的均等化服务

为发挥万州优质教育资源的带动作用,可借鉴北京等城市的学区管理模式,整合小学、初中的教学资源,划学区进行建设,提高市民优质资源的共享,解决择校问题。

6.2.3 基于治理就医难问题的医疗卫生设施协同规划研究

1)现状及问题剖析

(1)综合医院:基本满足需求,但空间聚集过于集中

万州区中心城区现状有综合医院13所,其中三甲医院1所,二甲医院6所,总用地面积为370 000 m^2,总床位数为3 455床,千人指标占地面积为598 m^2/千人,千人指标床位数为5.6床/千人(不含民营医院和诊所),综合医院服务范围已经基本覆盖建成区,满足广大居民的需求(图6.8)。

《标准》未对其服务半径做出规定要求。从城市控规编制的情况分析,综合医院基本覆盖各管理单元,共规划有29所综合医院,用地面积约为366 500 m^2,满足城市发展的需要。但就现状来看,三甲、二甲医院过于集中在高笋塘等片区,新区还未有布点。

(2)社区卫生服务中心:基本满足需求,但就医便捷度不足

2013年底,万州区中心城区共有社区卫生服务中心12个,中心城区社区卫生服务中心基本实现全覆盖。目前万州社区卫生服务中心的服务范围基本能覆盖到城市各街道,不能覆盖到的区域能被综合医院的服务范围覆盖到,基本满足现状需求,且符合《标准》服务半径标准1 500 m的要求(图6.9)。但部分地区社区卫生服务中心的服务半径过大,给寻求便捷就医

的市民造成了一定的影响。

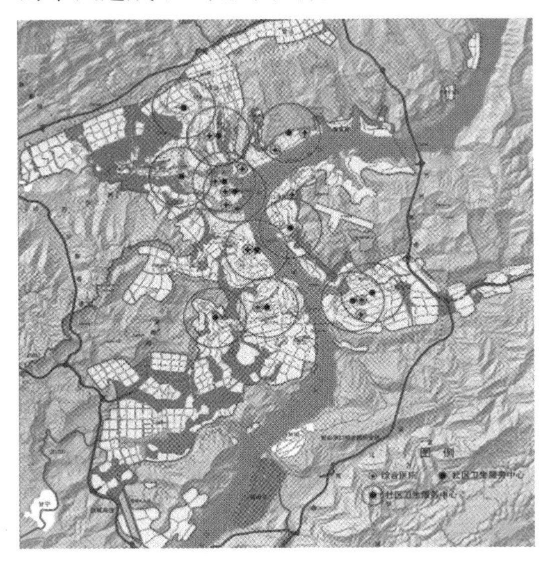

图6.8　万州区综合医院现状分布图
资料来源:《万州中心城区公共服务设施配建适宜性研究》。

图6.9　万州区社区卫生服务中心分布图
资料来源:《万州中心城区公共服务设施配建适宜性研究》。

(3)资金投入缺乏、迁建手续烦琐

就现阶段来看,特别是社区卫生服务中心,其国家和政府方面的资金投入较少,全靠医院自身发展,跟不上市民的需求。

此外,在医院的迁建上,如区第一医院、中心医院等因需搬迁,手续十分复杂,需要院长自行协调所有程序。

2)需求趋势预测

(1)综合医院

①以公办医疗设施为主、民营医疗设施为辅的格局没有改变。通过三峡移民建设,万州综合医院得到了较大发展,逐渐建成多所具有区域影响力的医疗单位,如三峡中心医院、万州人民医院、万州第四人民医院等,结合城市新区的拓展,部分医院积极在新区建设分院。

②民营医院和门诊成为服务居民的重要补充。在万州各社区内分布着大大小小的各类专科民营医院和门诊,如骨科医院、和平医院等。政府通过改革民营医院发展的政策环境和采取有力的吸引社会投资的措施,使人民群众享有更好的医疗环境。

(2)社区卫生服务中心

①社区卫生服务中心多以综合医院联建的形式建设。依托综合医院兴办社区卫生服务工作,有利于提高社区卫生服务的能力,有利于病源分流和双向转诊,有利于增强社区居民对社区卫生服务的认同度,有利于健全社区卫生的补偿机制,有利于缓解民众看病难、看病贵的情况等,其将为城市及农村社区卫生服务可持续发展发挥更大的作用。

②社区卫生服务中心基本覆盖城市各街道。目前万州区逐步形成以社区卫生服务中心为主、社区卫生服务站为辅,医疗诊所、医务室为补充的社区卫生服务体系框架。它们与综合医院、专科医院建立起社区首诊、双向转诊、分级医疗的有效机制,发挥公共卫生和基本医疗服务网络的网底作用,形成以政府举办的区级医疗机构为骨干、社区卫生服务中心为依托、社区卫生服务站为细胞的城市卫生三级服务网络。

3)空间问题的治理途径:千人指标地域化研究

(1)综合医院

现行综合医院的规范标准主要有《城市公共设施规划规范》《居住区规划设计规范》和《标准》,但各标准控制的侧重不同。《城市公共设施规划规范》以人均用地和千人指标床位数确定综合医院的配建指标,主要针对城市级的医疗卫生设施。《居住区规划设计规范》以千人总指标和分类指标控制医疗卫生的配建指标,主要指导居住区级以下的医疗卫生设施。《标准》主要以服务半径和千人指标床位数控制综合医院的配建指标。

目前万州中心城区综合医院的千人指标床位数约为5.6床/千人(不含民营医院和诊所),高于《城市公共设施规划规范》标准,与《标准》中5~6床/千人配建标准基本符合。根据总规,到2020年,预计需求床位数为5 276床,则还需配建1 821床位数以满足发展需求。因此,《标准》对综合医院千人指标基本符合万州医疗设施的建设实际,具有一定的适宜性。

(2)社区卫生服务中心

现行关于公共服务设施的标准中,《城市公共设施规划规范》《居住区规划设计规范》无社区卫生服务中心的配建控制指标。《标准》主要通过服务半径和千人指标建筑面积来控制社区卫生服务中心的配建标准。

《标准》未对设有护理康复床位的社区卫生服务中心的千人指标床位数作出要求。《中央预算内专项资金项目社区卫生服务中心建设指导意见》(2009年)指出:“每千服务人口(指户籍人口)设置0.3~0.6张床位,且原则上不超过50张。”

4)投资管理的治理途径:配建模式研究

《标准》中社区卫生服务中心对用地面积及建筑面积作出要求,均为不小于2 400 m²。根据实际建设经验,社区卫生服务中心可与综合医院或其他社区服务设施合建。但目前万州社区卫生服务中心主要以综合医院为依托,多选择在综合楼内,未单独占地。社区卫生服务中心与综合医院合建,可使卫生服务工作更加有效率,同时也可节省占地面积以及相关投入成本,实现资源共享。

万州区社区卫生服务管理体制遵循“政府领导、部门协调、街道负责、居委会参与、卫生部门实行行业管理”,但在实际操作中,职责、相互关系尚未全部理顺。医疗卫生属于公益性、福利性事业,但政府补偿机制还没有到位,如果没有市场化运作的有偿服务,卫生机构本身将无法生存和发展。社区卫生服务中心在实质上是属于盈利性的。由此,可对社区卫生服务中心的配建模式作出指导性建议:

①社区卫生服务中心可与社区服务中心或其他设施合建,并鼓励引入市场机制。

②把社区卫生服务业务用房作为社区主要生活服务配套设施纳入城市控制性详细规划的控制指标中,由开发商在楼盘中配置建设,由卫生管理部门统一管理。

6.2.4　基于治理停车难问题的停车设施协同规划策略

伴随着我国经济社会快速发展,汽车大众消费时代已经到来。据公安部统计,截至2014年底,全国机动车保有量达2.64亿辆,其中汽车1.54亿辆,全国平均每百户家庭拥有25辆私家车,重庆市、湖北省也达到了平均每百人拥有25辆私家车的较高水平。相对而言,库区城市在针对停车设施的规划建设和管理政策方面并未做好足够准备,即交通投资更侧重新区拓展和动态交通等方面,对静态与动态交通关联性问题考虑不足,导致停车设施严重缺乏,这种现象在城市老城区和核心区尤为突出。

1)现状及问题剖析

城市机动车停车问题日益严峻,表面上看是机动车保有量高速增长导致的供需矛盾,但从深层次来看,规划建设及管理手段的滞后和欠缺是根本原因。如英国《经济学人》周刊也于2016年10月29日就我国停车难问题做过相应报道,并指出停车难凸显出我国城市建设方式的缺陷:过去20年,在建设道路和房屋以容纳从农村迁至城市的4亿人口的匆忙过程中,中国缺乏对部分基础设施,如停车等设施的关注。根据笔者的走访调查,库区停车设施多存在规划配建指标偏低导致配建停车位不足、老旧小区停车设施严重缺失、停车场专业规划滞后导致公共停车场缺乏及配建停车库被挪用等诸多空间供给问题。针对在停车难问题上有典型性的万州区,究其原因,可归纳为以下三点。

(1)城市建设用地的特殊性导致停车设施建设不足

①地下车库建设受多重影响导致建设困难。

库区的复杂地形地貌导致施工技术标准要求高,加之三峡水库消落带管理的要求、三峡移民大纲及地方相关法律条例的规定,海拔175 m以下为库区开发建设的严格禁止区域,“用地不批准、规划不许、产权不登记”的规定造成建设项目配建地下车库难以获取合法认可。以万州中心城区为例,其地处深丘低山区,地形坡度大、地貌较破碎,受道路交通等相关工程建设规范的限制,其停车设施的建设竖向交通组织和经济成本间存在较大矛盾;加之其城镇建设用地主要分布在吴淞高程175～400 m台地,临江台地处的地下车库多位于175 m水位线以下,且地方技术规定对建筑计容以建筑掩埋为判断标准,受水下抗浮、抗渗影响,施工技术标准要求高、周期长、难度大,直接影响到建设单位对增配建停车场的积极性[1]。

②库区城镇可建设用地稀缺导致公共停车设施缺失。

库区土地供给的高成本与慢回收导致停车场布局落地困难,而库区现有社会公共停车设施多以平面布局为主,缺乏立体停车楼(场)、机械式停车楼(场)等社会公共停车设施。目前,万州区基本上无独立的公共停车场,现有的公共停车场多是露天设置或由配建停车场对

〔1〕　杨帆,崔涛.三峡库区移民山地城市“停车难”问题研究[J].山西建筑,2016,42(28):21-22.

外开放构成,但在寸土寸金的中心城区,平面公共停车场不仅是稀缺产品,而且将带来较大的资源浪费。参考我国香港、台湾等高密度发展城市的先例,停车场由平面向发纵深发展将是库区城市公共停车系统升级改造的必经之路,也是较好利用土地资源、盘活社会资金、方便居民出行的重要手段。

(2)空间配给的规划滞后性导致停车设施建设缺失

古语有云:“凡事预则立,不预则废。”就现阶段来看,停车规划预测比不过汽车增速,乃是停车难这一社会问题发生的主要诱因。由于三峡移民搬迁等历史原因,导致库区以往的城市规划主要以“搬得出”的移民安置为基本要求,城市仅短短几年时间建设成型,使得停车设施仅仅被当作配建工程,没有得到应有的重视,也没有做出科学预测,从而致使城市停车功能先天不足。在城镇化进程中,这种情况正在改变,但车辆增量预测不足、有短期而无长远规划、重道路规划而轻停车规划等既有问题使得停车设施的空间供给常处于被动应付的尴尬境地。究其原因有以下两点。

①停车场构成比例不合理。

由于库区地处的西部地区社会经济发展相对落后,致使车辆的保有量在西部大开发前偏低,与之相应的,配建停车泊位及路外公共停车泊位建设也较晚,导致目前供需总量严重不足,只能依靠路内停车来补足。就万州区而言,截至 2014 年底,根据市政部门提供的数据,合法登记的现状配建停车位: 路外公共停车泊位: 路内停车泊位比例约为72: 20: 8,表面上看停车构成比例比较合理,而实际上约 3.6 万个泊位缺口大部分由非法路内停车来供给,导致实际路内停车数量远高于 8%,约占机动车保有量的 50%。较为科学停车设施配比应为:路内停车位占 3% ~5%,路外公共停车位占 12% ~20%,配建停车位占 75% ~85%。[1] 路内停车问题在万州中心城区更为严重,63 421 个停车泊位中,路内停车泊位有 33 105 个(包括路内合法停车与违法停车),比例高达 52%(图 6.10)。根据前文所述,路内停车,尤其是非法路内停车是城市交通拥堵的重要诱因之一。

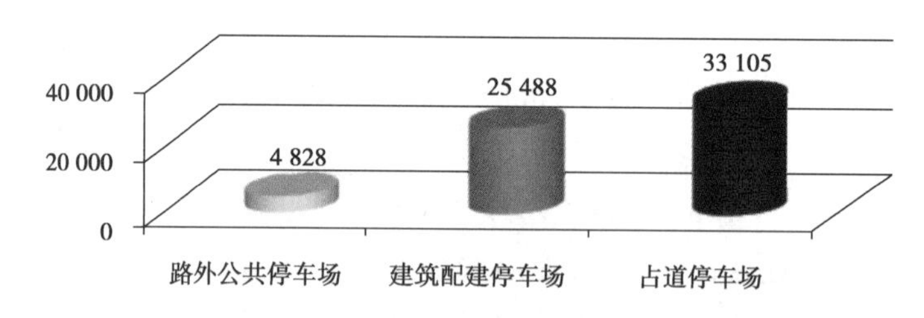

图 6.10 万州中心城区现状停车场结构图(单位:个)

②配建标准低于停车泊位需求。

停车泊位紧缺的另一个主要原因为历史欠账。2000 年以前,我国对城市停车设施建设没有强制标准,此后仅有北京、上海等部分城市出台了相应标准,但标准比较粗放,前瞻性、统筹性和弹性不足。而库区的配建标准推行较之更晚,以前建设时对机动车发展预估不足,没有配套建设停车位或数量较少,导致目前增设地下或地面停车位均比较困难。根据笔者的现场走访调查,以万州老城区的高笋塘地区为例,其房屋总用地面积约为 354.8 hm^2,2006 年前建设的房屋用地面积 147.6 hm^2,占总用地 41.6%,这些老旧小区及公共建筑基本未配建停车

〔1〕 韩凤春,王景升.我国城市停车发展战略研究[J].中国人民公安大学学报,2006,12(2):89-92.

位,有少量配建的规模也很小。随着万州区机动车保有量持续激增,中心城区老旧小区的居民对停车泊位的需求日渐突出。鉴于山地地貌及高密度特性,老旧小区增加配建停车位的难度较大,因此该部分停车需求将较大占用公共停车场资源,给原本不足的公共停车资源带来更大的压力(图6.11)。此外,基于城市由内向外的轴线发展,近几年城市建设和停车泊位供给的区域主要集中在中心城区(或老城区)以外的区域,而停车矛盾突出的中心区泊位增长较少,这种泊位供给和需求增长分布的不均衡性加大了中心城区和老城区停车缺口,特别是大型商业网点、餐饮、休闲娱乐场所、医院周边等交通繁华地段,"停车难"的问题将更为突出(图6.12)。

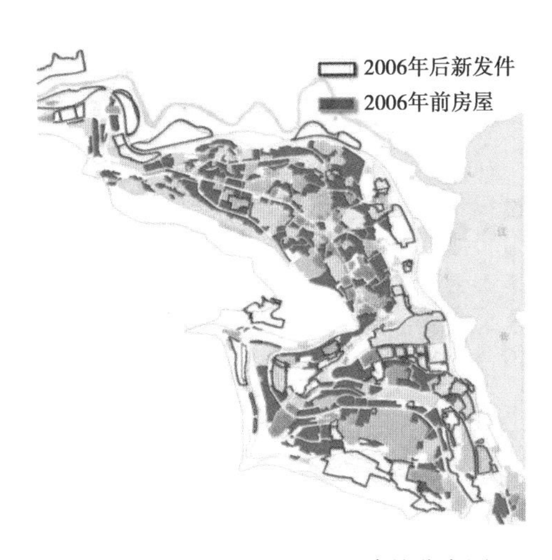

图6.11 高笋塘地区新旧建筑分布图
资料来源:《重庆市万州区公共停车近期停车场建设布点规划》。

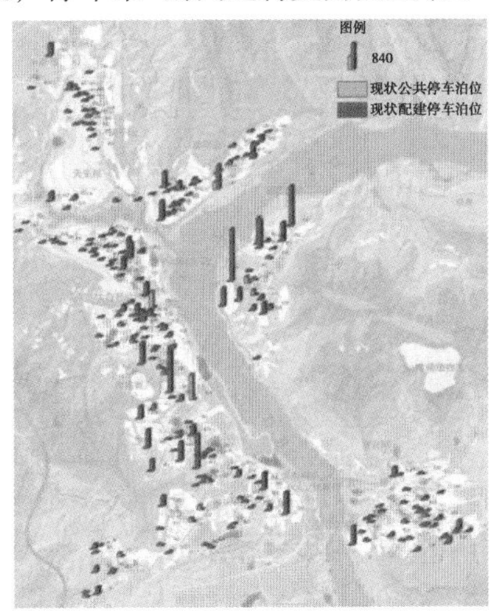

图6.12 万州停车场现状分布图
资料来源:《重庆市万州区公共停车近期停车场建设布点规划》。

(3)经济预设与管理的失衡导致停车设施建设困难

①政府主导、社会力量参建的公共停车场建设政策措施尚未落实。

在老城区、中心区等高密度已建成区,要增加公共停车场也不是易事。如重庆主城区规划的公共停车场就因拆迁难、投融资等种种原因建设滞后,截至2015年9月,重庆五大商圈及其周边区域规划的公共停车场均未建设。除去老城区拆迁征地成本高,新建城区的公共停车场建设也并不尽如人意。现状的公共停车场多为改建配建停车场或地面平面式停车场,其投资成本较低、风险较小。但对新建公共停车场,特别是立体公共停车场来说,公共停车场建设投资成本大、回收时间长,短期内通过停车费回笼资金难度较高,投资建设风险较大。因此,不能光靠政府投资来兴建公共停车场,而需要引入社会资本参与。

近年来,国家和地方政府相继出台了诸多鼓励社会资本参与公共停车场建设的优惠政策,旨在引入民间资金来增加停车位的供应,缓解停车位严重短缺引发的问题。但由于各地发展情况不一、社会资本缺少对公共停车场建设的了解、具体法规政策的盲区、相关职能部门协调难度较大等原因,加之公共停车场的建设需要建设地价、补贴政策、经营收费标准、建筑物停车配建指标等多方面的政策扶持引导,社会资本参与公共停车场建设的具体鼓励政策、建设流程和管理规章等仍难以落地。

②路内停车成本低廉导致公共停车场投资回收困难。

相较公共停车场,路内停车收费较低,同时由于监管不足,违法路内停车还不需要交付停车费用,因此,路内停车仍是城市停车首选。但这也相应地降低了周边公共停车场的使用率,造成公共停车场收益不高、投资回报周期延长等问题。这些问题在全国范围内普遍存在,根据纽约智库运输与发展政策研究所(ITDP)的研究发现,广州两座大型新写字楼停车场利用率从未超过58%。通过对万州中心城区高笋塘片区进行抽样调查,选取其中18个停车场的出入记录进行分析发现(图6.13),路外停车空置率过大,平均空置率超过0.55,停车泊位没有得到有效的利用(图6.14—图6.15)。以白岩路附近两条支路为例,其白天路内停车平均每小时占道率82.3%,而附近的金海物业停车场平均每小时空置率高达72%,路内违法停车不仅导致既有停车资源的空置,更导致了交通的严重堵塞。但引发此情况还是缘于公共停车设施的稀缺导致停车收费价格攀升,以及交警警力的缺乏导致监管不严,使得民众宁愿冒吃罚单的风险,也不选择公共停车场。

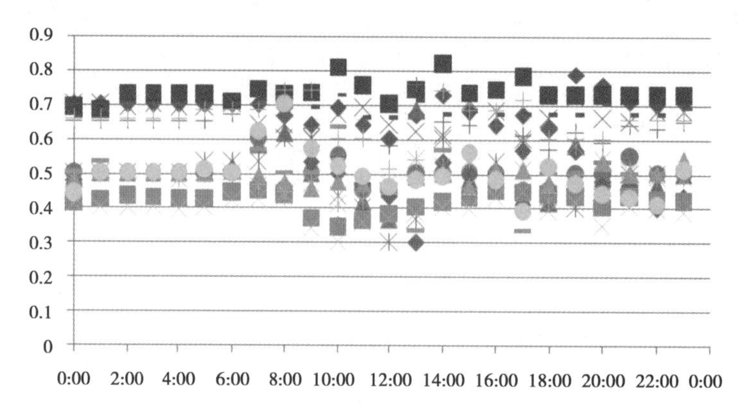

图6.13　高笋塘片区停车场空置率对比图
资料来源:《万州区公共停车近期停车场建设布点规划》。

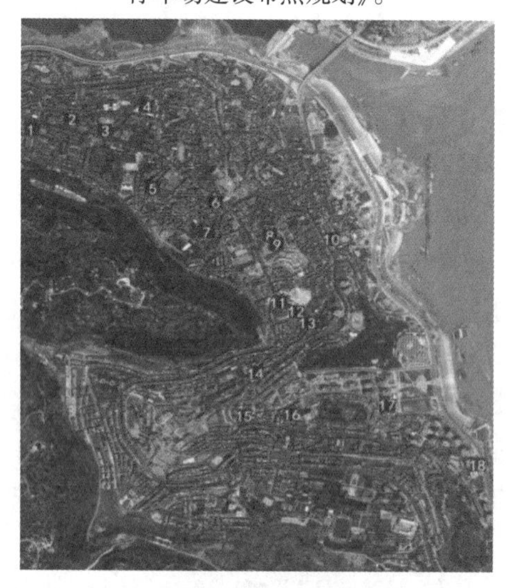

图6.14　现状停车场调查分布图
资料来源:《万州区公共停车近期停车场建设布点规划》。

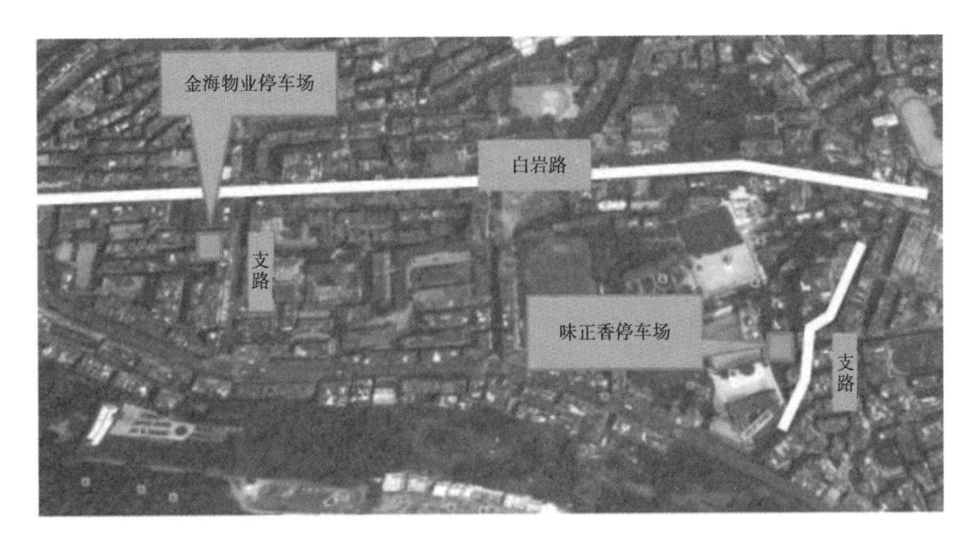

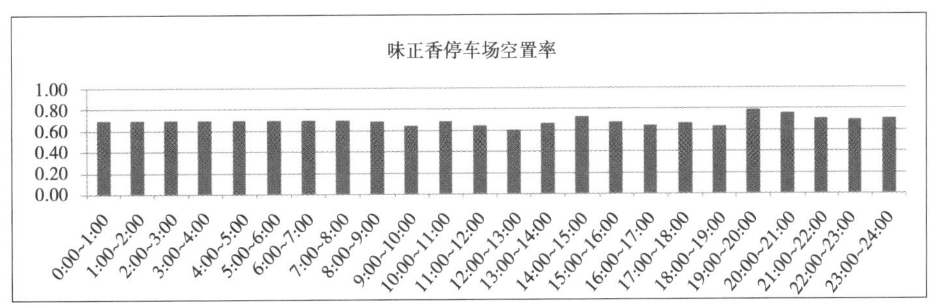

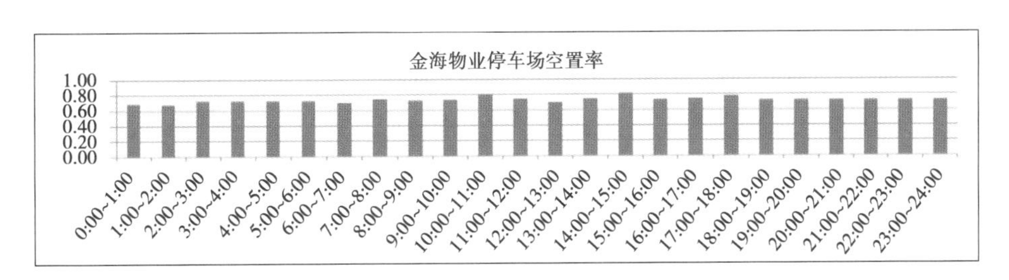

图 6.15　味正香及金海物业停车场空置率

资料来源:《重庆市万州区公共停车近期停车场建设布点规划》。

2)需求趋势预测

(1)汽车保有量预测

随着其城镇化进程加快,万州区机动车保有量剧增,自 2005 年来,以年均 26% 的速度递增,从 2005 年末的 69 597 辆猛增至 2014 年底的 21.3 万辆,年均增长率为 13.23%,其中私家车的增长速度高达 30%,中心城区每百户拥有汽车约 28 辆(图 6.16)。按历年汽车数量及其增长率对万州区基本停车需求总量进行预测,到 2020 年万州区汽车拥有量将达 20.25 万辆,2030 年更将高达 33.27 万辆。与其他城市进行横向比较,2012 年万州全区汽车千人保有量虽低于北京、天津、杭州、深圳、广州、成都、西安、武汉、贵阳等城市,但大大高于重庆市主城区及江津、涪陵、宜昌等库区大城市(表6.6)[1]随着居民对汽车的需求量逐渐增大,停车难的问题将更为加剧。。

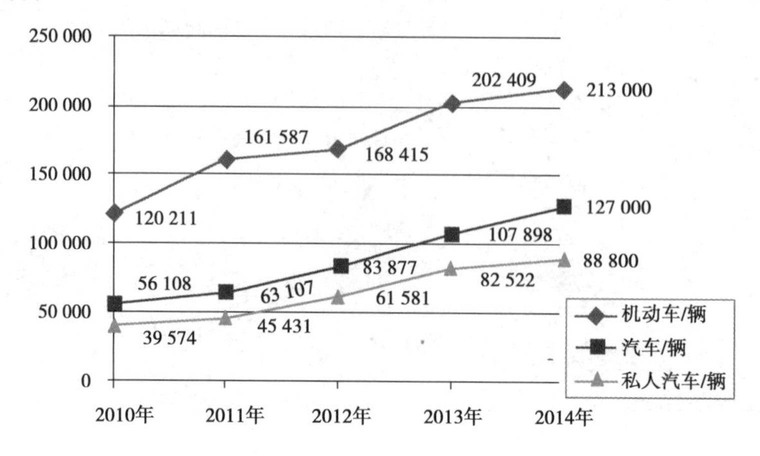

图6.16　万州区历年汽车增长趋势

表6.6　千人民用汽车保有量对比

地　区	时　间	常住人口/万人	民用汽车/万辆	千人保有量/(辆·千人$^{-1}$)	备　注
万州全区	2012年	158.31	8.184 7	52	
北京	2012年	2 069.3	495.7	240	
上海	2012年	2 380.43	212.86	89	
天津	2012年	1 413.15	233.94	166	
杭州	2012年	8 80.2	140.87	160	采用私人汽车数
深圳	2012年	1 054.74	221.08	210	
广州	2012年	1 283.89	204.16	159	
成都	2012年	1 417.8	180.1	127	采用私人汽车数
西安	2012年	855.29	139.96	164	采用私人汽车数
武汉	2012年	1 012	110.50	109	
贵阳	2012年	445.17	67.36	151	
重庆全市	2012年	2 945	159.572 5	54	
重庆主城区	2012年	795.36	67.3	85	
涪陵区	2012年	109.84	5.183 6	47	
江津区	2012年	125.35	4.898 8	39	
宜昌	2012年	408.83	26.40	65	

数据来源:《中华人民共和国2012年国民经济和社会发展统计公报》及《重庆市统计年鉴2012年》。

〔1〕 根据万州区历年汽车增长率预测2020年和2030年小汽车总量。汽车近3年平均增长率为21.64%。2004—2012年平均增长率为18.89%。2013—2020年,按照18.5%年增长率计算,预测2020年汽车拥有量为20.25万辆。2021—2030年,按年增长率18%,预测2030年汽车拥有量为33.27万辆。数据来源:《万州区城市停车系统规划》及《万州公共停车近期停车场建设布点规划》。

(2)停车设施需求预测

停车设施作为停车需求的空间载体,按需求可分为住宅区内、工作地(上班停车)、访问地(非上班停车)3 类,其中住宅区内停车需求为基本停车需求[1]。工作地、访问地停车需求为社会停车需求。不同的停车需求对应的所需车位数也各不相同,如根据国内外经验,每增加一辆汽车需增加包括各类停车泊位共计 1.2 ~2.0 个(图 6.17)。根据不同的停车需求,用加权平均计算方法预测出 2020 年万州中心城区建成区停车泊位需求为 14.94 万辆,2030 年为 24.96 万辆[2]。

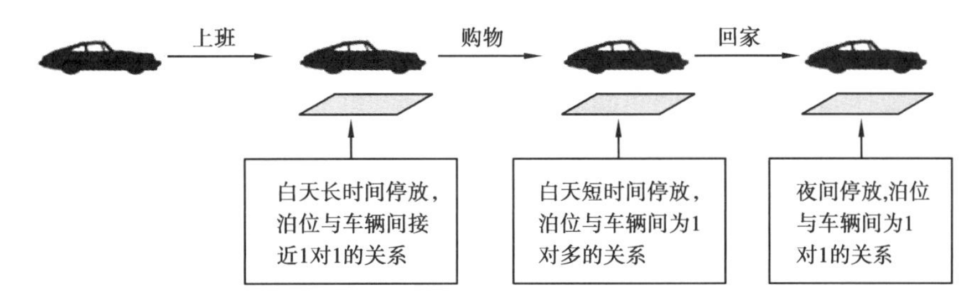

图 6.17　停车需求与停车泊位对应关系

据万州区市政园林局调查统计,2013 年底万州中心城区共有停车场 349 个、泊位 31 640 个。其中,室内停车场 159 个、泊位 21 748 个;室外停车场 158 个、泊位 8 757 个;占道停车场 4 个、泊位 185 个;临时占道停车场(点)28 个、泊位 950 个[3]。目前缺口就约 3.3 万个,缺口率近 50%。其中缺口最大的为高笋塘、牌楼地区(图 6.18)。与国际理想值 1.15 ~1.2 泊位/辆相比存在较大差距。故而城区车辆乱停乱放的现象频出,对交通出行和市民生活造成了一定影响。

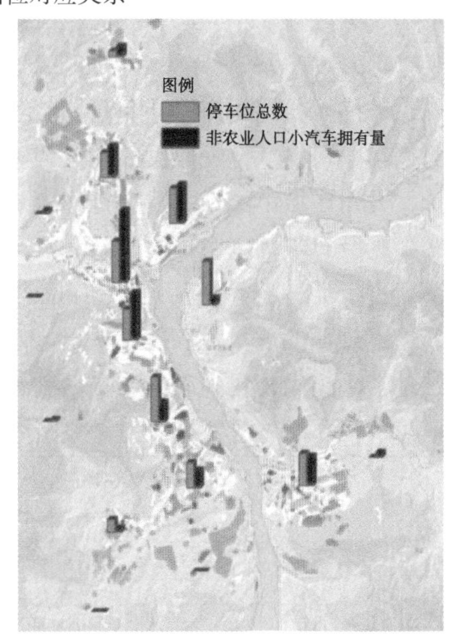

图 6.18　万州区停车泊位缺口分布图
资料来源:《重庆市万州区公共停车近期停车场建设布点规划》。

3)空间问题的治理途径:规划指标地域化

在发达国家,小汽车几乎每人一辆,美国的汽车保有量为 1∶1.3,法国、日本和英国大约为1∶1.7。我国处于发展中,虽在相当长的时间内无法达到上述国家的汽车普及率,但机动车保有量呈现急剧增长趋势,人多地少,特别是库区城市都为山地高密度型,加强城市停车设施规划建设及管理,不仅需要科学引导汽车发展,而且需要超前预测停车需求,更需要在空间上合理配置城市土地资源。

---

〔1〕 基本停车需求是由车辆保有量引起的夜间静态停车需求,主要为居民或单位车辆夜间停放服务。

〔2〕 根据三种预测方法:城市人口分析法、土地利用分析法及交通出行 OD 法,经过加权平均计算得出万州区停车泊位需求量。

〔3〕 数据来源:重庆市规划设计研究院. 重庆市万州区城市停车系统规划公告[Z]. 万州区城乡建委,2014.

(1)基于规范及标准的停车设施配建标准的建议

①库区现有停车设施规划规范及标准。

现行涉及停车设施配置的规范及标准主要有《停车场规划设计规则》《城市停车设施规划导则》《城市居住区规划设计规范》《城镇老年人设施规划规范》,而针对库区城镇的规范则有《重庆市城乡公共服务设施规划标准》《重庆市建设项目配建停车位标准细则》。将这些规范及标准进行对比,可发现《重庆市建设项目配建停车位标准细则》针对其自身的社会经济发展情况及停车需求欠缺,制定有较为详细的配置标准。

以《重庆市建设项目配建停车位标准细则》(以下简称《细则》)的制定及更新历程为例。2006 年以前,重庆市的公共建筑每 200 m^2 建筑面积仅配建 1 个停车位、住宅则是每 300 m^2 建筑面积配建 1 个停车位,但机动车保有量的持续增加,如此配建水平已无法满足停车需求,于是《细则》于 2006 年孕育而生。2006 版《细则》最大的特色在于首次对配建停车进行了详细的定制,并针对不同分区制定了不同标准。随着城镇化进程中城市机动化水平的快速提高,2012 年重庆市规划局再次对《细则》中主城建筑物配建停车指标进行了修订,调高了停车场配建标准,并纳入《重庆市规划管理技术规定》。相对 2006 年版,各类指标都有较大的提高,并取消了分区标准。同时,与北上广深等主要城市横向对比,《细则》的配建标准处于中上水平,对未来发展留有一定弹性空间。但由于库区城镇停车设施历史配置水平相对较低,在扩大供给的同时,还需弥补欠账,且“拆老建筑建新停车场,从规划到建设都有一定难度”,因此,在将严格执行停车位配建标准的同时,还需保障停车场规划用地不被挪用。

②万州区城市停车配建标准建议。

根据既有规范,针对库区城镇停车位供小于求的现实情况,以及日益严重的发展趋势,本节基于《细则》进行调整后对万州区城市停车配建标准进行地域化尝试。鉴于库区城镇原有建筑配置过低的现状,笔者在标准地域化时,配置标准较之重庆市细则略微提高,不仅是考虑山地地形不适宜补建和改造而预留弹性,更是要补足原有不足(表 6.7)。

表 6.7 万州区城市停车配建标准一览表

<table>
<tr><th>序号</th><th colspan="3">建筑使用功能</th><th>单 位</th><th>《细则》
配建指标</th><th>地域化
指标</th></tr>
<tr><td rowspan="8">1</td><td rowspan="8">住宅</td><td rowspan="3">中高档住宅(建筑面积 >100 m²)</td><td>一区</td><td>车位/100 m² 建筑面积</td><td rowspan="3">1.0</td><td>1.2</td></tr>
<tr><td>二区</td><td>车位/100 m² 建筑面积</td><td>1.2</td></tr>
<tr><td>三区</td><td>车位/100 m² 建筑面积</td><td>1.1</td></tr>
<tr><td rowspan="3">普通住宅(建筑面积≤100 m²)</td><td>一区</td><td>车位/100 m² 建筑面积</td><td rowspan="3">0.8</td><td>1.0</td></tr>
<tr><td>二区</td><td>车位/100 m² 建筑面积</td><td>1.0</td></tr>
<tr><td>三区</td><td>车位/100 m² 建筑面积</td><td>0.9</td></tr>
<tr><td colspan="2">公共租赁房、安置房</td><td>车位/100 m² 建筑面积</td><td>0.34</td><td>0.34</td></tr>
<tr><td colspan="2">廉租房</td><td>车位/100 m² 建筑面积</td><td>0.2</td><td>0.2</td></tr>
</table>

续表

序号	建筑使用功能		单位	《细则》配建指标	地域化指标
2	住宅配套用房(物管用房、社区组织工作用房)		车位/100 m^2 建筑面积	0.7	0.7
3	商业(包含住宅配套商业)、办公	一区	车位/100 m^2 建筑面积	1.0	1.0
3	商业(包含住宅配套商业)、办公	二区	车位/100 m^2 建筑面积	1.0	1.0
3	商业(包含住宅配套商业)、办公	三区	车位/100 m^2 建筑面积	1.0	1.2
4	餐饮、酒店及娱乐		车位/100 m^2 建筑面积	1.0(五星级酒店)	1.0
4	餐饮、酒店及娱乐		车位/100 m^2 建筑面积	0.7(四星级及以下酒店)	1.0
4	餐饮、酒店及娱乐		车位/100 m^2 建筑面积	1.0	1.2
5	医院		车位/100 m^2 建筑面积	1.0	1.2
6	文体	展览馆、博物馆、群艺馆、科技馆、图书馆、文化活动中心	车位/100 m^2 建筑面积	0.7	1.0
6	文体	影剧院	车位/100 m^2 建筑面积	0.7	1.5
6	文体	会展中心	车位/100 m^2 建筑面积	0.6	0.8
6	文体	大型体育场(馆)	车位/100 座	4.0	4.0
6	文体	其他体育场(馆)	车位/100 座	2.5	2.5
7	学校	大中专院校	车位/ 100 m^2 学校办公建筑面积	0.5	1.0
7	学校	中小学	车位/ 100 m^2 学校办公建筑面积	0.3	1.0
7	学校	幼儿园	车位/ 100 m^2 学校办公建筑面积	0.7	1.0
8	工业、物流仓储		车位/100 m^2 建筑面积	0.1	0.1
9	交通枢纽	长途客运站、火车站、客运码头、机场	车位/高峰日千旅客	0.5	2.0
9	交通枢纽	公交枢纽站	车位/高峰日千旅客	0.5	1.0
10	养老设施		车位/床	—	0.5

续表

序号	建筑使用功能			单位	《细则》配建指标	地域化指标
11	游览场所	旅游区	5A 景区	车位/100 m^2 游览面积	—	0.05
			4A 景区	车位/100 m^2 游览面积		0.04
			3A 及以下景区	车位/100 m^2 游览面积		0.03
		度假村		车位/100 m^2 建筑面积	—	1.1
		主题公园		车位/100 m^2 公园用地	0.05	0.15
		城市公园		车位/100 m^2 公园用地		0.1

注:①本表中停车位均指小型汽车的停车位,计算出停车位数量不足 1 个的按 1 个计算;

②长途客运站、火车站、客运码头、机场、公交枢纽站等交通枢纽项目,场馆,工业、物流仓储的配建标准为规划参考值;高新技术产业中的楼宇工业等项目配建标准按照办公建筑标准执行;

③中专院校、中小学校建设配建项目的停车位按办公建筑面积计算;

④中学生接送停车位作为建议性指标,结合用地条件鼓励学校尽可能达到指标;

⑤宿舍建筑停车位配建标准按该宿舍所服务的建筑(如工业、学校等)确定;

⑥旅游景区每配建 10 个停车位中应当配建不少于 1 个大客车停车位;

⑦对于游览场所,本表中配建停车位指标仅为参考值,建议结合景区景点类型、实际建筑方案、预期游客数量进行预测,确定其停车场规模;

⑧规划有露营区域的旅游景区,其配建停车位数可根据景区停车配建指标上浮 10% ~20%;

⑨具有特殊需求或特殊形状的用地,如不规则小地块等,可参照相关规范,在分析论证地块停车位数、停车场(库)建筑量等情况后,报相关部门批准;

⑩未列入附表中的建筑停车位配建标准,由城乡规划主管部门根据具体情况,参照有关标准确定。

城市不同区域所处发展阶段不同,其交通管理目标和停车需求也有差异,因此,在制定建筑物停车配建指标时,具体体现为不同区域配建指标的差异性。如在城市中心区,人口密度、土地使用强度、现状供需缺口及未来的配建需求水平,就与城市边缘区的停车成本存在较大差异,单从经济学级差地租的角度来看,其地价昂贵就将导致停车设施的修建成本高于城市边缘区。故而,笔者以万州区城市停车配建标准为基准,对库区城镇停车配建标准进行区域划分,主要分为三个区域:一是核心区,即建成时间早、建设强度大及配建停车位供需缺口较大的区域;二是边缘区,即建设时间稍晚、建设强度较低及配建停车位缺口较小的区域;三是外围区,即城市新开发或待开发区域,需对其配建指标进行预研及预控。

(2)停车设施空间布局总体策略

继 2010 年 5 月国家住建部、公安部、发改委联合印发了《关于城市停车设施规划建设及管理的指导意见》,2015 年 9 月住房和城乡建设部公布《城市停车设施规划导则》后,2016 年 9 月住房和城乡建设部、国土资源部(现称“自然资源部”)联合再度印发《关于进一步完善城市停车场规划建设和用地政策的通知》(以下简称《通知》),《通知》针对停车难的问题,主要进行了 4 点建议:一是针对停车设施专项规划,要求依据土地利用总体规划、城市总体规划和城市综合交通体系规划,分层规划停车设施,促进城市建设用地复合利用。二是在规范用地管理方面,明确了停车场用地可用出让方式供应。三是基于土地节约集约利用,从分层建设、规范供地、盘活存量用地等方面给出了具体规定。四是针对停车场建设吸引社会资本难的问题,提出鼓励停车产业化及超配建停车场、简化停车场建设规划审批等三大举措。响应国家政策,北京、上海、天津、武汉等诸多城市都以《通知》为基础进行了地域化的停车政策,重庆市也适时编制了《重庆市主城区停车专项规划》(2016 年)。

基于此,万州区中心城区停车设施空间布局以停车需求为导向,充分考虑停车场建设的可行性,在土地利用总体规划、城市总体规划和城市综合交通体系规划的基础及指导下进行停车设施的具体空间布局。近期可通过加大重点区域公共停车设施的供给来缓解停车矛盾,远期需采取规划的宏观指导性与可实施性有机结合,可通过以下 3 种方式充分挖掘公共停车场建设空间。

①对现有停车设施进行扩容。将现有条件的地面停车改造为立体停车库;将地下自走式停车库改造为机械式停车库。

以万州中心城区老旧居住小区为例,特别是移民安置小区,由于建设年代较早,基本没有考虑到建设停车位,其停车设施配建严重缺乏。这源于缺乏相应的规范指导,如国内《停车场规划设计规则》最早颁布于 1988 年,但只对很少的高级居住区提出了停车配建指标。而《城市居住区规划设计规范》在 1993 年修订时,仍然没给出居住区停车位配建指标。汽车只能在居住区人行道路及居住区周边马路边乱停乱放,恣意侵占公共道路、居住区绿化带和小区公共活动场地,导致居民(特别是老人和儿童)人身安全受到很大的威胁(图 6.19),更有甚者为抢停为数不多的停车位而引发居民间的冲突[1],不仅恶化了居住区环境,还致使邻里交往场所逐渐消失。老旧居住区停车位供求失衡的问题亟待解决。

(a)学府移民安置小区区位图

(b)小区内少量地面停车位

(c)周边的小学

图 6.19　万州区学府移民安置小区停车及周边情况

参考台北市老旧社区停车难的治理方法[2],针对老旧社区,以停车设施改造为主、新建为辅。针对不同小区的停车位与需求之间的紧张度,对用地紧张且停车需求大的小区多建地下停车场和停车楼;对用地较松且停车需求大的小区可实施地面停车场与地下停车场相结合的方式。当老居住小区停车需求较大且停车供应严重不足,而小区内部格局无法改造时,需要考虑在小区周边建设公共停车场,同时需考虑临时停车的需要,在修建公共停车场时要使

〔1〕 为争抢停车位 两公司员工大打出手.大渝网新闻中心.

〔2〕 台湾老旧社区,因为规划建设量不足,很多车辆晚上就停在巷道上。其改造的普遍做法是:①充分利用地下空间,在学校与公园的地下,修建停车场;②限时放开路内停车,城市里大多数马路边都会漆有红线或黄线,红线是禁止停车标志,黄线则是晚上 8 点后可以停车,但早上 8 点前必须离开;③推广立体或机械式停车设施建设,台湾机械式停车设备不少,主要有双层式停车设备、地下全自动停车设备、停车塔,不仅无需太多的专门人员管理,更能充分利用空间、节省土地面积。

地面停车场与地下停车场相结合。

②充分挖掘地下空间，拓展停车容量。可在城市道路、广场、学校操场、公园绿地以及公交场站、垃圾站等公共设施地下布局公共停车场。利用学校操场地下空间修建停车场可参考重庆市沙坪坝区沙南街的实例。沙南街建成已久，其区域内拥有一座大学的两个校区（重庆大学 A、B 区）、一所中学（重庆七中）及一所小学，围绕这样丰富的教育资源，其众多老旧小区坐落周边。人口的高度密集、停车配建的低下，导致停车问题十分突出，最严重的时候，不仅小区没有空间可以停车，就连大学里的有限空间也停满了车，但即使如此，也完全无法满足该片区的停车需求（图 6.20）。在此情况下，充分挖掘地下空间，对重庆大学 B 区及重庆七中的操场进行改建，重庆大学 B 区操场下建成地下公共停车库共两层，可提供 1 130 个停车位，重庆七中的运动场架空则是在其足球场下修建停车楼，供给 274 个停车位（图 6.21）。此停车场在缓解其周边小区的停车需求供给矛盾的同时，也未影响原有功能的使用。

(a) 地下车库修建时

(b) 车库上面的操场

(c) 车库入口

图 6.20　重庆大学 B 区操场下的停车库

(a) 重庆大学B区区位及周边情况

(b) 学校内、外乱停车频发

图 6.21　重庆大学 B 区及周边乱停车现象

③合理利用高差层级，修建公共车库。库区依山临水的独有地貌特征，使得其台地地貌明显，为方便交通出行，很多城镇都修建了滨江路。而这些滨江路的建设形式多采用高架的方式，在其路面下方留有加大的空间（图 6.22）。临江而建的小区就可利用此空间来进行停车设施的扩容，这也是库区城镇独有的空间改造形式。以重庆主城区沙滨路的秋水长天片区为例。根据沙坪坝公共停车办公室调研数据显示，除了商圈旁边，高滩岩片区和沙滨路秋水长天片区停车难问题最突出。沙滨路秋水长天片区位于嘉陵江畔，现有已建成两个小区（修建于 2007 年左右的秋水长天小区及江枫美岸小区）（图 6.23），住户近 4 000 户，但是停车位不到 1 600 个，占比每户不到 0.5。其中秋水长天小区住户 2 128 户，停车位有 1 090 个，车位配比仅为 0.51 每户，业主之间因为停车而产生的矛盾不在少数。很多车晚高峰时只能停在马路边以及人行道上，被交巡警开罚单也是常事。同时，沙滨路通往古镇磁器口，节假日更是

拥堵不堪。沙滨路属于高架路,其路面与地面有加大的高差,且库区蓄水后,嘉陵江水位稳定,对沙滨路下空间进行的停车改造,增加了 1 300 ~ 1 500 个车位,在有效缓解了周边小区居民停车难的同时,也方便居民的出入。

(a)施工图现状

(b)立体车库效果示意图

(c)实景

图 6.22 滨江路立体停车库示意图

包括万州在内的库区城市基本都是山地型,城镇建设可用面积少,土地资源较之平原城市更为稀缺珍贵,也无法像平原城市那样在平整空旷地带修建停车场。而坡地作为山地城市最大的土地面积却未被有效利用,因此出现了停车位严重不足导致的占道停车,严重影响了城市道路的通行效率。坡地立体停车设施是一种利用山地城市坡地来实现汽车存取的设备(图 6.23)。利用坡地不仅可增加泊位供给,还可实现不同平面道路间的车辆转移,在库区山地城市有着广泛的适应性和功能的可靠性。

(a)施工图现状

(b)立体车库效果示意图

图 6.23 山地城市坡地立体停车设施整体效果图

资料来源:王卫兵,廖志兵. 山地城市新型坡地立体停车设施研究[J]. 西部交通科技,2016(4):87-91.

6.3 基于需求分析的社区社会基础设施协同规划研究

6.3.1 基于人本需求的协同规划必要性探讨

1)传统城市规划对应人本需求的缺陷

从协同规划原理的角度来看,城市是复杂的巨系统,存在着多功能、多层面的动态联系,表现出综合复杂的整体协同效应关系。传统城市规划作为空间组织的工具和指导经济社会发展的蓝图,在以往追求高效率、快速城镇化的时期,由于需要实现的目标诉求众多,往往难以兼顾到人本需求。特别是规划建设某项具体社会基础设施时,在利益、效率与公平等博弈中,公众需求难以被采纳吸收。因此,作为城市规划决策主体,参与规划构思的设计师以及政府部门,如果不能纳入公众意见,不能吸收本土建设规则与规划模式,将无法激励城市的良性运作。这种主体的判断偏颇以及城市经营的激进做法,直接造成城市社会基础设施的供需失衡,从而导致社会问题的衍生(图6.24)。因此,城市规划作为一种技术手段,同时也是一种公共政策,更需要从需求的角度,自下而上地组织城市空间,优化土地资源配置,从而有效指导和协调多部门的利益关系。

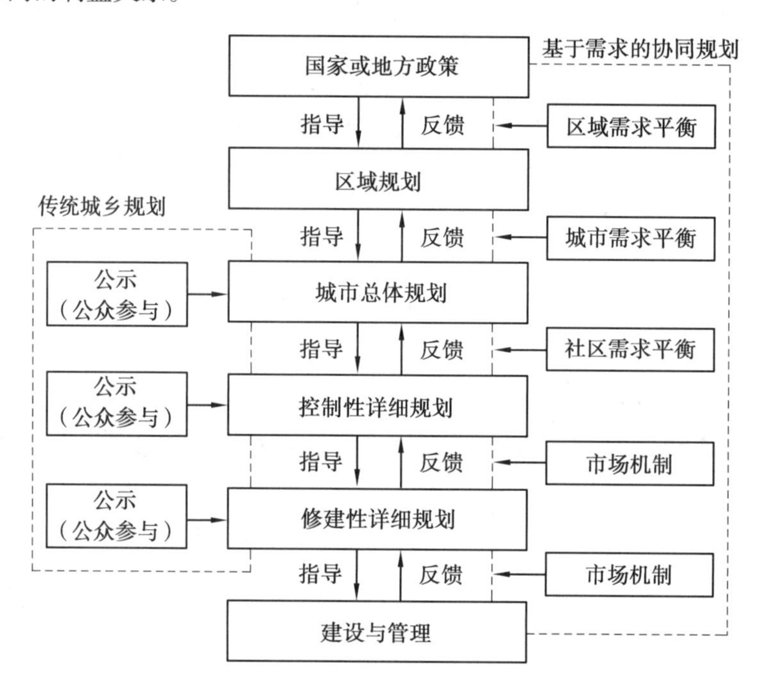

图6.24　传统规划与基于需求的协同规划对比示意图

2)基于人本需求的社区规划的兴起

社区作为社会生活的最小单元,是社会治理的基石,而社区规划则是社区发展的有效途径。随着新型城镇化的提出,城市发展也在从增量规划逐渐转变为存量规划,而老旧社区的改造更新就是存量规划中的重要组成部分。在生活进程中,社区居民的生活水平和方式不断变化,而作为居住空间的社区却基本不变,这种"变"与"不变"之间就会衍生出许多矛盾——基于人本需求的矛盾,而这些问题如何解决,却是传统社区规划中少有涉及的。因此,"社区规划"绝不是将传统意义上的城市规划简单地落脚于微观社区,而是要以居住其间的人从真正需求出发,协调社区内外各种利益主体的诉求,调动政府及市场等多种资金投资。这样的研究已开始逐步兴起,如重庆大学的黄瓴教授就从重视社区空间规划和重视社区治理两个角度分别对重庆的多个社区进行了宏、中、微观的实例探讨,而清华大学的刘佳燕副教授则从跨学科和跨行业协同的角度聚焦于社区物质环境、人文气质与居民生活品质等融合提升的规划策略研究。

综合已有研究,社区规划包括建成区功能提升、卫生环境提升、居住环境改善等急迫需求,还包括历史街区保护和特色重塑等文化复建目标。

6.3.2　基于人本需求的社区社会基础设施协同规划框架

1)以需求化导向的协同规划

城市规划是一种土地和空间资源的配置机制,是政府引导城市发展的重要的自上而下的手段,而人本需求是人在特定的时空背景下自发形成的自下而上的本能。对中国而言,特别是库区以往的传统规划,其重点关注是空间安置及经济发展,而缺乏对人本需求的关注,故而导致社会基础设施建设与城镇化进程的失衡,引发一系列社会问题。随着城镇化率逐渐升高及库区可用地紧缺,库区城市的开发建设将更多地进行存量规划。故此,社会基础设施协同规划需改变传统城市规划以政策为导向、自上而下的大刀阔斧式规划形式,转向以需求为主导的、自下而上的调控式规划,并在社区层面建立居民实际需求与城市空间布局、建设管理模式相协调的协同体系,促进城市社会福利的普适度,推动社会基础设施的具体规划建设。

2)以资产为本的协同辅助

需要指出的是,基于需求的社区发展,其社区居民更为关注的是社区正在失去什么,但由于缺乏资本支撑,这种以需求为本的社区发展模式可能因产生许多不合理的预期而导致最终失望和失败。对比需求协同,以资产为本的社区发展模式旨在开发和建设一个社区内在的能力建设和加强社区的资产价值。因此,在库区薄弱的经济基础上,要对应传统规划模式的转型,规划配置成本高、回收低的社会基础实施,不仅要注重社区居民存在的需求问题,同时也要侧重于社区本身的实力和成就,不能单纯地依靠政府的投资,还需引入市场机制来推动社区社会基础实施的规划建设从而进行社区社会问题的有效治理。

3)社区社会基础设施协同规划框架构建

社区层面的具体设施协同规划的目的是缓解城市居民需求、城镇化进程与城市社会基础设施营造及管理过程中产生的问题,特别是协调需求与供给、政策与市场之间的平衡关系,通过以城市规划编制体系为基础,建构自下而上的、一个可持续发展以及能够有序演进的社会基础设施规划系统,以营造一个健康的城市社会福利环境(图6.25)。

在第5章库区区域社会基础设施宏观布局、城市社会基础设施规划调控的指导下,在社区层面上选取长寿区三倒拐历史街区为例,从而在现状调研的基础上,针对传统文化复建的具体社会问题,展开社会文化设施的协同规划策略研究。

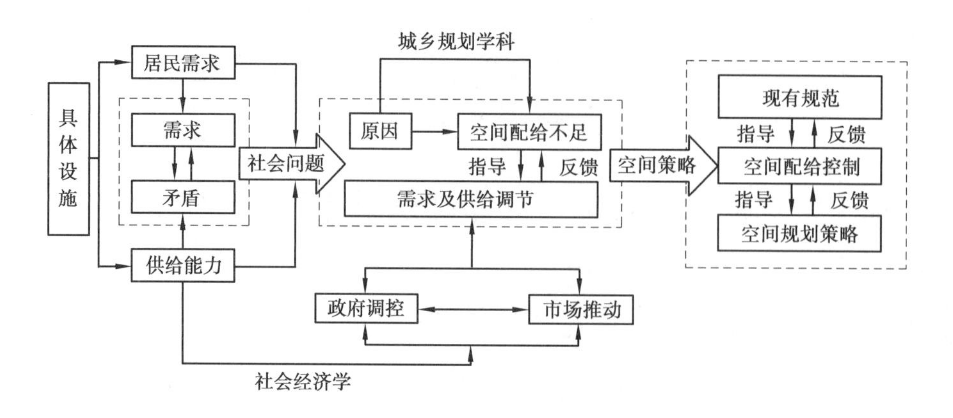

图 6.25　库区社区社会基础设施协同规划框架

6.3.3　基于文化复建的社区文化设施协同规划：以三倒拐历史街区为例

随着我国社会经济的快速发展和城镇化水平的迅速提升，“文化赤字”使得国家逐步意识到长期忽略文化建设所带来的相关问题。自十六大召开以来，“公共文化服务体系”已逐渐成为当前文化体系建设和管理工作中的核心理念。十七大把文化建设提到了与经济、政治、社会建设同等重要的战略高度，并提出了社区文化建设是城市文化建设的重要组成。社区作为人居环境的最小单位，其公共空间的品质直接体现每个家庭甚至每个人的居住质量。如果把家庭比作社会的细胞，社区则是细胞的集合体，而社区文化设施就像组织液一样起到了细胞间的联络、润滑、营养、缓冲等作用，其对提升居民健康生活品质、交流邻里感情、丰富居民文化生活等都有重要意义。针对社区文化设施的具体建设，国家陆续颁布的《国家公共文化体育设施条例》(2003 年)及《城市社区文化设施管理办法(试行)》(2010 年)，对社区文化设施的规划配置有了明确的规定。

历史街区作为传承已久的老旧街区，不仅有着较为稳定的居民社会网络关系，更有着丰厚的历史文化底蕴。然而在城市建设过程中，现有的开发模式不仅使显性的历史街区形态(如历史景观与传统风貌)急剧消失，而且在增长主义的影响下使街区中原有的隐性的社会网络关系遭到了破坏，这也导致了原有社会网络中潜在的社会资本随之瓦解。从某种角度来说，这不但增加了街区改造的资金难度，还加重了政府的改造负担。为应对这种局面，结合社区文化设施在社区更新中的作用，本节提出了基于文化复建的社区社会基础设施协同规划，以期从需求与资本共融的视角，提出新的技术手段和管理方法的支持。

根据第 4 章基于协同诊断的库区城市发展类型划分，长寿区属于低度协调改进型，社会基础设施建设水平明显低于其新型城镇化发展水平。基于笔者的实地走访，除去与同属低度协调改进型的万州区需求较大的基础教育设施、停车设施，其中建设最为缺乏的社会基础设施还包括文化设施中的社区服务设施。长寿区有着悠久的河街文化、寿文化，也有着新兴的工业文化等，但其文化体系及设施的建设却刚刚起步。特别是三倒拐历史街区，其作为长寿区河街文化的物质传承、唯一的市级历史街区，更是缺乏相应的配套设施。本节将通过对三倒拐历史街区内文化设施协同规划，来对其历史文化进行复建。

1)三倒拐历史街区文化复建的必要性

三倒拐历史街区位于长寿中心城区的凤城片区(图6.26),依山就势、临江而建。街区内建筑因地制宜,是典型的山地传统街区(图6.27),并有着丰厚的文化底蕴,是诸多文人雅士、摄影爱好者常常奔赴的地方。因交通区位而兴,更因长寿区城市而筑。其因河街的发展而繁荣,又因移民迁建和城市更新而没落,由热闹繁盛的商贸、居住街区,变为了以从事低收入人口和靠低保费为生的老年人及失业人群为主的弱势群体居住的、以危旧房为主的贫困街区。但由于长寿区的发展战略以工业为主、经济基础薄弱等原因,使得三倒拐历史街区在2006年由旅游局和移民局委托、规划局牵头进行了保护更新规划研究,2013年评为了全国历史文化名街15强后,并未进行更新修缮。2017年底,三倒拐历史街区保护修缮项目已由重庆市长寿区发展和改革委员会启动。但为避免历史街区的商业化、原真性被破坏,从文化复建的角度对街区内文化设施进行协同规划十分必要。

图6.26　三倒拐历史街区区位

图6.27　三倒拐历史街区全景

(1)社会网络保存的必要性

人与人之间的相互作用与交往是城市存在的基本依据。三倒拐历史街区虽然破败,但其社会秩序井然、治安环境良好;居民之间相识已久,相处和睦,依然形成了和谐的社区邻里关系。同时,在现有的社会网络关系中潜存着丰富的社会资本,包括与外界的社会关系、人力资源及文化资源等。

通过笔者对38户居民随机抽样访谈,其社群网络关系有以下三个特点:

①以弱势群体为主体。受访居民中81%都已退休、下岗或待业,其经济条件较差(88%的家庭月收入仅为1 000 ~1 500元),社会、政治地位较为低下,处于弱势状态。

②社区老龄化严重。受访居民中78%为老年人,已经进入了老年社区阶段。

③社会网络完整稳定。街区中的居民大多是世袭传承地居住于此,有着稳定的邻里关系,但近年来,不乏涌入低收入的外来务工者。

一个只注重发展经济，而失去了原生稳定的社会网络关系的历史街区，就不可能有原汁原味的历史空间形态和文化生活。因此，在文化设施的配置中多考虑弱势群体的利益，保持社会网络的稳定，也是文化复建的基础。

(2)原真性保存的必要性

由于经济原因，三倒拐历史街区一直未能进行保护更新。但也正是如此，街区内的建筑虽然破旧，但其原真性却得到了最大限度的保存。

①山地街区的独特度。三倒拐街区位于凤山伸向长江的一条支脉上，地貌特征以浅丘地带为主。街区地势北高南低，相对高差为 139 m，车行不可达，只能步行爬高坡，有"爬三倒拐通身汗，下三倒拐脚打战"的俗语。步移景异的街区内有 3 个"拐"故而命名"三倒拐"[图 6.28(a)]。街区顺拐而上，又分为和平街、八角井街和三倒拐街[图 6.28(b)]。街区空间横向层次丰富，街道—巷道—宅院构成了公共空间—半公共空间—私有空间的三级空间结构，形成清晰的街区社会组织的基本模式。随着山势而形成的街区纵向空间序列同样是空间体验的一大亮点。街道空间尺度宜人，功能复合多用，堪称是山地城市体系的典范[图 6.28(c)]。

(a)交通布局

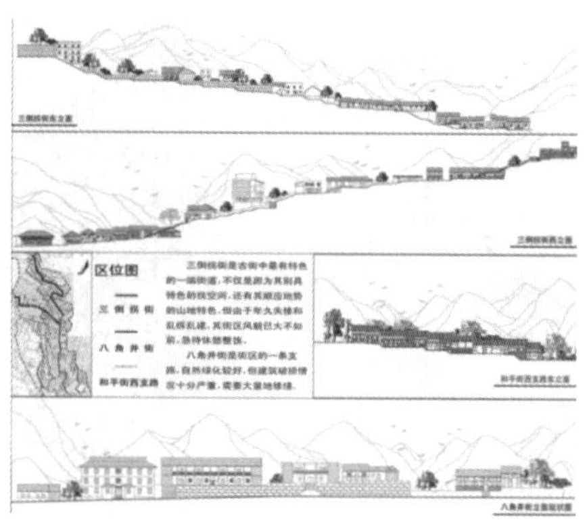

(b)街区剖面高差示意

(c)街区实景

图 6.28　三倒拐历史街区平面布局

②明清建筑的原真度[图 6.29(a)]。街区内清末民初建筑: 近代建筑: 现代建筑 =80: 15: 5(按建筑基底面积)，古街的建筑虽然大多年代久远，外形破败，但原真度较好、具有较高的历史价值，值得保护和修复。

③人文景观的特殊度[图 6.29(b)]。古树、古井与古建筑共同构成了街区的历史文化遗存。此外，儒释道三教及基督教的相关建筑及设施也同时存在于街区内，还有代表现代文明的缆车也保留至今。

(3)文化延续的必要性

街区原子河街，经过几百年的发展，不仅有着河街文化、开埠城市文化，其宗教文化活动至今多还在延续。除此之外，三倒拐原来不仅是最热闹的街市，更是长寿手工业作坊和现代工业的摇篮，故而，其街区内居民除了以棋牌为主的休闲娱乐活动方式外，还保留有竹编、制作手工步鞋等传统手工技艺(图 6.30)。

(a)明清建筑分布

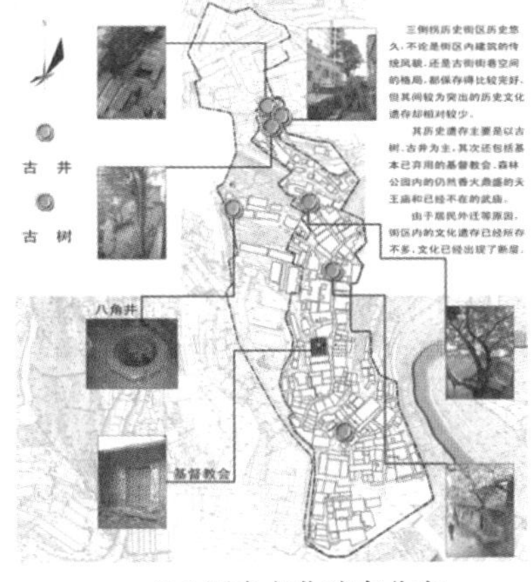
(b)历史文化遗存分布

(c)街区实景

图6.29 三倒拐街区历史街区历史建筑与景观布局现状

图6.30 三倒拐历史街区中的民俗生活

综上,三倒拐历史街区有着丰富的历史文化遗存,完全可以通过文化设施的合理布局,合理利用原有建筑及空间,延续文化脉络,而不会在不断强化的商业开发过程中,丧失其原始的人情风貌。

2)承接多层级文化设施协同规划层次

本节从社区问题出发,运用文化复兴理念引导社区,在基于需求分析的社区生活基础设施协同规划框架的指引下,提出空间环境整治策略,从而更新活化老社区。思路核心是要突出城市美的三性(生物性、社会性、精神性),社会价位(社会网络和人力资本)及情感价值(社区独有的记忆和故事)。因此,对三倒拐历史街区的文化设施进行配置及布局,不能单纯地就街区而论,而应该协同多层级的上位规划来进行规划定位和配置标准地域化。

(1)多尺度文化设施规划协调

长寿区已编制涉及文化设施的规划包括《长寿区城市空间发展战略规划》《重庆市长寿区城乡总体规划(2013年编制)》以及相应的控制性详细规划(图6.31)。《长寿区城市空间发展战略规划》将未来长寿中心城区公共服务功能布局形成“一主两副”的空间结构,全区的公共服务功能设在桃花新城,渝利铁路以北长寿北部新区和凤城的公共服务功能中心为次一级的副服务中心。而三倒拐历史街区就位于凤城副服务中心。《重庆市长寿区城乡总体规划(2013年编制)》承接战略规划的布局,在城乡层面,将长寿中心城区设区级公共服务中心;在中心城区层面,将凤城组团定位为长寿老城商业中心及设施配套完善的居住区,包括文化娱乐、旅游服务等功能，并设置组团级文化设施。其他控制性详细规划并未对三倒拐历史街区的文化设施进行规划配置。

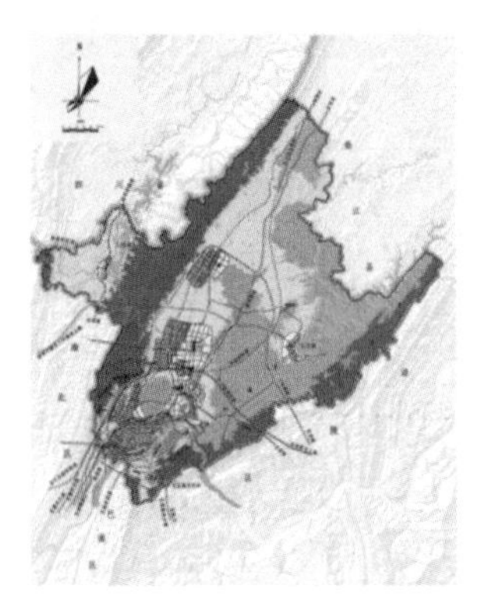

(a)长寿区空间布局示意图

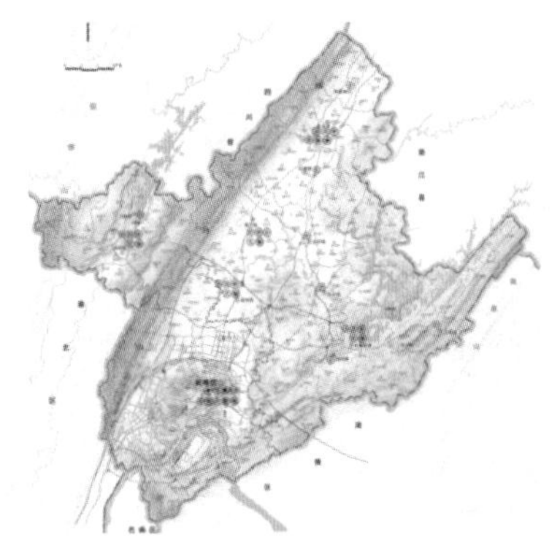

(b)长寿区城乡公共服务设施规划布局图

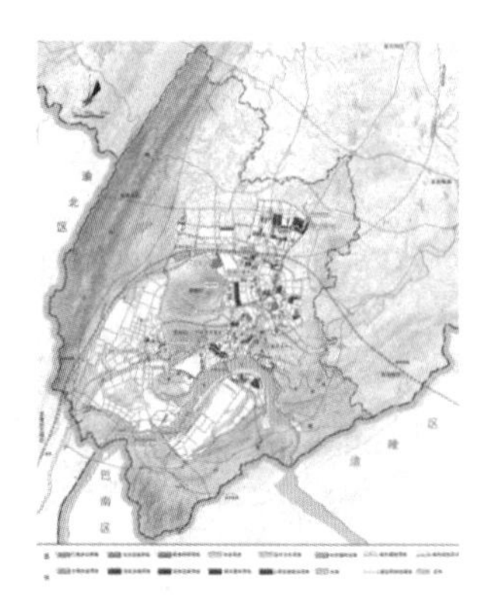

(c)长寿中心区公共设施规划布局图

图6.31　长寿区多尺度规划

[图片来源:(a)《长寿区城市空间发展战略规划》;(b)(c)《重庆市长寿区城乡总体规划(2013年编制)》]

就现状来看，三倒拐历史街区离凤城街道的综合文化站较远。考虑到街区内部居住人员以老年人为主，且街区的高差较大、出行不便，因此在街区内部规划配置相应的社区级文化设施就十分必要了。

(2)文化设施需求调查

三倒拐历史街区有较多的文化景观，但文化设施几乎没有。根据笔者的走访调查发现，街区内社区居民交往频繁，生活气息浓厚，处处洋溢着现代门禁小区所消失殆尽的市井文化。在传统街巷空间中，可经常见到各种形式的休闲事件，如散步、驻足观望、聊天喝茶、下棋、运动健身等。由于缺失文化设施，社区中街巷空间成了以上事件的发生场所和空间(图6.32)。但遇到雨天和酷暑，这些交往活动就不得不中断。同时，街区地形陡峭、纵向高差大，由于大多数的老年人希望能多设置点文化活动室，可以在里面看看书、打打牌及喝喝茶，还可以多设置点小型广场方便锻炼；中青年人则更倾向于设置节点广场；小朋友则希望能有公共活动室方便放学后可以做作业、看图书。因此，根据需求调查，三倒拐历史街区应结合地形，分段设置小型的文化活动室及节点广场。

(3)文化设施地域化标准构建

库区现行涉及文化设施规划标准的规范主要有:《城市公共设施规划规范》(GB 50442—2008)、《重庆市城乡公共服务设施规划标准》(DB 50/T543—2014)、《社区公共服务设施配置标准》(DBJ/T 50-090—2009)及《城市居住区规划设计规范》(GB 50180—2018)等。根据上述规范标准，再结合《城市社区文化设施管理办法(试行)》，针对长寿区社会经济发展水平，三倒拐历史街区建设用地供给条件及文化设施建设供需现状，从长寿区的整体层面来对街区文化设施进行设置及配置标准地域化的建议。

图 6.32　三倒拐历史街区中的休闲事件

库区城镇多为山地城镇，交通出行多有不便，文化设施的配置不能单纯地按照服务半径来规定；库区城镇空间建设密度较高，更需考虑分片区、分组团来进行设施配置。因此，首先对不同类型的库区高密度城镇进行分类；其次结合既有研究，对长寿区的文化设施进行规划布局。

对文化设施进行分区级的设置，是为了不同类型的设施契合其所需服务的人口规模和服务半径，也是文化设施在空间上均衡分布的前提保证。在此基础上，对长寿区文化圈按带状结构沿江布局，并构建三级文化设施网络分区设置（图 6.33）。每级的主要文化设施具体规模及人均配置标准详见表 6.8。鉴于街区场地现状及社区文化活动室占地面积小、规划建设灵活，建议加大社区文化活动室覆盖密度。

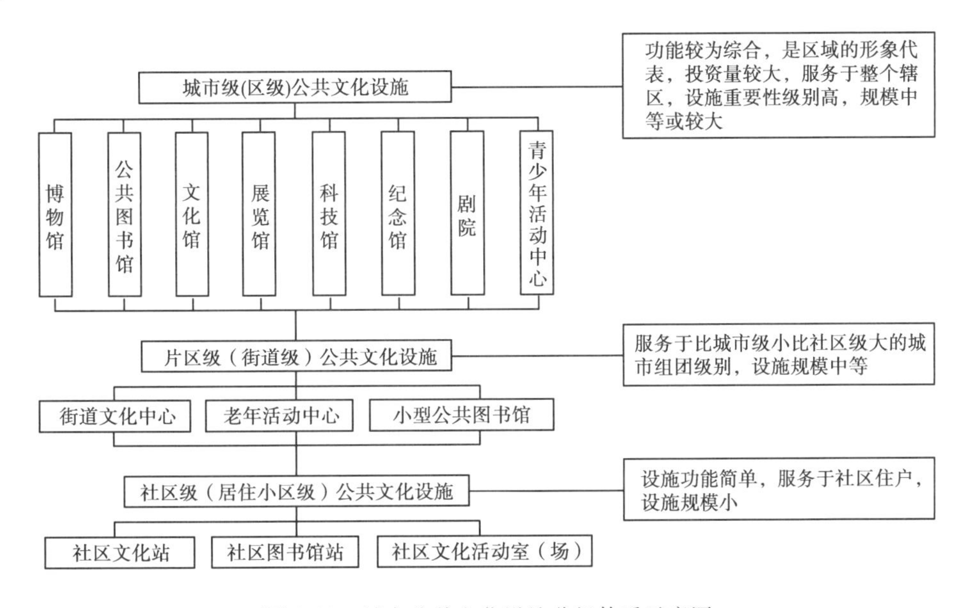

图 6.33　城市公共文化设施分级体系示意图

表6.8　公共文化设施配置标准表

设施等级	设施名称		服务人口/万人	最小规模/m²		配置标准/(m²·千人⁻¹)	
				用地面积	建筑面积	用地面积	建筑面积
城市级	文化馆	大型	≥50	4 500	6 000	≥9	≥12
		中型	20~50	3 500	4 000	12~20	20~25
	公共图书馆	中型	≥100	9 500	13 500	≥9.5	9.5~13.5
	科技馆	中型	≥100	10 000	8 000	≥10	7.5~8
		小型	50~100	6 000	5 000	10~15	8~10
	青少年活动中心		≥15	20 000	10 000	—	—
片区级	街道文化中心		4~8	2 000	≥1 500	25~50	25~40
社区级	社区文化活动室		0.8~2	—	300	—	≥30

弹性配建标准建议。由于快速城镇化、山地城镇建设用地的缺乏和房价上涨,库区城镇新增城市建设用地有限,而建成区的更新改造成本加大。因此,需确定弹性配建标准,特别是小型文化设施数量。小型设施主要是指服务于居民区规范所确定的居住区和居住小区及组团,服务人口基本在5万人以下,在规模上对应的是街道文化中心和社区文化活动室两类。但由于街区的建筑面积普遍偏小,不能完全按照《城市社区文化设施管理办法(试行)》的要求进行配置,因此考虑将不同的功能进行拆分,布置到所需之处,但须保证总体规模达到标准。

3)基于文化复建的文化设施协同规划策略

就全国的文化事业发展轨迹来看,2002年就已在《关于进一步加强基层文化建设的指导意见》中提出:"文化设施是开展群众文化活动、传播先进文化的重要阵地,中央和地方各级人民政府要加大投资力度,加快文化设施建设,满足广大人民群众就近、经常和有选择地参加文化活动的需要。城市要在搞好群艺馆、文化馆、图书馆建设的同时,加强社区和居民小区配套文化设施建设,发展文化广场等公共文化活动场所。"在三倒拐历史街区特别提出文化设施的建设,就是为了复建街区的文化灵魂,稳定街区的社会网络关系。因此,在文化圈定级及配置标准确定的基础上,结合街区从河街、码头的发展脉络及河街文化、开埠文化的特色,充分考虑街区居民的需求,并从资本可操作的角度出发,结合已编制的《三倒拐历史街区保护更新规划》(图6.34),对街区的具体文化设施进行规划配置。三倒拐历史街区社区文化设施布点示意如图6.35所示。

(1)复建码头文化的大型文化活动站设置

长江沿岸那些个性鲜明的老码头及各种石坎路道所反映的历史文化景观充分体现了巴渝地区独有的"码头文化"。在明、清时期就形成了的水陆交汇的商业码头,与河街地区的兴盛有着直接的联系,人们在码头进行的贸易、娱乐、客运等各种活动,就逐渐形成了别具一格的码头文化。因此,考虑在街区的南端入口设置以码头文化展示为主、旅游服务为辅的大型文化活动站。

图 6.34　三倒拐历史街区保护更新规划

资料来源:《三倒拐历史街区保护更新规划》。

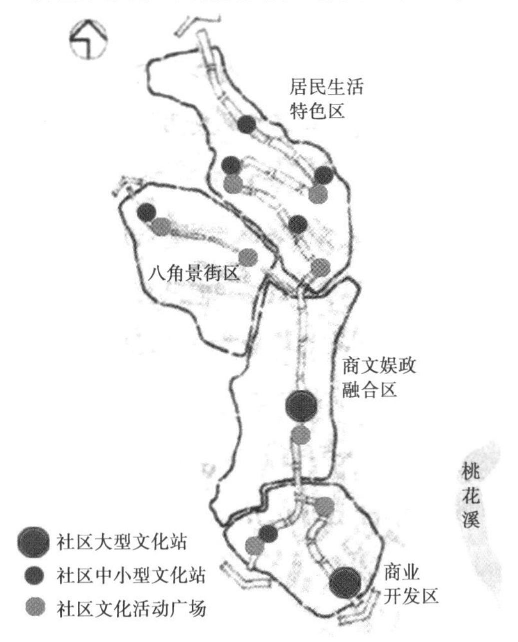

图 6.35　三倒拐历史街区社区文化设施布点示意

资料来源:《三倒拐历史街区保护更新规划》。

(2)延续市井文化的中小型综合性文化活动室布局

古街延续着老长寿的市井生活,是城区内古老文化的活的载体。街区内的居民在此世代生活,延续的不仅是活生生的小市民的生活,而且还有随时演变的民俗特色文化。根据《三倒拐历史街区保护更新规划》,并结合地形条件,对三倒拐历史街区进行分段式的文化设施配置。三倒拐街为“居民生活特色展示区”,以居住为主,且地形陡峭,可分别配置 2 ~3 个中小型文化活动室及利用拐空间设置活动广场,满足老年人和小朋友的文化活动需求。和平街为“商文娱政融合区”和“商业开发区”,前者以居住为主,配套商业娱乐及文化休闲功能,由于地势相对平坦,可设置大型社区文化活动中心,成为整个街区的集中文化点;后者以大量商业餐饮为主,考虑与街区的南端入口大型文化活动站结合设置。八角井景区则以居住为主,配套观景建筑及 1 ~2 个小型广场节点,并设置缆车文化体验中心。

(3)复原宗教文化的特殊活动室布点

武庙、天王庙等庙宇以及外来的基督教会,为街区带来了丰富的宗教文化。街区东端现空置待恢复的武庙,街区西北香客云集的天王庙,为街区带来浓郁的庙宇文化;而和平街上的基督教会也为古街带来了特殊的外来宗教气息。在同一街区内存在了中西两种宗教文化,这也是其宗教文化的独特之处。

此外,街区内街道空间尺度宜人,空间层次丰富,街道—巷道—院落构成了公共空间—半公共空间—私有空间的三级空间结构,功能也复合多用。但随着现代生活的介入,街道空间存在一些需要改良的地方,如缺乏一定尺度的公共开敞空间,以及缺乏为居民或游人提供休息、娱乐等的功能空间。因此,结合步行交通,在街道转角处、房屋退让处可考虑小型文化活动广场的设置。

附　录

附录1　社会基础设施概念及内涵的发展历程简表

国外发展历程		代表人物/学派	时间/著作	内　涵
基础设施的概念形成，并多用于经济学研究	思想的早期代表，称“原预付”	魁奈（重农学派）	1758	开办时或其后几年才支付一次并且每年根据消耗程度部分地从生产物价值中取得补偿的资本，如仓库、房舍等
	基础设施概念的雏形	亚当·斯密（古典经济学）	1776《国民财富的性质与原因研究》	包含公路、桥梁、运河等在内的基础设施思想和概念
	概念最早出现并运用在经济分析中，主要是从基础设施与工业化的关系来定义基础设施，称为“社会间接资本”	罗森斯坦—罗丹（发展经济学）	1943《东欧和东南欧的工业化问题》	社会基础资本包括诸如电力、运输、通信在内的基础产业，但忽视了对满足人类基本需要以及减轻贫困和实现可持续发展意义重大的基础设施，如医疗保健、公共卫生、教育、环境治理等
	“Infrastruc-ture”最早出现，为军事用语	北约 NATO	1951	研究一国的军事能力时所使用的概念

续表

国外发展历程		代表人物/学派	时间/著作	内涵
教育、医疗等开始扩充进基础设施内涵	扩展了基础设施的界定，引入了社会基础设施的部分内容	罗根纳·纳克斯（发展经济学）	1953 贫困恶性循环理论	社会间接资本不仅包括公路、铁路、电信系统、电力和供水等，还包括学校和医院等
	基础设施除指公用事业“硬件”还从社会分摊的角度进行了扩充	姆里纳尔·达塔·乔德赫里	—	从社会分摊的角度，包括教育、科学研究、环境和公共卫生以及司法、行政、管理系统，这都应该算作基础设施
社会基础设施的概念成型，并逐步受到重视	社会间接资本有广义和狭义之分	赫希曼	1958	广义的间接资本包括法律、秩序及教育、公共卫生、运输通信、动力、供水以及能源间接资本如灌溉、排水系统等所有的公共服务。狭义的间接资本包括港口、水利发电、公路等项目建设
	提出了人力资本的概念，认为其包括核心基础设施及人文基础设施，推动了对社会基础设施的认识。这一对基础设施的定义被广泛接受	舒尔茨	1960 《论人力资本投资》	核心基础设施主要是指交通和电力，其作用是增加物质资本和土地的生产力
		贝克尔	1964 《人力资本》	人文基础设施，包括卫生保健、教育等。这类基础设施的作用是提高劳动力的生产力
	提出广义及狭义基础设施的概念，即广义的基础设施包括经济性基础设施（Economic Infrastructure）和社会性基础设施（Social Infrastructure），并被沿用至今	汉森	1965 《不平衡增长和区域发展》	社会基础设施则是那些旨在提高城市社会福利水平、间接影响城市物质生产过程的基础设施部门，包括文化、教育、卫生、福利、环保等系统
	对基础设施作了详细的解释	《经济百科全书》（1982年版）	1982	基础设施是指那些对产出水平或生产效率有直接或间接提高作用的经济项目，主要内容包括交通运输系统、发电设施、通信设施、教育和卫生设施，以及一个组织有序的政府和政治体制

续表

国外发展历程		代表人物/学派	时间/著作	内 涵
社会基础设施的概念成型,并逐步受到重视	基础设施是指那些对产出水平或生产效率有直接或间接的提高作用的经济项目	道格拉斯·格林斯沃尔德	1992	主要内容包括交通运输系统、发电设施、通信设施、金融设施、教育和卫生设施,以及一个组织有序的政府和政治体制
	将基础设施分为经济基础设施和社会基础设施,是迄今为止来自国际机构权威度、接受度较为广泛的定义	世界银行	1994 《1994年世界发展报告:为发展提供基础设施》	狭义的基础设施是指经济性基础设施,并将经济基础设施以外的基础设施包括文化教育、医疗保健等称为社会基础设施
基础设施概念进入我国	我国管理实践中对基础设施概念的早期认识	财政部	1963 (63)财预王字第36号	对“公用事业”和“公共设施”的具体范围进行了划分
		建筑工程部	1963 (63)建许城字第25号	
	在我国经济理论界最早引入“基础设施”概念	钱家骏 毛立本	1981 《要重视国民经济基础结构的研究和改善》	又称“基础结构”,并把基础结构分为狭义和广义。其中广义的还包括教育、科研、卫生等“产出无形”的部门。其认为应将基础设施作为一个独立的研究对象加以研究
规划学界将“基础设施”引入,并定义为“基础城市设施”	我国研究和使用“城市基础设施”的开端	刘岐	1982 《城市基础设施是制约城市发展的重要因素》	基本内容与市政公用设施相同,并强调了其重要性
	我国管理实践中最早正式使用“城市基础设施”概念	中共中央 国务院文件	1983 关于《北京城市建设总体规划方案》的批复	大体限定了城市基础设施的内容,即基本等同于市政基础设施

续表

国外发展历程		代表人物/学派	时间/著作	内涵
“社会基础设施”是规划学界学科进步的细分表现	我国最早对“基础设施”较全面的研究，并首次提到了“社会性基础设施”	刘景林(社会学)	1983《论基础结构》	从基础设施的职能角度，把基础设施划分为生产性基础设施、生活性基础设施和社会性基础设施，并指出了三类基础设施在社会生产和生活方面各自所起的不同作用
	我国最早对“城市基础设施”下定义	城乡建设环境保护部	1985 城市基础设施学术讨论会	城市基础设施是既为物质生产又为人民生活提供条件的公共设施，是城市赖以生存和发展的基础
	我国最早对“城市基础设施”的系统研究	北京课题组	1986《城市基础设施》	城市基础设施是国民经济基础设施在城市的具体化和系统化，是既为物质生产又为人民生活提供一般条件的公共设施，是城市赖以生存和发展的基础
		林森木等	1987《城市基础设施管理》	
	将 infrastructure 称为基础结构，并有狭义及广义之分	冯兰瑞(经济学)	1993《论基础结构市场化及股份制改造》	提出广义的基础结构除了交通运输、通信体系、能源等狭义基础设施，还包括一些提供无形产品的部门，如教育、文化、科学、卫生等
	迄今为止，我国对“城市基础设施”“社会基础设施”较为权威的定义	建设部	1998《城市规划基本术语标准》	包括城市生存和发展所必须具备的工程性基础设施和社会性基础设施的总称

附录2 三峡库区城市社会基础设施建设研究调查问卷

一、基本情况

1. 您的居住地:__________区__________ 街道(镇)__________社区

是否移民搬迁:①是; ②否。

2. 如第1题为“是”,您现在的居住环境与搬迁前相比:

①好; ②一般; ③没以前好。

为什么:

____

3. 如第1题为“否”,您现住城市的环境与搬迁前相比:

①好; ②一般; ③没以前好。

为什么:

____

4. 您的性别:①男; ②女。

5. 您的年龄:

①18岁以下; ②18~30岁; ③31~40岁; ④41~50岁; ⑤51~60岁; ⑥60岁以上。

6. 您的户口所在地:①本地; ②外地。

7. 您的户口类型:①城镇户口; ②农业户口。

8. 您的职业:

①公务员; ②企业员工; ③商业服务业人员; ④医护人员;
⑤事业单位员工; ⑥农林牧渔业人员; ⑦社区工作人员; ⑧教职工;
⑨医护人员; ⑩个体业主或经营者; ⑪军人/警察; ⑫学生;
⑬杂工/临时工; ⑭自由职业及其他; ⑮下岗/待业人员; ⑯离退休。

9. 您的文化程度:①小学或以下; ②初中; ③中专; ④高中; ⑤大专; ⑥本科或以上。

10. 您的每月收入:①1 000元或以下; ②1 001~2 500元; ③2 501~4 000元;
④4 001~5 500元; ⑤5 501~7 000元; ⑥7 001~8 500元;
⑦8 501~10 000元; ⑧10 001元或以上。

11. 您的家庭规模是________人,住房类型:①自购住房;②租赁住房。

12. 您选择住房时考虑的因素主要有(请在合适位置打“√”,限3项)

①周边环境好; ②价格合适; ③周边公共服务设施配套好;

④学区房； ⑤就医便利； ⑥其他:＿＿＿＿＿＿＿＿。

13. 您是否有子女:①是； ②否。

14. 如第 13 题为“是”,则您的子女正处于:

①年龄小,未上幼儿园； ②上幼儿园； ③小学在读； ④初中在读； ⑤中专在读； ⑥高中在读； ⑦大学/大专在读； ⑧工作。

15. 您的父母是否已退休:①是； ②否。

16. 如第 15 题为“是”,则父母是否与您共同居住:

①是； ②否,单独居住； ③否,养老院居住。

17. 您享有以下哪些社会保障项目(可多选):

①基本养老保险； ②医疗保险； ③失业保险； ④其他＿＿＿＿； ⑤无保险。

二、居住地公共服务设施的使用频率及满意度

18. 您平时进行以下活动的主要地点(请在合适的位置打“√”):

地　点	① 小区内	② 小区周边	③ 本街道/社区	④ 本片区	⑤ 其他片区	⑥ 市中心	⑦ 其他
文娱休闲活动							
社会关怀活动							
看病就医							
孩子上学							
买菜购物							

19. 您主要使用各类设施的具体项目(请在所有类型中共选择至多五项并圈出):

文化设施	教育设施	医疗设施	社会福利设施	道路与交通设施及其他	环境设施
A 老年活动中心	F 高等院校	K 综合医院	O 福利院	R 社会停车场	T 垃圾转运站
B 青少年活动中心	G 中等专业学校	L 专科医院	P 养老院	S 菜市场	U 公共厕所
C 文化馆	H 中学	M 社区卫生服务中心	Q 儿童福利院		
D 公共图书馆	I 小学				
E 综合文化活动中心	J 幼儿园				

20. 您平时使用以下设施的频率(请在合适的位置打“√”):

使用频率	①不使用	②较少使用	③一般	④较多使用	⑤频繁使用
文化设施					
教育设施					
医疗设施					
社会福利设施					
停车场					

21. 您平时前往以下设施采用的交通方式是(请在合适的位置打“√”):

出行方式	①步行	②自行车	③公交车	④自驾车	⑤出租车	⑥班车/校车
文化设施						
教育设施						
医疗设施						
社会福利设施						
停车场						

22. 您有车?

①有; ②无。

23. 如第22题为“有”,停车是否便利:

①是,停车位充足; ②一般,较为便利; ③否,停车位紧张。

24. 您对居住地周边公共服务设施**数量**和**规模**的满意度(请在合适位置打“√”):

内　容	具体设施	①不满意	②较不满意	③一般	④满意	⑤很满意	⑥不清楚
文化设施	老年活动中心						
	青少年活动中心						
	文化馆						
	公共图书馆						
	综合文化活动中心						
教育设施	幼儿园						
	小学						
	初中						
	高中						
	中等专业学校						
	高等院校						

续表

内　容	具体设施	①不满意	②较不满意	③一　般	④满　意	⑤很满意	⑥不清楚
医疗设施	综合医院						
	专科医院						
	社区卫生服务中心						
社会福利设施	福利院						
	养老院						
	儿童福利院						
停车设施	小区停车场						
	公共停车场						
环境设施	垃圾转运站						
	公共厕所						

25. 您居住或工作的附近公厕数量情况如何：

①几乎每条主要道路都会有，非常容易找到；　②数量不算多，但比较容易找到；

③很少，几乎找不到；　④没有公厕。

26. 您在日常生活中觉得以下哪些地段比较缺公厕：

①公园、公共绿地、城市广场；　②旅游景区等其他休憩场所；

③居住区密集的路段；　④商业街；

⑤商业较少、以交通为主的城市道路；　⑥其他。

三、对居住地公共服务设施的需求建议

27. 您对居住地周边公共服务设施数量和规模的建议（请在所有类型中共选择至多十项并打“√”）

内　容	具体设施	数　量			规　模			具体建议
		增加	不变	减少	增加	不变	减少	
文化设施	老年活动中心							
	青少年活动中心							
	文化馆							
	公共图书馆							
	综合文化活动中心							

续表

内 容	具体设施	数 量			规 模			具体建议
		增加	不变	减少	增加	不变	减少	
教育设施	幼儿园							
	小学							
	初中							
	高中							
	中等专业学校							
	高等院校							
医疗设施	综合医院							
	专科医院							
	社区卫生服务中心							
社会福利设施	福利院							
	养老院							
	儿童福利院							
停车设施	小区停车场							
	公共停车场							
环境设施	垃圾转运站							
	公共厕所							

参考文献

[1] 普拉尼·利亚姆帕特唐,道格拉斯·艾子.质性研究方法:健康及相关专业研究指南[M].2版.郑显兰,等译.重庆:重庆大学出版社,2009.

[2] 世界银行.1994年世界发展报告:为发展提供基础设施[M].毛晓威,译.北京:中国财政经济出版社,1994.

[3] 冯皓,陆铭.通过买房而择校:教育影响房价的经验证据与政策含义[J].世界经济,2010(12):89-104.

[4] 陈晓律.英国福利制度的由来与发展[M].南京:南京大学出版社,1996.

[5] BOJC, T. P. & N OLSSON, S. E. Scandinavia in a New Europe[M]. Oslo: Scandinavia University Press,1993.

[6] H.哈肯.协同学引论:物理学、化学和生物学中的非平衡相变和自组织[M].徐锡申,等译.北京:原子能出版社,1984.

[7] H.哈肯.协同学导论[M].张纪岳,郭治安,译.西安:西北大学科研处,1981.

[8] 倪鹏飞.新型城镇化的基本模式、具体路径与推进对策[J].江海学刊,2013(1):87-94.

[9] BE STRUMPEL. Economic Means for Human Needs: Social Indicators of Well-Being and Discontent. Michigan: Survey Research Center[J]. The University of Michigan. 1978,7(6):303.

[10] 沃伦·C.鲍姆,斯托克斯·M.托尔伯特.开发投资:世界银行的经验教训[M].王福穰,颜泽龙,译.北京:中国财政经济出版社,1987.

[11] MCALLISTER D M. Equity and efficiency in public facility location[J]. Geographical Analysis,1976, 8(1):47-63.

[12] TSENG M L. Implementing and Evaluating Performance MeasurementInitiative in Public Leisure Facilities: An Action Research Project[J]. Computers and Education,2010, 55(1):188-201.

[13] 叶林,吴少龙,贾德清.城市扩张中的公共服务均等化困境:基于广州市的实证分析[J].学术研究,2016(2):68-74.

[14] 安体富,任强.中国公共服务均等化水平指标体系的构建:基于地区差别视角的量化分析[J].财贸经济,2008(6):79-82.

[15] 张启春,张帆. 中部六省基本公共服务均等化程度分析:基于与长三角地区的比较[C]. 全国经济地理研究会会议论文集,2009:276-286.

[16] 韦江绿. 正义视角下的城乡基本公共服务设施均等化[J]. 城市规划,2011,35(1):92-96.

[17] 郦宇琦. 老年公共服务设施空间分布合理性评价:以北京市海淀区知春里和知春西里社区为例[J]. 北京规划建设,2017(5):57-61.

[18] 孔德洋,胡海德,赵岩,等. 运用 GIS 技术优化医疗设施布局:以长春市综合性医院为例[J]. 四川建材,2017,43(12):55-56.

[19] 耿继原,宋伟东,李振. 区域教育资源配置评价与规划分析[J]. 辽宁工程技术大学学报(自然科学版),2017(9):1004-1008.

[20] United Nations Human Habitat. The State of the World's Cities Report 2001[R]. New York: United Nations Publications,2002.

[21] United Nations Human Habitat. Urban Indicators Guideliners [C]. United Nations Human Settlement Pro-gramme. New York:United Nations Publications,2004.

[22] L. YUNG-JAAN. Subjective quality of life measurement in Taipei[J]. Building and Environment,2008(43):1205-1215.

[23] B ULENGIN,F ULENGIN,et al. A multidimensional approach to ur-ban quality of life:the case of Istanbul[J]. European Journal of Operational Research,2001(130):361-374.

[24] S K MC MAHON. The development of quality of life indicators—a case study from the City of Bristol,UK[J]. Ecological Indi-cators,2002(2):177-185.

[25] H A HIKMAT,K M FUAD,et al. Quality of Life in Cities:Setting up Criteria for Amman-Jordan [J]. SocIndicRes,2009(93):407-432.

[26] M PAULO,S C ANA. Evaluation of performance of European cities with the aim to promote quality of life improvements [J]. Ome-ga,2011,39(4):398-409.

[27] 叶裕民. 中国城市化质量研究[J]. 中国软科学,2001(7):27-31.

[28] 孔凡文,许世卫. 论城镇化速度与质量协调发展[J]. 城市问题,2005(5):58-61.

[29] 方创琳,王德利. 中国城市化发展质量的综合测度与提升路径[J]. 地理研究,2011,30(11):1931-1946.

[30] 张春梅,张小林,吴启焰,等. 城镇化质量与城镇化规模的协调性研究:以江苏省为例[J]. 地理科学,2013,33(1):16-22.

[31] 陈东,陈茂竹,付晓东. 城市化大系统内部结构的协调性研究:基于四大地域十二个省会城市的实证分析[J]. 城市问题,2008(6):24-29.

[32] 刘建国,刘宇. 中国城市化质量的省际差异及其影响因素[J]. 现代城市研究,2012(11):49-55.

[33] 唐宏,杨德刚,乔旭宁,等. 天山北坡区域发展与生态环境协调度评价[J]. 地理科学进展,2009,28(5):805-813.

[34] 李名升,李治,佟连军. 经济—环境协调发展的演变及其地区差异分析[J]. 经济地理,2009,29(10):1634-1639.

[35] 刘承良,熊剑平,龚晓琴,等.武汉城市圈经济—社会—资源—环境协调发展性评价[J].经济地理,2009,29(10):1650-1654,1695.

[36] 李雪铭,李婉娜.1990年代以来大连城市人居环境与经济协调发展定量分析[J].经济地理,2005,25(3):383-386,390.

[37] 张春丽,佟连军,刘继斌.三江自然保护区耕地与湿地协调发展水平的评价研究[J].地理科学,2008,28(3):343-347.

[38] 孜比布拉·司马义,苏力叶·木沙江,帕夏古·阿不来提.阿克苏市城市化与生态环境综合水平协调度评析[J].地理研究,2011,30(3):496-504.

[39] 袁晓玲,王霄,何维炜,等.对城市化质量的综合评价分析:以陕西省为例[J].城市发展研究,2008,15(2):38-41,45.

[40] 李小军,方斌.基于突变理论的经济发达地区市域城镇化质量分区研究:以江苏省13市为例[J].经济地理,2014,34(3):65-71.

[41] OECD. The Environmental Implications of Renewable [M]. Paris: Publishing House of DIDOT,1998.

[42] 申金山,宋建民,关柯.城市基础设施与社会经济协调发展的定量评价方法与应用[J].城市环境与城市生态,2000,13(5):10-12.

[43] 赵芳.中国能源-经济-环境(3E)协调发展状态的实证研究[J].经济学家,2009(12):35-41.

[44] 赵万民.三峡工程与人居环境建设[M].中国建筑工业出版社,1999.

[45] 陆大道.区域发展及其空间结构[M].北京:科学出版社,1995.

[46] 段炼.三峡区域新人居环境建设研究[D].重庆:重庆大学,2009.

[47] DE JANVRY, A., E. SADOULET, G. GORDILLO. NAFTA and Mexico's Maize Producers [J]. World Development,1995(23):1349-1361.

[48] RENKOW, M., D. G. HALLSTROM, D. D. Karanja. Rural Infrastructure, Transactions Costs and Market Participation in Kenya [J]. Jorunal of Development Economics,2004(73):349-365.

[49] ASCHAUER D A. Is public expenditure productive[J]. Journalof Monetary Economics,1989(23):177-200.

[50] BARRO R J. Government spending in a simple model of endogenous growth[J]. Journal of Political Economy,1990(98):103-125.

[51] SUN SHENGHAN. Infrastructure improvement and regionaldevelopment: A case study of China, 1985-1994 [J]. Regional Development Studies: vol. 3. Winter 1996/1997, UNCRD,1997.

[52] VIJAYA G D, CYNTHIA S, LAWRENCE R K. Infrastructure and productivity: a nonlinear approach[J]. Journal of Econometrics,1999(92):47-74.

[53] RIETVELD P, NIJKAMP P. Transport infrastructure and regional development [A]. Polak J B, Heertje A. (eds) Analytical Transport Economics: An International Perspective [C]. Cheltenham: Edward Elgar Pub,2000.

[54] 李泊溪,刘德顺. 中国基础设施水平与经济增长的区域比较分析[J]. 管理世界,1995,(2):106-111.

[55] 踪家峰,李静. 中国的基础设施发展与经济增长的实证分析[J]. 统计研究,2006(7):18-21.

[56] 刘海隆,包安明,陈曦. 新疆交通可达性对区域经济的影响分析[J]. 地理学报,2008,63(4):428-436.

[57] 罗明义. 论区域经济一体化与基础设施建设[J]. 思想战线,1995(6):19-23.

[58] 黄瓴,王思佳,林森."区域联动 + 触媒营造"总体思路下的城市社区更新实证研究:以重庆渝中区学田湾片区为例[J]. 住区,2017(2): 140-147.

[59] 黄瓴,陈晓磊,韩贵锋. 矛盾与对策:重庆市渝中区环卫设施更新规划的反思[J]. 西部人居环境学刊,2017,32(2):68-74.

[60] 刘佳燕,谈小燕,程情仪. 转型背景下参与式社区规划的实践和思考:以北京市清河街道Y社区为例[J]. 上海城市规划,2017(2):23-28.

[61] 刘佳燕,邓翔宇. 基于社会-空间生产的社区规划:新清河实验探索[J]. 城市规划,2016,40(11):9-14.

[62] 蒋建东, 宋红波. 三峡库区城镇化发展状况及应对策略[J]. 人民长江, 2015(19):67-70,89.

[63] 齐美苗, 蒋建东. 三峡工程移民安置规划总结[J]. 人民长江, 2013, 44(2):16-20.

[64] 赵万民,等. 三峡库区人居环境建设发展研究:理论与实践[M]. 北京: 中国建筑工业出版社,2015.

[65] 赵万民,等. 山地人居环境七论[M]. 北京: 中国建筑工业出版社,2015.

[66] 赵万民,等. 三峡库区新人居环境建设十五年进展 1994—2009[M]. 南京: 东南大学出版社,2011.